数据包络分析交叉效率评价
理论、方法及应用

吴 杰　孙加森　储军飞　朱庆缘　著

科学出版社

北 京

内 容 简 介

本书是作者近年来研究交叉效率的系统总结。本书将理论方法和实践应用相结合，针对交叉效率研究方法的不足，提出了改进方法，通过算例对提出的理论和方法进行了验证。本书的主要内容包括交叉效率基础知识介绍、交叉效率二次目标模型、博弈交叉效率方法、交叉效率集结方法、其他多维视角交叉效率研究五个部分。在理论上，本书提出的交叉效率评价模型对完善现有评价理论具有重要意义。在应用上，本书的研究结论对效率基准改进、资源配置效率提高具有重要意义。

本书适合项目管理、工程管理、决策分析等领域的政府公务人员、企业管理人员、高等院校师生、科研院所人员及相关工作者阅读。

图书在版编目（CIP）数据

数据包络分析交叉效率评价理论、方法及应用 / 吴杰等著. —北京：科学出版社，2023.3

ISBN 978-7-03-074029-8

Ⅰ. ①数… Ⅱ. ①吴… Ⅲ. ①包络-系统分析 Ⅳ. ①N945.12

中国版本图书馆 CIP 数据核字（2022）第 228815 号

责任编辑：蒋　芳　高慧元　曾佳佳 / 责任校对：郝璐璐
责任印制：赵　博 / 封面设计：许　瑞

科学出版社 出版
北京东黄城根北街 16 号
邮政编码：100717
http://www.sciencep.com

北京凌奇印刷有限责任公司印刷
科学出版社发行　各地新华书店经销

*

2023 年 3 月第 一 版　开本：720 × 1000　1/16
2024 年 1 月第二次印刷　印张：13 3/4
字数：280 000

定价：119.00 元
（如有印装质量问题，我社负责调换）

作 者 简 介

吴杰，1981 年 6 月生，安徽庐江人，管理学博士。现任中国科学技术大学管理学院副院长，教授，博士生导师。兼任中国系统工程学会理事、中国管理科学与工程学会理事，*International Journal of Information and Decision Sciences* 和 *International Journal of Operations and Logistics Management* 等国际学术期刊编委。长期从事评价理论与方法的理论与应用研究，主持国家自然科学基金优秀青年科学基金项目、中央宣传部文化名家暨"四个一批"人才支持计划项目、中央组织部青年拔尖人才支持项目等，入选国家"万人计划"哲学社会科学领军人才，享受国务院政府特殊津贴专家。获得全国优秀博士学位论文奖、教育部高等学校科学研究优秀成果奖（人文社科）一等奖、安徽省科学技术奖（自然科学）一等奖等。在 *Operations Research*、*European Journal of Operational Research*、《中国管理科学》等国内外重要学术刊物发表论文 100 余篇，研究成果被同行引用 3000 余次。

孙加森，1986 年 10 月生，江苏盐城人，管理学博士。现任苏州大学商学院教授，博士生导师。长期从事评价理论与方法的理论与应用研究，主持国家自然科学基金面上项目、国家自然科学基金青年科学基金项目、江苏省基础研究计划（江苏省自然科学基金青年基金）项目等，江苏省"社科优青"入选者、苏州大学"仲英青年学者"入选者，研究成果入选为 *Elsevier-SCED* 期刊 2018 年最佳论文，获得中国科学院院长优秀奖等。在 *European Journal of Operational Research*、*International Journal of Production Research*、*Annals of Operations Research* 等国内外重要学术期刊发表论文几十余篇，多篇论文入选 ESI 高被引论文。

储军飞，1990 年 7 月生，安徽安庆人，管理学博士。现任中南大学副教授，硕士生导师。长期从事评价理论与方法及其在能源环境、碳减排管理以及运营管理领域的应用研究工作。在 *European Journal of Operational Research*、*Omega*、*International Journal of Production Research*、*Transportation Research Part D*、*Journal of the Operational Research Society*、*Annals of Operations Research* 等国际主流 SCI/SSCI 期刊发表论文 40 余篇，4 篇论文进入 ESI 全球 1%高被引论文。承担并参与 3 个科研项目，包括国家自然科学基金青年科学基金项目、国家自然科学基金面上项目、湖南省自然科学基金青年项目等。获得中国科学院院长优秀奖、中国科学院朱李月华奖等奖励。入选中南大学商学院"海（境）外优秀人才计划"。

朱庆缘，1989 年 11 月生，安徽滁州人，管理学博士。现任南京航空航天大学经济与管理学院教授，博士生导师。长期从事评价理论与方法的理论与应用研究，主持国家自然科学基金青年科学基金项目、江苏省自然科学基金青年基金项目、江苏省社会科学基金青年基金项目等课题近十项，江苏省"社科优青"入选者、江苏省高层次创新创业人才引进计划（双创博士）入选者。在 *European Journal of Operational Research*、*Omega*、*Annals of Operations Research*、*Journal of the Operational Research*、*International Journal of Production Research* 等国内外高水平学术期刊上发表论文几十余篇，多篇论文入选 ESI 高被引论文。

前　言

数据包络分析（Data Envelopment Analysis，DEA）是一种可用于评价多输入多输出决策单元间相对效率的非参数技术效率分析方法，在各领域中得到了广泛认可和运用。自 DEA 于 1978 年由 Charnes、Cooper 和 Rhodes 首次提出以来，DEA 相关理论和方法迅速发展。

传统 DEA 模型（如 CCR 模型等）在每个决策单元的输出加权和输入加权的比值小于等于 1 的约束下，选择一组偏好权重使当前被评价决策单元的输出加权和输入加权的比值最大，这个比值作为被评价单元的相对有效性的效率值。然而传统 DEA 模型存在诸多缺陷，如只能将决策单元评价为有效或者无效，不能对所有决策单元进行完全排序。另外，传统 DEA 模型是基于自评思想，决策单元的权重由自己决定，对自己有利的指标赋予很大的权重，对自己不利的指标赋权很小，甚至有可能是零权重。因此，这种情形下计算出的效率值可能存在过高的现象，不能充分反映出各个决策单元的优劣水平。为了克服这些缺陷，一些学者提出了基于他评思想的 DEA 衍生模型，交叉效率方法就是其中最典型的方法。该方法的主要思想是采用被评价单元的自评和他评值来确定决策单元的相对效率，避免了传统 DEA 模型因自评体系导致的极端权重问题，并且该方法可以对决策单元进行完全排序，因而受到了相关专家学者的高度关注，并且被广泛运用。然而现有交叉效率评价方法依然存在一些不足，如传统 DEA 模型会存在多重最优解，从而导致交叉效率存在不唯一性问题；平均交叉效率值方案使平均权重与平均交叉效率值失去相应的关联，不能帮助决策者提出改进决策单元效率的方案；决策单元之间可能存在竞争、合作甚至竞争与合作同时存在的情形，现有的交叉效率方法很少考虑到这些情况。针对这些弊端，本书将多属性决策、博弈理论和交叉效率评价方法相结合，提出一系列交叉效率的改进和拓展模型，并且将相关理论成果运用到实际问题中。

全书分为基础知识篇、交叉效率二次目标模型篇、博弈交叉效率方法篇、交叉效率集结方法篇以及其他多维视角交叉效率研究篇五个部分。主要研究工作及创新如下所述。

（1）解决传统交叉效率评价方法在对决策单元效率评价时存在交叉效率不唯一性和不合理权重的问题。针对这些弊端：①基于偏移量视角，通过引入不同的二次目标函数来拓展传统交叉效率模型，每一个新的二次目标函数代表了不同的效率评价准则，并且可以被应用到不同的环境中；②提出权重平衡交叉效率模型，该模型不但可以保证尽可能降低加权投入或产出之间的离差，而且可以有效减少极端权重的出现；③提出了交叉效率目标确定模型，用于确定 DMU 能达到的理想和非理想交叉效率目标，在同时考虑每个 DMU 的理想和非理想交叉效率目标的基础上，提出了多个 DEA 交叉效率次级目标模型。

（2）将博弈理论引入交叉效率方法中，包括：①提出博弈交叉效率的概念，研究中每个决策单元将被看作博弈中的参与人，每个参与人在其他决策单元效率不受损害的情况下最大化自身的效率值，在此基础上提出 DEA 博弈交叉效率模型，并提出算法来求解博弈交叉效率，最后证明该博弈交叉效率值就是纳什均衡解；②提出了基于帕累托改进的交叉效率评价方法，该方法包含两个帕累托最优性检验模型和交叉效率帕累托改进模型，帕累托最优性检验模型可用来检查 DMU 的一组给定的交叉效率值是否为帕累托最优解，帕累托改进模型对 DMU 的交叉效率值进行帕累托改进；③针对决策单元可能来自不同且具有竞争关系的系统的情形，提出了竞争合作交叉效率模型，利用该模型，决策单元在评价效率时可以尽可能提高其盟友效率，同时可以尽可能降低其敌对方的效率值。

（3）为了放松交叉效率平均假设性：①从多属性决策概念出发，提出基于距离熵的交叉效率集结模型；②提出一种基于改进 TOPSIS 的交叉效率排序方法，通过构造优化模型直接计算出客观权重；③结合合作博弈理论，定义了各子联盟的特征函数值，通过计算该合作博弈中各决策单元的 Shapley 值，从而得到各决策单元在最终评价中的权重；④通过合作博弈中的核子解来确定最终的交叉效率权系数。

（4）提出其他维度的交叉效率方法，具体包括：①提出集中考虑排序优先的二次目标交叉效率评价方法，并在此基础上确定最终的交叉效率值；②基于满意度的概念，提出 max-min 模型；③将交叉效率方法拓展到区间数据决策单元评价中，然后提出区间 TOPSIS 方法对所有决策单元的区间交叉效率进行集结排序。

本书得到了国家自然科学基金项目（71971203、71871153、71571173、72271247、71901225）、国家"万人计划"领军人才支持计划项目、中央宣传部文化名家暨"四个一批"人才支持计划项目、江苏省"社科优青"、苏州大学"仲英青年学者"等的支持。全书由吴杰教授、孙加森教授、储军飞副教授、朱庆缘教授负责总体设计、策划、组织交流、撰写与统稿。

由于作者水平有限，书中难免存在疏漏之处，恳请广大读者批评指正。

吴 杰

2022 年 10 月

目　　录

第三部分　博弈交叉效率方法篇

第四部分　交叉效率集结方法篇

第五部分　其他多维视角交叉效率研究篇

第一部分 基础知识篇

第1章 绪 论

1.1 研究背景和意义

数据包络分析（Data Envelopment Analysis，DEA）是由 Charnes 等（1978）提出的一种用于组织效率评价的非参数生产分析方法。该方法可用于评价一组具有多投入多产出的同质决策单元（或组织）（Decision-Making Unit，DMU）的效率（Cook et al.，2009；Thanassoulis et al.，2011；Cook et al.，2013；Yang et al.，2014）。DEA 的核心思想是每个 DMU 选择自身最偏好的投入、产出权重来计算自身的加权产出与加权投入的比值，这个比值定义为该 DMU 的效率（Wang and Chin，2010；Ghasemi et al.，2014）。每个 DMU 在保证所有 DMU 的加权产出与加权投入比值都不大于 1 的情况下，选择一组权重使得自身的这一比值最大化，这组所选权重就是该 DMU 的最偏好权重。每个 DMU 通过上述方法确定自身的最偏好权重以计算自身效率值，效率值为 1 的 DMU 被称为 DEA（弱）有效 DMU，效率值小于 1 的 DMU 则称为 DEA 无效。由于 DEA 能很好地识别最优生产前沿并对 DMU 进行排序，它被广泛应用于学校（Charnes et al.，1994）、医院（Mitropoulos et al.，2015）、银行（Wang et al.，2014；Paradi et al.，2011）等组织的标杆选择和效率评价。

然而，传统的自评 DEA 模型（CCR 模型或 BCC 模型）允许每个 DMU 在选择投入、产出权重时有完全的自由度，即每个 DMU 能够选择自身最偏好的权重进行自评，这会导致很多的 DMU 被评价为 DEA 有效，而 DEA 有效 DMU 的效率值都为 1，这就使得它们不能被进一步区分与排名。因此，传统 DEA 模型的一个不足之处在于它不能有效区分 DEA 有效 DMU（Wang and Chin，2010）。此外，这种完全自由的权重选择还会导致评价中可能使用不合理的投入、产出权重，如使用的权重中含有很多零权重、不同指标的权重之间差距特别大。为了解决上述问题，Sexton 等（1986）将互评模式引入 DEA 的评价之中，并提出了 DEA 交叉效率评价方法。在 DEA 交叉效率评价方法中，每个 DMU 使用自身最优权重计算得到一个自评效率，还使用其他 $n-1$ 个 DMU 选择的权重评价计算得到 $n-1$ 个他评效率（n 是 DMU 的数量）。对每个 DMU 的自评效率和他评效率的值求均值，就可得到该 DMU 的交叉效率值。DEA 交叉效率方法的使用带来三个方面的优势：第一，该方法通常能对所有的 DMU 进行全排序（Doyle and Green，

1995)；第二，它在没有引入权重约束的情形下，避免了不合理权重的使用（如使用零权重、差异很大的权重等）；第三，它能有效区分群体中表现好的或不好的DMU（Boussofiane et al.，1991）。由于 DEA 交叉效率方法具有上述优势，它被学者广泛研究并应用于疗养院绩效评估（Sexton et al.，1986）、偏好评价与项目选择（Green et al.，1996）、柔性系统的选择（Shang and Sueyoshi，1995）、智能机器评价（Sun，2002）、运营商效率评估与蜂窝制造系统中的劳动力分配效率分析（Ertay and Ruan，2005）、奥运会参与国的绩效排名（Wu et al.，2009）、公共采购中的供应商选择（Falagario et al.，2012）、股票市场中的投资组合选择（Lim et al.，2014）、航空公司的能源绩效评估（Cui and Li，2015）等。

尽管 DEA 交叉效率评价方法具有诸多优势且被广泛应用，但它仍存在不足之处。其中，一个主要的问题就是最优权重不唯一性（或评价结果不唯一性）。具体而言，每个 DMU 使用 CCR 模型所选择的最优权重可能不是唯一的，这可能会导致交叉效率评价结果不唯一。因为 DMU 在选择不同最优权重进行效率评价时，交叉效率评价结果也会不同，这会让决策者很难确定哪组评价结果应当被选择作为决策参考。为了解决最优权重不唯一性问题，Doyle 和 Green（1994）提出使用次级目标模型（Secondary Goal Model）。即在保证 DMU 自评效率最优的情况下，选择那些能使各种次级目标最优化的最优解以减小最优权重的可行域或保证最优权重的唯一性。基于次级目标的思想，学者提出了很多次级目标模型。最有代表性的次级目标模型是由 Doyle 和 Green（1994）提出的侵略性模型（Aggressive Model）和仁慈性模型（Benevolent Model）。这两个模型在提出后被广泛应用并拓展（Liang et al.，2008；Wang and Chin，2010）。然而，在仁慈性模型、侵略性模型以及它们的扩展模型中所使用的 DMU 理想交叉效率目标不一定可行（即 DMU 的交叉效率不能达到这个理想效率目标）。此外，据本书所知，尽管目前学者做了大量次级目标模型的研究，但鲜有研究提出一定能保证最优权重唯一性的方法。

目前，大多数 DEA 交叉效率的研究都集中于解决最优权重不唯一性问题，很少有研究考虑评价结果是否让 DMU 满意以及如何提高 DMU 对评价结果的接受性等问题。具体而言，不同的最优权重选择会导致不同的评价结果，在保证最优权重唯一性的情况下，仍需要考虑提出合理的理论和模型使得评价结果更容易被DMU 接受。例如，一个典型的问题就是 DEA 交叉效率的评价结果通常不是帕累托最优的（Wu et al.，2011），即在其他 DMU 交叉效率值不减少的情况下，至少有一个 DMU 的交叉效率值能提升。这一问题会使得评价的结果不易被 DMU 所接受，尤其是对于那些交叉效率值可进一步提高的 DMU。

上述讨论表明，DEA 交叉效率方法有诸多的应用背景。但是仍有很多理论工作需要进一步完善，以弥补该方法的不足。因此，提出新的 DEA 交叉效率评价（Cross-Efficiency Evaluation，CREE）方法或模型来解决目前 DEA 交叉效率评价方法中的不足具有重要的意义。这也是本书的主要研究动机，即本书旨在提出新的 DEA 交叉效率评价方法，以期得到更合理、更被 DMU 广泛接受的 DEA 交叉效率评价结果。

1.2　本书主要内容

本书将理论研究与实践应用相结合，首先针对现有交叉效率方法存在的一些不足给出理论改进方法，之后将提出的理论方法应用于现实案例中。本书主要从五个部分对环境效率进行系统的分析和总结，概述如下。

第一部分对研究背景和理论知识进行介绍。该部分主要包含 2 章内容：首先，对研究背景和意义进行详细阐述；其次，对交叉效率方法的基本理论和相关研究进行介绍和回顾梳理。

第二部分系统性地研究交叉效率二次目标模型。该部分主要包含 3 章内容：首先，基于偏移量视角构建了三种不同交叉效率二次目标模型，每种模型都将通过算例进行演示；其次，基于权重平衡视角，提出改进交叉效率模型来尽可能降低加权投入或产出之间的离差，使其在效率评价过程中尽可能发挥最大作用，提出的模型通过实际算例进行演示和详细说明；最后，基于考虑每个 DMU 的理想和非理想交叉效率目标，提出新的仁慈性与侵略性交叉效率模型和中立性模型，并通过使用算例，将提出的模型与传统模型进行比较。

第三部分系统性地研究了博弈交叉效率方法。该部分主要包含 4 章内容：首先，每个决策单元将被看作博弈中的参与人，每个参与人在其他决策单元效率不受损害的情况下最大化自身的效率值，在此基础上提出 DEA 博弈交叉效率模型，提出算法来求解博弈交叉效率，并证明该博弈交叉效率值就是纳什均衡解；其次，提出帕累托最优性检验模型和交叉效率帕累托改进模型，以改进 DMU 的交叉效率值，并给出得到帕累托最优交叉效率值的算法；再次，提出了同时考虑竞争和合作博弈的交叉效率模型，并通过中国台湾连锁酒店的例子验证该模型的有效性；最后，通过权重约束对博弈交叉效率方法进行拓展，并将其应用于奥运会参赛国的效率评价。

第四部分系统性地研究了交叉效率集结方法。该部分主要包含 4 章内容：首先，从多属性决策概念出发，提出基于距离熵的交叉效率集结模型；其次，提出一种基于改进 TOPSIS 的交叉效率排序方法，通过构造优化模型直接计算交叉效率值的集结客观权重；再次，将各个决策单元作为合作博弈的局中人，定义各子联盟的特征函数值，通过计算该合作博弈中各决策单元的 Shapley 值，从而得到各决策单元在最终评价中的权重；最后，通过合作博弈中的核子解来确定最终的交叉效率权系数。

第五部分系统性地研究了其他多维视角交叉效率方法。首先，提出集中考虑排序优先的二次目标交叉效率评价方法，并在此基础上确定最终的交叉效率值；其次，在提出的 DMU 对于其他 DMU 的最优权重满意度的概念的基础上，提出满意度的 DEA 交叉效率方法，并给出了相应的算法；再次，提出考虑区间数据的交叉效率方法，并提出区间 TOPSIS 方法对所有决策单元的区间交叉效率进行集结排序；最后，提出多属性博弈交叉效率方法，并通过算例验证该方法的有效性。

1.3 研 究 框 架

本书研究框架如图 1.1 所示。

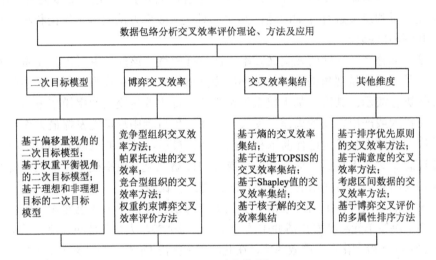

图 1.1　研究框架图

参 考 文 献

Boussofiane A, Dyson R G, Thanassoulis E. 1991. Applied data envelopment analysis[J]. European Journal of Operational Research, 52 (1): 1-15.

Charnes A, Cooper W W, Lewin A Y, et al. 1994. Data Envelopment Analysis: Theory, Methodology, and Applications[M]. Boston: Kluwer.

Charnes A, Cooper W W, Rhodes E. 1978. Measuring the efficiency of decision making units[J]. European Journal of Operational Research, 2 (6): 429-444.

Cook W D, Harrison J, Imanirad R, et al. 2013. Data envelopment analysis with nonhomogeneous DMUs[J]. Operations Research, 61 (3): 666-676.

Cook W D, Liang L, Zha Y, et al. 2009. A modified super-efficiency DEA model for infeasibility[J]. Journal of the Operational Research Society, 60 (2): 276-281.

Cui Q, Li Y. 2015. Evaluating energy efficiency for airlines: An application of VFB-DEA[J]. Journal of Air Transport Management, 44: 34-41.

Doyle J R, Green R H. 1994. Efficiency and cross-efficiency in DEA: Derivations, meanings and uses[J]. Journal of the Operational Research Society, 45 (5): 567-578.

Doyle J R, Green R H. 1995. Cross-evaluation in DEA: Improving discrimination among DMUs[J]. INFOR: Information Systems and Operational Research, 33 (3): 205-222.

Ertay T, Ruan D. 2005. Data envelopment analysis based decision model for optimal operator allocation in CMS[J]. European Journal of Operational Research, 164 (3): 800-810.

Falagario M, Sciancalepore F, Costantino N, et al. 2012. Using a DEA-cross efficiency approach in public procurement tenders[J]. European Journal of Operational Research, 218 (2): 523-529.

Ghasemi M R, Ignatius J, Emrouznejad A. 2014. A bi-objective weighted model for improving the discrimination power in MCDEA[J]. European Journal of Operational Research, 233 (3): 640-650.

Green R H, Doyle J R, Cook W D. 1996. Preference voting and project ranking using DEA and cross-evaluation[J]. European Journal of Operational Research, 90 (3): 461-472.

Liang L, Wu J, Cook W D, et al. 2008. Alternative secondary goals in DEA cross-efficiency evaluation[J]. International Journal of Production Economics, 113 (2): 1025-1030.

Lim S, Oh K W, Zhu J. 2014. Use of DEA cross-efficiency evaluation in portfolio selection: An application to Korean stock market[J]. European Journal of Operational Research, 236 (1): 361-368.

Mitropoulos P, Talias M A, Mitropoulos I. 2015. Combining stochastic DEA with Bayesian analysis to obtain statistical properties of the efficiency scores: An application to Greek public hospitals[J]. European Journal of Operational Research, 243 (1): 302-311.

Paradi J C, Rouatt S, Zhu H. 2011. Two-stage evaluation of bank branch efficiency using data envelopment analysis[J]. Omega, 39 (1): 99-109.

Sexton T R, Silkman R H, Hogan A J. 1986. Data envelopment analysis: Critique and extensions[J]. New Directions for Program Evaluation, (32): 73-105.

Shang J, Sueyoshi T. 1995. A unified framework for the selection of a flexible manufacturing system[J]. European Journal of Operational Research, 85 (2): 297-315.

Sun S. 2002. Assessing computer numerical control machines using data envelopment analysis[J]. International Journal of Production Research, 40 (9): 2011-2039.

Thanassoulis E, Kortelainen M, Johnes G, et al. 2011. Costs and efficiency of higher education institutions in England: A DEA analysis[J]. Journal of the Operational Research Society, 62 (7): 1282-1297.

Wang K, Huang W, Wu J, et al. 2014. Efficiency measures of the Chinese commercial banking system using an additive two-stage DEA[J]. Omega, 44: 5-20.

Wang Y M, Chin K S. 2010. Some alternative models for DEA cross-efficiency evaluation[J]. International Journal of Production Economics, 128 (1): 332-338.

Wu J, Liang L, Chen Y. 2009. DEA game cross-efficiency approach to Olympic rankings[J]. Omega, 37 (4): 909-918.

Wu J, Sun J, Zha Y, et al. 2011. Ranking approach of cross-efficiency based on improved TOPSIS technique[J]. Journal of Systems Engineering and Electronics, 22 (4): 604-608.

Yang M, Li Y, Chen Y, et al. 2014. An equilibrium efficiency frontier data envelopment analysis approach for evaluating decision-making units with fixed-sum outputs[J]. European Journal of Operational Research, 239 (2): 479-489.

第2章 交叉效率理论、方法和应用现状

2.1 理 论 基 础

首先，本节简介基础 DEA 理论和 DEA 交叉效率评价方法。然后，使用一个算例说明研究问题，即最优权重不唯一性问题和评价结果非帕累托最优性问题。本书所使用的符号如下：

n：DMU 数量；

m：投入数量；

s：产出数量；

x_{ij}：DMU $j(j=1,2,\cdots,n)$ 的第 $i(i=1,2,\cdots,m)$ 个投入；

y_{rj}：DMU $j(j=1,2,\cdots,n)$ 的第 $r(r=1,2,\cdots,s)$ 个产出；

w_{id}：DMU $d(d=1,2,\cdots,n)$ 的第 $i(i=1,2,\cdots,m)$ 个投入的权重；

u_{rd}：DMU $d(d=1,2,\cdots,n)$ 的第 $r(r=1,2,\cdots,s)$ 个产出的权重；

其中，$w_{id},\forall i,d$ 和 $u_{rd},\forall r,d$ 是决策变量。投入、产出的数据为已知并假设都为正数。DMU_j 的投入、产出向量分别用 $\boldsymbol{X}_j$ 和 $\boldsymbol{Y}_j$ 表示。相似地，DMU_d 的投入、产出权重向量分别用 $\boldsymbol{W}_d$ 和 $\boldsymbol{U}_d$ 表示。在接下来的内容里，大多数情况下，本书将使用向量表达式来进行数学推演。例如，两个 p 维向量 $\boldsymbol{a}$ 和 $\boldsymbol{b}$ 的乘积，表示为 $\boldsymbol{a}\cdot\boldsymbol{b}$，定义如下：

$$\boldsymbol{a}\cdot\boldsymbol{b}=\boldsymbol{a}^{\mathrm{T}}\boldsymbol{b}=\boldsymbol{b}^{\mathrm{T}}\boldsymbol{a}=\sum_{k=1}^{p}a_k b_k \tag{2.1}$$

2.1.1 DEA 简介

根据 Charnes 等（1978）的研究，DEA 的标准定义如下。

定义 2.1 DEA 是一种用于一组具有多投入多产出的 DMU 效率评价的非参数生产分析方法。

从定义 2.1 中可以看出，首先，DEA 是一种非参数生产分析方法，无须在评价之前假设生产函数，投入、产出权重或决策者对它们的偏好关系，评价结果直接源自投入、产出数据。其次，DEA 的计算需要一组 DMU 的投入、产出数据。然后，所有 DMU 要求为同质的，即所有 DMU 的投入、产出指标需要相同。每

个 DMU 的评价结果是通过将它的生产与生产可能集合中其他 DMU 的生产进行比较而得到的。当然，DMU 的数量无须很多。最后，DEA 方法通常应用于多投入多产出生产的建模。

下面介绍一些 DEA 的基础理论。

1. DMU

DMU 的结构如图 2.1 所示。

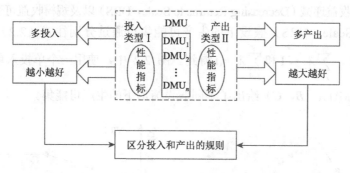

图 2.1　DMU 结构图

在 DEA 中，每个 DMU 被看作一个待评价的组织，这个组织包含了很多的绩效评价指标。通过将这些指标中越小越好的当作投入，越大越好的当作产出，就可以将每个 DMU（组织）看作一个具有多投入和多产出的生产实体。实际应用中，DMU 可以是非营利组织，也可以是营利组织，例如，学校、医院、银行、制造企业等。每个 DMU 中，投入可以是资产、人力、固定成本等，产出通常包括产品产出、利润等。在使用 DEA 方法时，通常假设所有 DMU 的生产环境、投入、产出指标和生产过程都相同，即 DMU 是同质的。

2. 生产可能集

生产可能集（Production Possibility Set，PPS）的定义如下。

定义 2.2　$T = \{(X, Y) \mid X$ 能生产 $Y\}$ 定义为所有 DMU 生产的可能集合。

在给出生产可能集的详细数学公式之前，首先说明 Charnes 等（1978）提出的几个公理。

公理 2.1　可行性：所观测到的任意 DMU_j 的生产活动都属于生产可能集，即 $(X_j, Y_j) \in T$。

公理 2.2　可自由处理性：$(X, Y) \in T$，$X' \geqslant X$ 以及 $Y' \leqslant Y$，可得 $(X', Y') \in T$。

公理 2.3　凸性：生产可能集是凸的。

公理 2.4　锥凸性：$(X, Y) \in T$ 且 $k > 0$，可得 $(kX, kY) \in T$。

公理 2.5 最小相交性：T 是满足公理 2.1～公理 2.4 的所有生产技术（Production Technology）的交集。

基于上述公理 2.1～公理 2.5，在规模收益不变（Constant Returns to Scale，CRS）假设下的生产可能集可表示为

$$T=\left\{(X,Y)\mid \sum_{j=1}^{n}\lambda_j x_{ij}\leqslant x_i,\forall i;\quad \sum_{j=1}^{n}\lambda_j y_{rj}\geqslant y_r,\forall r;\quad \lambda_j\geqslant 0,\forall j\right\}\quad (2.2)$$

式中，λ_j 表示 DMU_j 的强度变量。基于规模收益递增（Increasing Returns to Scale，IRS）、规模收益递减（Decreasing Returns to Scale，DRS）以及规模收益可变（Variable Returns to Scale，VRS）假设下的生产可能集可通过分别往式（2.2）中添加约束 $\sum_{j=1}^{n}\lambda_j>1$、$\sum_{j=1}^{n}\lambda_j<1$ 和 $\sum_{j=1}^{n}\lambda_j=1$ 得到。图 2.2 中，使用一个单投入单产出的算例（3 个 DMU A、B、C）给出了不同假设情形下的生产可能集。

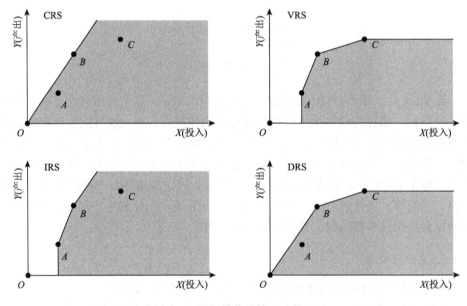

图 2.2　不同规模收益情形下的 PPS

图 2.2 的阴影部分表示生产可能集。在本书的后续部分主要讨论和使用规模收益不变情形下的生产可能集，因为交叉效率的计算一般都是使用 CCR（Charnes-Cooper-Rhodes）模型的计算结果，而该模型是基于 CRS 假设的。

3. 效率与 CCR 模型

Charnes 等（1978）给出的 Pareto-Koopmans 效率的定义如下。

定义 2.3（Pareto-Koopmans 效率）　定义一个 DMU $(X,Y) \in T$，当且仅当不存在 $(X',Y') \in T$，使得 $x_i > x_i', \exists i$ 或 $y_r > y_r', \exists r$，则该 DMU 被定义为 Pareto-Koopmans 有效。

基于上述讨论的生产可能集，Charnes 等（1978）提出了第一个 DEA 模型，也称为 CCR 模型。在评价 DMU_d 时，该模型投入导向的包络形式如下：

$$\begin{cases} \min E_d \\ \text{s.t.} \displaystyle\sum_{j=1}^{n} \lambda_j x_{ij} \leqslant E_d x_{id}, \forall i \\ \displaystyle\sum_{j=1}^{n} \lambda_j y_{rj} \geqslant y_{rd}, \forall r \\ \lambda_j \geqslant 0, \forall j \end{cases} \tag{2.3}$$

模型（2.3）旨在最小化 E_d 的值，即最小化 DMU_d 投入的等比例收缩。这实际上是将 DMU_d 投影到帕累托最优前沿上以确定它与帕累托前沿相比能最多减少多少投入。图 2.3 中给出了一个简单的二投入单产出 DMU 例子，其中包含 6 个 DMU。假设所有 DMU 的产出都相等，两个投入分别用 X_1 和 X_2 表示。从图中可以看出，当 CCR 模型对 DMU E 进行效率评价时，通过对两个投入等比例收缩，可将 DMU E 投影到帕累托最优前沿的 E_1 点，E_1 则确定为它的改进目标，它的效率可通过比值 OE_1 / OE 来计算得到。

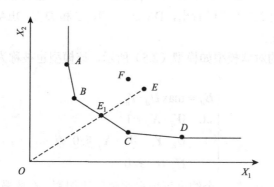

图 2.3　效率评价与帕累托前沿

假设 $(E_d^*, \lambda_j^*, \forall j)$ 是模型（2.3）的最优解，E_d^* 则定义为 DMU_d 的效率值，也称为 CCR 效率值。现给出 DEA 弱有效的定义如下。

定义 2.4（DEA 弱有效）　当且仅当 $E_d^* = 1$ 时，DMU_d DEA 弱有效。

可以看出，DEA 弱有效的 DMU 在评价中不能同比例缩小投入或同比例增大产出。若一个 DMU 是 Pareto-Koopmans 有效的，则它一定是 DEA 弱有效的。然而，DEA 弱有效的 DMU 不一定是 Pareto-Koopmans 有效的。为了进一步识别 Pareto- Koopmans 有效的 DMU，可使用如下模型：

$$
\begin{cases}
\max E_d - \epsilon \left(\sum_{i=1}^{m} s_i^+ + \sum_{r=1}^{s} s_r^- \right) \\
\text{s.t.} \quad \sum_{j=1}^{n} \lambda_j x_{ij} = E_d x_{id} - s_i^+, \forall i \\
\quad \sum_{j=1}^{n} \lambda_j y_{rj} = y_{rd} + s_r^-, \forall r \\
\quad \lambda_j \geqslant 0, \forall j \\
\quad s_i^+, s_r^- \geqslant 0, \forall i, r
\end{cases}
\tag{2.4}
$$

在模型（2.4）中，ϵ 是一个足够小的正数；$s_i^+, s_r^-, \forall i, r$ 分别表示投入、产出的松弛变量。该模型是双目标模型，它的主要目标是最小化 E_d，即找出 DMU_d 的投入的最大减少比例。模型的次级目标是最大化投入和产出的松弛和，这是为了确定DMU是否在某些指标上仍然存在改进空间。该模型可有效地区分出 Pareto-Koopmans 有效的 DMU，也称为 DEA 强有效的 DMU。

假设 $(E_d^*, \lambda_j^*, s_i^{+*}, s_r^{-*}, \forall i, r, j)$ 是模型（2.4）的最优解，DEA 强有效的定义如下。

定义 2.5（DEA 强有效） 当且仅当 $E_d^* = 1$，$s_i^{+*} = 0$，$\forall i$ 和 $s_r^{-*} = 0, \forall r$ 时，DMU_d DEA 强有效。

DEA 强有效的 DMU 是 Pareto-Koopmans 有效的，它们都在帕累托有效前沿面上。例如，从图 2.3 中可以看出，DMU A、B、C 和 D 是 DEA 强有效的。它们都在帕累托前沿面上。

模型（2.3）的对偶模型如模型（2.5）所示，该模型也被称为产出导向的乘数 CCR 模型。

$$
\begin{cases}
E_d^* = \max U_d \cdot Y_d \\
\text{s.t.} \quad W_d \cdot X_d = 1 \\
\quad U_d \cdot Y_j - W_d \cdot X_j \leqslant 0, \forall j \\
\quad U_d, W_d \geqslant 0
\end{cases}
\tag{2.5}
$$

在模型（2.5）中，第一个约束可用来避免等比例解。在此模型中，每个 DMU 的效率通过加权产出和与加权投入和的比值来表示。本书的研究都会以该乘数模型为基础，因为 DEA 交叉效率评价使用的是每个 DMU 选择的最优权重来进行互评的，并最终为每个 DMU 获得交叉效率值。

2.1.2 DEA 交叉效率评价及问题描述

从上述讨论中可以看出，CCR 模型只能将 DMU 区分为 DEA 弱有效的 DMU

和非有效的 DMU。评价所得到的效率值不能有效区分 DEA 弱有效的 DMU，因为所有 DEA 弱有效 DMU 的效率都是 1。这表明传统模型不能对所有 DMU 进行全排序。这也使得 CCR 模型不能有效地解决实际中的一些问题，例如，在项目选择中选出最好的项目进行投资等。

为了解决这一问题，Sexton 等（1986）提出使用 DEA 交叉效率评价方法。假设模型（2.5）的最优解，即 DMU_d 最偏好的投入、产出权重为 (U_d^*, W_d^*)。则 DMU_d 相对于 DMU_j 的交叉效率（$E_{d,j}$）可计算为

$$E_{d,j} = \frac{U_d^* \cdot Y_j}{W_d^* \cdot X_j} \tag{2.6}$$

值得注意的是 $E_{d,d} = E_d^*$。然后可通过使用式（2.7）计算 DMU_j 的交叉效率值（E_j^c）：

$$E_j^c = \frac{1}{n} \sum_{d=1}^{n} E_{d,j} \tag{2.7}$$

E_j^c 也称为 DMU_j 的传统交叉效率值。从式（2.7）中可以看出，该交叉效率值是通过对 DMU_j 的自评效率和他评效率求均值得到的。DMU 的交叉效率值通常能有效区分所有 DMU 并对它们进行排名。

然而，正如前面所提，模型（2.5）的最优解可能不是唯一的，这就导致了针对每个 DMU 计算的交叉效率值可能不唯一。这也进一步导致了交叉效率评价中的主要研究问题，即权重不唯一性问题。对于每个具有不唯一最优权重的 DMU_d，它的最优权重可能集 W_d 可通过式（2.8）表示：

$$\begin{cases} W_d = \{(U_d, W_d) \,|\, U_d \cdot Y_d = E_d^* \\ \qquad W_d \cdot X_d = 1 \\ \qquad U_d \cdot Y_j - W_d \cdot X_j \leqslant 0, \forall j \\ \qquad U_d, W_d \geqslant 0\} \end{cases} \tag{2.8}$$

现在给出一个算例（Liang et al.，2008a）来解释最优权重不唯一性问题。本算例包含 5 个 DMU，每个 DMU 有 3 个投入、2 个产出，算例的数据如表 2.1 所示。

表 2.1　算例数据

DMU	投入			产出	
	X_1	X_2	X_3	Y_1	Y_2
DMU_1	7	7	7	4	4
DMU_2	5	9	7	7	7
DMU_3	4	6	5	5	7
DMU_4	5	9	8	6	2
DMU_5	6	8	5	3	6

通过使用模型（2.5），可计算每个 DMU 的 CCR 效率值，进一步使用式（2.6）计算它们的交叉效率值，结果分别列于表 2.2 中。本章还使用仁慈性和侵略性交叉效率评价模型分别计算得到另外两组交叉效率值，结果分别列于表 2.2 中。仁慈性和侵略性交叉效率评价模型将在第 3 章中做详细介绍。

从表 2.2 的计算结果可以看出，首先 CCR 模型的评价结果中，DMU_2 和 DMU_3 都是 DEA 弱有效的。该模型不能对这两个 DMU 做进一步区分，它们的效率值都是 1。

表 2.2　算例计算结果

DMU	CCR 效率	任意性交叉效率值	仁慈性交叉效率值	侵略性交叉效率值
DMU_1	0.6857	0.4743	0.5616	0.4473
DMU_2	1.0000	0.8793	0.9295	0.8895
DMU_3	1.0000	0.9856	1.0000	0.9571
DMU_4	0.8571	0.5554	0.6671	0.5843
DMU_5	0.8571	0.5587	0.5871	0.5186

观察其他三组交叉效率评价结果可以看出，每组交叉效率评价结果都能对所有的 DMU 进行全排序，但是每组的评价结果各不相同。这说明，存在 DMU 最优权重不唯一性问题，即 DMU 采用不同的决策模型进行权重选择时，得到的最优权重不同，虽然每个 DMU 的不同最优权重都能保证自评值相同，即 CCR 效率值不变，但是针对每个 DMU，不同的评价策略会给出不同的交叉效率值。这一问题导致了决策者不知道选择哪组评价结果作为决策参照。

此外，通过比较评价结果还可以发现，针对每个 DMU，采用侵略性和任意性权重选择策略所得的交叉效率值比采用仁慈性策略得到的交叉效率值小。DMU 可能更偏好采用仁慈性策略评价所得到的效率值，因为 DMU 更倾向于接受对自己给出较高效率的评价结果。但是，若选择不同的策略，也会得到不同的评价结果，如表 2.2 中显示的任意性策略和侵略性策略所选择的结果，这些评价结果相比而言可能更不被 DMU 接受。因此，在 DEA 交叉效率评价的研究中，除了考虑传统的最优权重不唯一性问题，也很有必要考虑提出相关的理论和方法加强决策者对于评价结果的可接受性。

2.2　DEA 排序的相关研究

如前面内容所述，传统 DEA 模型（CCR 模型）不能有效区分 DEA 弱有效的

DMU。为了解决这一问题，学者提出了一系列的方法，现对这些方法总结如下几点。

选择合适的参考集：Cooper 等（2007）提出在使用 CCR 模型进行绩效评价时，若想得到对于 DMU 区分度较高的评价结果，则应当保证总 DMU 数量不小于 ms 和 $3(m+s)$ 当中的较大的数，其中 m 和 s 分别为 DMU 投入和产出的数量。

超效率评价法：该方法由 Andersen 和 Petersen（1993）提出。这种方法能有效区分 DEA 强有效的 DMU。在超效率评价中，被评价的 DMU 会从参考集合中被移除，这使得 DEA 强有效的 DMU 得到比 1 大的效率值，从而区分了 DEA 强有效的 DMU。但是该方法还是存在一些不足：第一，它不能对 DEA 弱有效且非 DEA 强有效的 DMU 进行区分，因为在该方法的评价结果中，这类 DMU 所得效率值仍然都为 1；第二，这种方法还有可能出现模型无解的情形。但是超效率评价方法还是被学者广泛认可，并做了大量的扩展性研究，如 Zhu（1996）、Khodabakhshi（2007）、Jahanshahloo 等（2011a）、Chen 等（2013）、Du 等（2014）、Chu 等（2016）的研究。

DEA 公共权重评价法：该方法由 Cook 等（1990）和 Roll 等（1991）提出。与传统的 DEA 模型中每个 DMU 使用自身偏好的最优权重进行效率评价不同，该方法中所有 DMU 都使用相同的一组投入、产出权重进行效率评价。这种方法中主要存在的问题是如何确定这一组合理的公共投入、产出权重，让所有 DMU 都愿意接受评价结果。关于该方法的详细介绍和拓展请参照 Kao 和 Hung（2005）、Zohrehbandian 等（2010）、Ramezani-Tarkhorani 等（2014）、Sun 等（2013）和 Wu 等（2016a）的研究。

DEA 标杆排序法：这种方法主要是为了区分 DEA 强有效的 DMU。该方法的主要思想是统计在评价中每个 DEA 强有效的 DMU 被当作标杆的次数。DEA 强有效的 DMU 中，被当作标杆次数越多的 DMU 排序越靠前。与超效率评价方法相同，该方法不能对 DMU 弱有效中非 DEA 强有效的 DMU 进行区分。

DEA 交叉效率评价法：该方法由 Sexton 等（1986）提出。其主要思想是利用互评模式代替传统的自评模式，以增强对 DMU 的区分度。本章主要是针对这一方法的研究，2.3 节将对该方法的相关研究做进一步的详细介绍。

除了上述的方法，还有其他的一些基于 DEA 研究的排序方法，例如，基于 DEA 的多准则决策法（Strassert and Prato，2002；Wang and Jiang，2012）、情境 DEA 方法（Seiford and Zhu，2003；Chen et al.，2005）等。

2.3　DEA 交叉效率评价相关研究

本节将详细讨论有关 DEA 交叉效率评价的研究。主要从以下几个方面讨论：

关于最优权重不唯一性问题的研究、基于扩展性交叉效率评价模式的研究、交叉效率集结研究、交叉效率的应用研究。

2.3.1 次级目标模型

Doyle 和 Green（1994）提出每个 DMU 在使用 CCR 模型选择最优权重时，可能会得到不唯一的最优解，选择不同的最优解会得出不同的交叉效率评价结果。这就是所谓的最优权重不唯一性问题，该问题也在 2.1.2 节中做了详细介绍。目前，大多数有关 DEA 交叉效率评价的研究都旨在解决这一问题。Sexton 等（1986）在提出交叉效率评价方法的时候，就已经指出了这一问题存在的可能性，并提出使用次级目标模型的方法来解决这一问题。基于这一思想，学者提出了大量的次级模型为 DMU 选择最优权重。

传统的次级目标模型的建立一般坚持两个准则：第一，每个 DMU 只选择唯一组最优权重进行自评和他评（唯一组权重原则）；第二，每个 DMU 所选择的最优权重将保持它的自评效率最优化，即不低于 CCR 效率（效率最优化原则）。基于上述两个准则，学者提出了很多次级目标模型以解决交叉效率不唯一性问题。接下来我们分组讨论这些模型分组。

仁慈性与侵略性模型：Doyle 和 Green（1994）提出了第一组最常用的次级目标模型，即仁慈性交叉效率评价模型和侵略性交叉效率评价模型。仁慈性（侵略性）模型的主要思想是在给每个 DMU 选择最优效率时，首先保证它自身的效率不低于 CCR 效率，然后使其他 DMU 的效率值尽可能大（小）。Liang 等（2008a）对这组仁慈性和侵略性模型进行了进一步的拓展，基于 DMU 到理想交叉效率的松弛值，他们提出了很多新的仁慈性和侵略性模型，并进一步讨论了不同模型的应用背景。Wang 和 Chin（2010a）指出 Liang 等（2008a）的模型中使用的 DMU 的理想交叉效率（效率值 1）不合理，因为不是每个 DMU 都能在评价中达到效率值 1。他们将理想交叉效率目标改为 CCR 效率并提出了改进的次级目标模型。Wu 等（2016b）对这些模型做了进一步的改进。他们提出 Wang 和 Chin（2010a）的研究中使用 CCR 效率作为理想目标效率仍然不是对所有 DMU 可行。他们给出相应的模型，以计算更为合理的理想和非理想交叉效率目标。此外，他们提出新的仁慈性和侵略性模型，这些模型不仅考虑了 DMU 想要靠近它的理想交叉效率目标的意愿，同时还考虑了 DMU 想要远离它们的非理想交叉效率目标的意图。Lim（2012）提出了另外一种仁慈性和侵略性模型。他们的模型在给某 DMU 选择最优权重时，仁慈性（侵略性）模型最大化（最小化）其他 DMU 中相对于该 DMU 的最小交叉效率。

中立性模型：在该类型的模型中，当 DMU 在选择最优权重时，它只从该 DMU

自身角度去考虑，并不考虑其他 DMU 相对于该 DMU 的交叉效率。在 Wang 和 Chin（2010b）提出的中立性模型中，当某一个 DMU 选择其最优权重时，首先它保证自身的效率为其 CCR 效率，此外模型还最大化该 DMU 的所有产出的效率。Wang 等（2011b）基于理想和非理想 DMU 的概念提出了一些其他中立性模型。在这些模型中，次级目标包含最大化该 DMU 与非理想 DMU 的距离、最小化该 DMU 与理想 DMU 的距离，以及最大化理想和非理想 DMU 之间的距离等。此外，还有一些学者考虑了 DMU 的排序区间。例如，Alcaraz 等（2013）提出的两个模型能分别找出某一 DMU 的最佳排序和最差排序。然后，提出使用每个 DMU 的排序区间来对它们进行排序。Yang 等（2012）也做了类似的研究。

权重均衡性模型：由于传统 DEA 模型允许每个 DMU 使用自身最偏好的权重，这可能导致评价中使用不合理的权重。例如，某一个 DMU 所选择的最优权重中可能包含很多零权重。为了解决这一问题，学者也提出了各种次级目标模型来增强所选权重的均衡性。Ramón 等（2010）在 DEA 交叉效率评价中提出了投入、产出权重之间相似度的概念。据此，他们首先给出一个模型，对 DEA 强有效 DMU 的数据进行计算，得到这些 DMU 投入、产出权重的最大相似度。然后，他们针对非 DEA 强有效的 DMU 给出另一个模型，为它们重新选择最优权重。该方法有效避免了零权重的选择。Ramón 等（2011）提出了另外一个避免使用零权重的方法，该方法在选择最优权重时，尽可能减少所有 DMU 所选的最优权重组之间的差距。Wang 和 Jiang（2012）也做了类似的研究。Wang 等（2011a）以及 Wu 等（2012a）提出了另一种权重均衡性模型，在该模型中，通过最大最小化的加权投入和产出来避免选择零权重。然而，与 Ramón 等（2010）和 Ramón 等（2011）的研究不同，Wu 等（2011）以及 Wu 等（2012a）的研究不能从理论上保证一定不会选择零权重，尽管他们提出的模型在实际应用中有效地避免了选择零权重。

其他的次级目标模型：除了上述几类次级目标模型，还有一些学者提出了其他的一些次级目标模型。例如，Wu 等（2009b）、Contreras（2012）、Maddahi 等（2014）以及 Liu 等（2017）提出使用最优化 DMU 的排序作为次级目标。Jahanshahloo 等（2011b）将对称性技术引入模型中，并提出以选择对称性的最优权重为次级目标。最近，Wu 等（2016c）在 DEA 交叉效率评价中引入了满意度的概念，并给出了最大化所有 DMU 满意度的最优权重选择模型。该研究中还进一步给出了两个算法，分别保证了所提模型的线性化求解以及最终每个 DMU 所选择最优权重的唯一性。

需要指出的是，不同的次级目标模型适用于不同的应用场景。本书将在第 3 章中提出新的模型，将它们与传统模型进行比较，并详细地讨论这些不同模型的应用场景。

2.3.2　扩展性交叉效率模型

　　上述 DEA 交叉效率次级目标模型的研究基本上都是基于唯一组权重原则和效率最优化原则。一些学者对这两个原则进行了松弛，并提出了一些新的方法以期得到更多性质的交叉效率评价结果。例如，Liang 等（2008a）的研究中允许每个 DMU 使用不同组的权重来评价其他的 DMU。DMU 被当作非合作博弈中的玩家，它们之间相互竞争，以期获得最大的交叉效率值。每个 DMU 都会针对不同的 DMU 给出不同的评价标准。他们进一步提出了一种基于博弈论的讨价还价模型和算法以保证最终找到一组纳什均衡交叉效率评价结果。Wu 等（2009）将这个 DEA 博弈交叉效率评价的方法扩展为规模收益可变的模型并运用到了奥运会参赛国的绩效评价中。此外，同样舍弃了唯一组权重原则且允许每个 DMU 使用不同的权重计算其他 DMU 相对于其的交叉效率，Cook 和 Zhu（2014）提出了另外一种方法，他们提出了单位不变乘数 DEA 交叉效率评价模型。该模型可直接计算每个 DMU 的最大交叉效率值，从而无须再考虑最优权重不唯一性问题。Wu 等（2016d）对效率最优化原则进行了松弛。他们提出了一种基于帕累托改进的交叉效率评价方法。该方法能最终得到一组帕累托最优的交叉效率评价结果。此外，在特殊的情形下，该方法还将 DEA 交叉效率评价中的自评、他评以及公共权重评价三种评价模式统一化，这使得评价结果更容易被所有 DMU 接受。

2.3.3　DEA 交叉效率集结研究

　　传统 DEA 交叉效率评价中，每个 DMU 最终通过求其自评效率和所有他评效率的均值来获得交叉效率值。然而，有学者指出，通过均值的方式会忽略 DMU 对其自评效率和他评效率的不同偏好。此外，平均交叉效率值一般不能保证结果的帕累托最优性（Wu et al.，2008）。为了解决这些问题，学者提出了各种交叉效率集结的方法。

　　Wu 等（2008）假设 DMU 之间进行合作博弈。他们建模并通过使用博弈核子解来计算最终的交叉效率值。Wu 等（2009a）也假设 DMU 之间进行合作博弈，他们提出使用博弈的 Shapley 值来对每个 DMU 的自评效率和他评效率进行集结，并最终计算交叉效率值。Wu 等（2011）以及 Wu 等（2013）提出使用 TOPSIS 法来确定权重，并最终进行效率集结，为 DMU 计算交叉效率值。Wu 等（2011）以及 Wu 等（2012b）提出使用交叉效率评价矩阵计算交叉效率值。他们进一步使用了 Shannon 熵来进行交叉效率矩阵集结。考虑到决策者对于相对最优效率的乐观程度，Wang 和 Chin（2011）提出使用有序加权平均算子来确定交叉效率集结权重。Ruiz 和 Sirvent（2012）针对聚合权重的不平衡性问题，提出了一种新的聚合方法。该方法在效率集结中，会给那些使用较多零权重计算所得的自评效率或他评效率赋较小的权重，从而减小不均衡权重在评价结果中的影响。Yang 等（2013）提出使用一种证据理论方法来进行交叉效率集结。该方法提供了一种基于分布式评估框架和 Dempster-Shafer（D-S）证据理论的组合规则来集结每个 DMU 的自评效率和他评效率。

2.3.4　DEA 交叉效率评价的应用

DEA 交叉效率评价方法在提出之后，被学者广泛应用于各个领域。例如，Green 等（1996）提出使用交叉效率评价方法来做研发项目选择。在他们的研究中，通过使用评价所得的交叉效率值来对候选项目进行排名，在项目总预算的约束下，按照排名顺序选择尽可能多的项目。还有其他的一些研究也使用了 DEA 交叉效率评价方法来进行项目选择，该方法应用于项目选择的机制基本上与上述研究相似，相关研究请参考 Liang 等（2008b）和 Wu 等（2016d）的文献。Wu 等（2009）以及 Wu 等（2009b）提出使用 DEA 交叉效率评价方法来评价奥运会参赛国，并找出非有效参赛国的学习标杆。他们主要针对不同奖牌的不同重要性，赋予它们有序的权重来扩展 DEA 交叉效率评价模型。Yu 等（2010）提出使用 DEA 交叉效率方法来分析不同信息分享情形下的供应链绩效。Falagario 等（2012）提出使用 DEA 交叉效率评价方法来进行公共采购招标中的供应商评估与选择。在此研究中，通过使用 DEA 交叉效率评价方法来评价供应商，得出供应商的排名并选择最优的供应商。相似的研究还有 DEA 交叉效率评价方法被运用于先进制造技术的选择（Baker and Talluri，1997；Wu et al.，2016b）。Lim 等（2014）建议使用 DEA 交叉效率评价方法选择投资组合。他们指出，交叉效率评价方法一般会选择出一组鲁棒性更高、抗风险能力更强的投资组合。除了使用交叉效率评价对 DMU 进行评价和排序，学者还提出使用 DEA 交叉效率评价方法解决一些其他的管理问题，例如，Du 等（2014a）将 DEA 交叉效率评价方法运用到固定成本分摊和资源分配中。

参 考 文 献

Alcaraz J，Ramón N，Ruiz J L，et al. 2013. Ranking ranges in cross-efficiency evaluations[J]. European Journal of Operational Research，226（3）：516-521.

Andersen P，Petersen N C. 1993. A procedure for ranking efficient units in data envelopment analysis[J]. Management Science，39（10）：1261-1264.

Baker R C，Talluri S. 1997. A closer look at the use of data envelopment analysis for technology selection[J]. Computers & Industrial Engineering，32（1）：101-108.

Charnes A，Cooper W W，Rhodes E. 1978. Measuring the efficiency of decision making units[J]. European Journal of

Operational Research，2（6）：429-444.

Chen Y，Morita H，Zhu J. 2005. Context-dependent DEA with an application to Tokyo public libraries[J]. International Journal of Information Technology & Decision Making，4（3）：385-394.

Chen Y，Du J，Huo J. 2013. Super-efficiency based on a modified directional distance function[J]. Omega，41（3）：621-625.

Chu J，Wu J，Zhu Q，et al. 2016. Resource scheduling in a private cloud environment：An efficiency priority perspective[J]. Kybernetes，45（10）：1524-1541.

Contreras I. 2012. Optimizing the rank position of the DMU as secondary goal in DEA cross-evaluation[J]. Applied Mathematical Modelling，36（6）：2642-2648.

Cook W D，Roll Y，Kazakov A. 1990. A DEA model for measuring the relative efficiency of highway maintenance patrols[J]. INFOR：Information Systems and Operational Research，28（2）：113-124.

Cook W D，Zhu J. 2014. DEA Cobb-Douglas frontier and cross-efficiency[J]. Journal of the Operational Research Society，65（2）：265-268.

Cooper W W，Seiford L M，Tone K. 2007. Data Envelopment Analysis：A Comprehensive Text with Models，Applications，References and DEA-solver Software[M]. New York：Springer.

Doyle J，Green R. 1994. Efficiency and cross-efficiency in DEA：Derivations，meanings and uses[J]. Journal of the Operational Research Society，45（5）：567-578.

Du J，Cook W D，Liang L，et al. 2014a. Fixed cost and resource allocation based on DEA cross-efficiency[J]. European Journal of Operational Research，235（1）：206-214.

Du J，Wang J，Chen Y，et al. 2014b. Incorporating health outcomes in Pennsylvania hospital efficiency：An additive super-efficiency DEA approach[J]. Annals of Operations Research，221（1）：161-172.

Falagario M，Sciancalepore F，Costantino N，et al. 2012. Using a DEA-cross efficiency approach in public procurement tenders[J]. European Journal of Operational Research，218（2）：523-529.

Green R H，Doyle J R，Cook W D. 1996. Preference voting and project ranking using DEA and cross-evaluation[J]. European Journal of Operational Research，90（3）：461-472.

Jahanshahloo G R，Khodabakhshi M，Lotfi F H，et al. 2011a. A cross-efficiency model based on super-efficiency for ranking units through the TOPSIS approach and its extension to the interval case[J]. Mathematical and Computer Modelling，53（9-10）：1946-1955.

Jahanshahloo G R，Lotfi F H，Jafari Y，et al. 2011b. Selecting symmetric weights as a secondary goal in DEA cross-efficiency evaluation[J]. Applied Mathematical Modelling，35（1）：544-549.

Kao C，Hung H T. 2005. Data envelopment analysis with common weights：The compromise solution approach[J]. Journal of the Operational Research Society，56（10）：1196-1203.

Khodabakhshi M. 2007. A super-efficiency model based on improved outputs in data envelopment analysis[J]. Applied Mathematics and Computation，184（2）：695-703.

Liang L，Wu J，Cook W D，et al. 2008a. Alternative secondary goals in DEA cross-efficiency evaluation[J]. International Journal of Production Economics，113（2）：1025-1030.

Liang L，Wu J，Cook W D，et al. 2008b. The DEA game cross-efficiency model and its Nash equilibrium[J]. Operations Research，56（5）：1278-1288.

Lim S. 2012. Minimax and maximin formulations of cross-efficiency in DEA[J]. Computers & Industrial Engineering，62（3）：726-731.

Lim S，Oh K W，Zhu J. 2014. Use of DEA cross-efficiency evaluation in portfolio selection：An application to Korean stock market[J]. European Journal of Operational Research，236（1）：361-368.

Liu X，Chu J，Yin P，et al. 2017. DEA cross-efficiency evaluation considering undesirable output and ranking priority：A case study of eco-efficiency analysis of coal-fired power plants[J]. Journal of Cleaner Production，142：877-885.

Maddahi R，Jahanshahloo G R，Hosseinzadeh Lotfi F，et al. 2014. Optimising proportional weights as a secondary goal in DEA cross-efficiency evaluation[J]. International Journal of Operational Research，19（2）：234-245.

Ramezani-Tarkhorani S，Khodabakhshi M，Mehrabian S，et al. 2014. Ranking decision-making units using common weights in DEA[J]. Applied Mathematical Modelling，38（15/16）：3890-3896.

Ramón N，Ruiz J L，Sirvent I. 2010. On the choice of weights profiles in cross-efficiency evaluations[J]. European Journal of Operational Research，207（3）：1564-1572.

Ramón N，Ruiz J L，Sirvent I. 2011. Reducing differences between profiles of weights：A "peer-restricted" cross-efficiency evaluation[J]. Omega，39（6）：634-641.

Roll Y，Cook W D，Golany B. 1991. Controlling factor weights in data envelopment analysis[J]. IIE Transactions，23（1）：2-9.

Ruiz J L，Sirvent I. 2012. On the DEA total weight flexibility and the aggregation in cross-efficiency evaluations[J]. European Journal of Operational Research，223（3）：732-738.

Seiford L M，Zhu J. 1999. Infeasibility of super-efficiency data envelopment analysis models[J]. INFOR：Information Systems and Operational Research，37（2）：174-187.

Seiford L M，Zhu J. 2003. Context-dependent data envelopment analysis—Measuring attractiveness and progress[J]. Omega，31（5）：397-408.

Sexton T R，Silkman R H，Hogan A J. 1986. Data envelopment analysis：Critique and extensions[J]. New Directions for Program Evaluation，（32）：73-105.

Strassert G，Prato T. 2002. Selecting farming systems using a new multiple criteria decision model：The balancing and ranking method[J]. Ecological Economics，40（2）：269-277.

Sun J，Wu J，Guo D. 2013. Performance ranking of units considering ideal and anti-ideal DMU with common weights[J]. Applied Mathematical Modelling，37（9）：6301-6310.

Wang Y M，Chin K S，Jiang P. 2011a. Weight determination in the cross-efficiency evaluation[J]. Computers & Industrial Engineering，61（3）：497-502.

Wang Y M，Chin K S，Luo Y. 2011b. Cross-efficiency evaluation based on ideal and anti-ideal decision making units[J]. Expert Systems with Applications，38（8）：10312-10319.

Wang Y M，Chin K S，Wang S. 2012. DEA models for minimizing weight disparity in cross-efficiency evaluation[J]. Journal of the Operational Research Society，63（8）：1079-1088.

Wang Y M，Chin K S. 2010a. Some alternative models for DEA cross-efficiency evaluation[J]. International Journal of Production Economics，128（1）：332-338.

Wang Y M，Chin K S. 2010b. A neutral DEA model for cross-efficiency evaluation and its extension[J]. Expert Systems with Applications，37（5）：3666-3675.

Wang Y M，Chin K S. 2011. The use of OWA operator weights for cross-efficiency aggregation[J]. Omega，39（5）：493-503.

Wang Y M，Jiang P. 2012. Alternative mixed integer linear programming models for identifying the most efficient decision making unit in data envelopment analysis[J]. Computers & Industrial Engineering，62（2）：546-553.

Wu J，Chu J，Zhu Q，et al. 2016a. Determining common weights in data envelopment analysis based on the satisfaction degree[J]. Journal of the Operational Research Society，67（12）：1446-1458.

Wu J，Chu J，Sun J，et al. 2016b. Extended secondary goal models for weights selection in DEA cross-efficiency evaluation[J]. Computers & Industrial Engineering，93：143-151.

Wu J，Chu J，Zhu Q，et al. 2016c. DEA cross-efficiency evaluation based on satisfaction degree：An application to technology selection[J]. International Journal of Production Research，54（20）：5990-6007.

Wu J，Chu J，Sun J，et al. 2016d. DEA cross-efficiency evaluation based on Pareto improvement[J]. European Journal of Operational Research，248（2）：571-579.

Wu J，Liang L，Chen Y. 2009. DEA game cross-efficiency approach to Olympic rankings[J]. Omega，37（4）：909-918.

Wu J，Liang L，Yang F. 2009a. Determination of the weights for the ultimate cross efficiency using Shapley value in cooperative game[J]. Expert Systems with Applications，36（1）：872-876.

Wu J，Liang L，Yang F. 2009b. Achievement and benchmarking of countries at the Summer Olympics using cross efficiency evaluation method[J]. European Journal of Operational Research，197（2）：722-730.

Wu J，Liang L，Zha Y. 2008. Determination of the weights of ultimate cross efficiency based on the solution of nucleolus in cooperative game[J]. Systems Engineering-Theory & Practice，28（5）：92-97.

Wu J，Sun J，Liang L. 2012a. Cross efficiency evaluation method based on weight-balanced data envelopment analysis model[J]. Computers & Industrial Engineering，63（2）：513-519.

Wu J，Sun J，Liang L. 2012b. DEA cross-efficiency aggregation method based upon Shannon entropy[J]. International Journal of Production Research，50（23）：6726-6736.

Wu J，Sun J，Song M，et al. 2013. A ranking method for DMUs with interval data based on dea cross-efficiency evaluation and TOPSIS[J]. Journal of Systems Science And Systems Engineering，22（2）：191-201.

Wu J，Sun J，Zha Y，et al. 2011. Ranking approach of cross-efficiency based on improved TOPSIS technique[J]. Journal of Systems Engineering and Electronics，22（4）：604-608.

Yang F，Ang S，Xia Q，et al. 2012. Ranking DMUs by using interval DEA cross efficiency matrix with acceptability analysis[J]. European Journal of Operational Research，223（2）：483-488.

Yang G，Yang J，Liu W，et al. 2013. Cross-efficiency aggregation in DEA models using the evidential-reasoning approach[J]. European Journal of Operational Research，231（2）：393-404.

Yu M M，Ting S C，Chen M C. 2010. Evaluating the cross-efficiency of information sharing in supply chains[J]. Expert Systems with Applications，37（4）：2891-2897.

Zhu J. 1996. Robustness of the efficient DMUs in data envelopment analysis[J]. European Journal of Operational Research，90（3）：451-460.

Zohrehbandian M，Makui A，Alinezhad A. 2010. A compromise solution approach for finding common weights in DEA：An improvement to Kao and Hung's approach[J]. Journal of the Operational Research Society，61（4）：604-610.

第二部分　交叉效率二次目标模型篇

第3章 基于偏移量视角的交叉效率二次目标模型

作为 DEA 方法的一种拓展形式，交叉效率评价方法不仅可以对所有决策单元进行充分排序，而且可以在不需要对权重约束施加事先信息的情况下，消除 DEA 权重不现实的问题。但是由于传统 DEA 模型可能存在多重最优解，从而导致对应的交叉效率值可能不唯一，这已经成为影响交叉效率评价方法有效性的一个重要因素。本书将通过三种不同的方法来解决交叉效率不唯一的弊端，每种提出的模型都将通过算例进行演示。

3.1 交叉效率评价方法

定义有 n 个决策单元，每个决策单元 DMU_j 利用 m 种不同的输入来产出 s 种不同的输出。$\text{DMU}_j(j=1,2,\cdots,n)$ 的第 i 种输入与第 r 种输出分别记为 $x_{ij}(i=1,2,\cdots,m)$ 和 $y_{rj}(r=1,2,\cdots,s)$。首先，计算传统的 DEA 模型，如 Charnes、Cooper 和 Rhodes 于 1978 年提出的 CCR 模型。对于任意的被评价单元 DMU_d，其在 CCR 模型下的效率值 E_{dd} 可以通过求解以下的线性规划问题得到：

$$\begin{cases} \max E_{dd} = \sum_{r=1}^{s} \mu_{rd} y_{rd} \\ \text{s.t.} \quad \sum_{i=1}^{m} \omega_{id} x_{id} = 1 \\ \sum_{r=1}^{s} \mu_{rd} y_{rj} - \sum_{i=1}^{m} \omega_{id} x_{ij} \leq 0, \quad j=1,2,\cdots,n \\ \mu_{rd}, \omega_{id} \geq 0, \quad r=1,2,\cdots,s; \ i=1,2,\cdots,m \end{cases} \tag{3.1}$$

式中，ω_{id} 与 μ_{rd} 分别代表 DMU_d 的第 i 个输入权重和第 r 个输出权重。

接下来，定义 DMU_j 相对于 DMU_d 的交叉效率为

$$E_{dj} = \frac{\sum_{r=1}^{s} \mu_{rd}^{*} y_{rj}}{\sum_{i=1}^{m} \omega_{id}^{*} x_{ij}}, \quad d,j=1,2,\cdots,n \tag{3.2}$$

式中，(*)表示模型（3.1）的最优解。

如表 3.1 中交叉效率矩阵 E 所示，矩阵中的元素 E_{dj} 是 DMU_j 利用 DMU_d 的权重所获得的效率值，对角线上的元素表示 $\text{DMU}_d(d=1,2,\cdots,n)$ 进行自评的效率值。

表 3.1 传统交叉效率矩阵

评价单元	被评价单元				
	1	2	3	$\cdots$	n
1	E_{11}	E_{12}	E_{13}	$\cdots$	E_{1n}
2	E_{21}	E_{22}	E_{23}	$\cdots$	E_{2n}
3	E_{31}	E_{32}	E_{33}	$\cdots$	E_{3n}
$\vdots$	$\vdots$	$\vdots$	$\vdots$		$\vdots$
n	E_{n1}	E_{n2}	E_{n3}	$\cdots$	E_{nn}
平均交叉效率	$\bar{E}_1$	$\bar{E}_2$	$\bar{E}_3$	$\cdots$	$\bar{E}_n$

对于 $DMU_j(j=1,2,\cdots,n)$ ，所有 $E_{dj}(d=1,2,\cdots,n)$ 的平均值，即 $\overline{E_j} = \frac{1}{n}\sum_{d=1}^{n}E_{dj}$ 表示 DMU_j 的交叉效率值。

实际上，模型（3.1）的最优权重经常是不唯一的，因此由式（3.2）定义的交叉效率可以说是随意产生的，不同的计算软件也许会得到不同的交叉效率值（Despotis，2002）。为了解决这个弊端，Sexton 等（1986）与 Doyle 和 Green（1994）在交叉效率评价方法中引入不同的二次目标，进而提出了两阶段模型，该方法分为两步。

第一步：确定各决策单元自评的效率值，如求解 CCR 模型（3.1）。

第二步：通过引入二次目标来确定用来计算交叉效率的权重，两种不同的二次目标代表了两种截然相反的策略。下列模型（3.3）在保持 DMU_d 自评效率值 E_{dd} 不变的情况下，尽可能最大化其他决策单元的平均交叉效率。该模型称为仁慈性策略（Benevolent Strategy）模型。

$$
\begin{cases}
\max \dfrac{1}{n-1}\sum_{j \neq d} \dfrac{\sum_{r=1}^{s}\mu_{rd}y_{rj}}{\sum_{i=1}^{m}\omega_{id}x_{ij}} \\[4mm]
\text{s.t.} \ \sum_{i=1}^{m}\omega_{id}x_{ij} - \sum_{r=1}^{s}\mu_{rd}y_{rj} \geqslant 0, \quad j=1,2,\cdots,n \\[4mm]
\sum_{i=1}^{m}\omega_{id}x_{id} = 1 \\[4mm]
\sum_{r=1}^{s}\mu_{rd}y_{rd} = E_{dd} \\[4mm]
\omega_{id} \geqslant 0, \quad i=1,2,\cdots,m \\[2mm]
\mu_{rd} \geqslant 0, \quad r=1,2,\cdots,s
\end{cases}
\tag{3.3}
$$

相反，在保持自评效率值不变的情况下，尽可能最小化其他决策单元效率的模型称为侵略性策略（Aggressive Strategy）模型，即模型（3.3）中的目标函数由最大化改为最小化。

这两种策略在一定程度上可以解决交叉效率的不唯一性问题，但是依然存在诸多缺陷，首先是引入的某些二次目标是非线性的，从而使计算难以处理；其次，在某些情况下，引入二次目标之后依然存在多解的情况；最后，在什么情况下运用仁慈性策略或侵略性策略至今没有一个准则，从而使得在两种策略之间做出正确选择变得非常困难。针对这些缺陷，本章将提出三种不同的解决方法，这些方法都是对已有方法的有益改进和补充，并且都能很好地解决交叉效率不唯一的问题，每种方法都通过算例进行演示。

3.2　交叉效率评价方法中不同的二级目标

本节将通过引入不同形式的二次目标来解决交叉效率不唯一的问题。为了方便说明，首先介绍一种与传统 CCR 模型等价的偏移量模型，并以此模型为基础进行后续讨论。

3.2.1　偏移量模型

Li 和 Reeves（1999）提出了一种与 CCR 模型等价的偏移量模型，具体模型如式（3.4）所示：

$$
\begin{cases}
\min \alpha_d \\
\text{s.t.} \ \displaystyle\sum_{i=1}^{m} \omega_{id} x_{id} = 1 \\
\displaystyle\sum_{r=1}^{s} \mu_{rd} y_{rj} - \sum_{i=1}^{m} \omega_{id} x_{ij} + \alpha_j = 0, \quad j = 1,2,\cdots,n \\
\mu_{rd}, \omega_{id}, \alpha_j \geqslant 0, \quad r = 1,2,\cdots,s; i = 1,2,\cdots,m; j = 1,2,\cdots,n
\end{cases}
\tag{3.4}
$$

式中，α_d 表示 DMU_d 的偏移量；α_j 表示第 j 个决策单元的偏移量。在模型（3.4）中，当且仅当 $\alpha_d^* = 0$，DMU_d 是有效的；如果 DMU_d 是非有效的，则其效率值为 $1 - \alpha_d^*$（α_d 可以被看作一种"非有效"的测度）。

在此，我们定义模型（3.4）中的偏移量 α_j 为 DMU_j 的 d-非有效度。以下提出的三种不同的二次目标均是在偏移量模型的基础上进行讨论的。设模型（3.4）中

DMU$_d$ 的非有效度为 α_d^*，首先我们考虑的二次目标是最小化所有决策单元非有效度之和。

3.2.2　最小化理想点偏移量之和

理想点是使所有决策单元都为有效的输入输出权重组合 (μ,ω)，即满足 $\dfrac{\sum\limits_{r=1}^{s}\mu_r^d y_{rj}}{\sum\limits_{i=1}^{m}\omega_i^d x_{ij}}=1$，$j=1,2,\cdots,n$ 或 $\sum\limits_{r=1}^{s}\mu_r^d y_{rj}-\sum\limits_{i=1}^{m}\omega_i^d x_{ij}=0$，$j=1,2,\cdots,n$。一般而言，该理想点在现实中可能不存在。在理想点不存在的情况下，一个合理的目标是将 α_j 视为目标达到量，对于每个决策单元 DMU$_d$，确定一组权重满足以下条件：该组权重是被评价单元 DMU$_d$ 自评时的最优权重，并且同时要最小化 $\sum\limits_{j=1}^{n}\alpha_j$。因此，理想点模型可以表述为以下的目标函数问题：

$$
\begin{cases}
\min \sum\limits_{j=1}^{n}\alpha_j' \\[2mm]
\text{s.t.} \ \ \sum\limits_{r=1}^{s}\mu_r^d y_{rj}-\sum\limits_{i=1}^{m}\omega_i^d x_{ij}+\alpha_j'=0, \quad j=1,2,\cdots,n \\[2mm]
\quad\ \ \sum\limits_{i=1}^{m}\omega_i^d x_{id}=1 \\[2mm]
\quad\ \ \sum\limits_{r=1}^{s}\mu_r^d y_{rd}=1-\alpha_d^* \\[2mm]
\quad\ \ \mu_r^d,\omega_i^d,\alpha_j'\geqslant 0, \quad r=1,2,\cdots,s;i=1,2,\cdots,m;j=1,2,\cdots,n
\end{cases}
\tag{3.5}
$$

在模型（3.5）中，最小化 DMU$_j$ 的 d-非有效度 $\alpha_j'(j=1,2,\cdots,n)$ 的本质是所有决策单元均试图最大化各自的效率。该模型尤其适用于由一系列独立单元组成的系统整体评价问题，如一条由设计、研发、制造和产品分销等独立单元组成的供应链，且供应链上的每个单元不但考虑自己的效率评价问题，而且希望系统整体效率越大越好。当决策单元处在合作的环境中，模型（3.5）中的二次目标对交叉效率评价方法很适宜。

3.2.3　最小化最大的 d-非有效度

为了利用一组公共权重来区分所有的有效单元，Troutt（1997）提出了一种最大化最小效率比值的 DEA 模型。实际上，我们可以考虑相同的二次目标来解决交叉效率不唯一的问题，从而得到以下的目标规划问题：

$$
\begin{cases}
\min \ (\max \alpha'_j) \\
\text{s.t.} \ \sum_{r=1}^{s} \mu_r^d y_{rj} - \sum_{i=1}^{m} \omega_i^d x_{ij} + \alpha'_j = 0, \quad j = 1,2,\cdots,n \\
\sum_{i=1}^{m} \omega_i^d x_{id} = 1 \\
\sum_{r=1}^{s} \mu_r^d y_{rd} = 1 - \alpha_d^* \\
\mu_r^d, \omega_i^d, \alpha'_j \geqslant 0, \quad r = 1,2,\cdots,s; i = 1,2,\cdots,m; j = 1,2,\cdots,n
\end{cases}
\tag{3.6}
$$

模型（3.6）可以用以下的等价形式来表达：

$$
\begin{cases}
\min \ \theta \\
\text{s.t.} \ \sum_{r=1}^{s} \mu_r^d y_{rj} - \sum_{i=1}^{m} \omega_i^d x_{ij} + \alpha'_j = 0, \quad j = 1,2,\cdots,n \\
\sum_{i=1}^{m} \omega_i^d x_{id} = 1 \\
\sum_{r=1}^{s} \mu_r^d y_{rd} = 1 - \alpha_d^* \\
\theta - \alpha'_j \geqslant 0, \quad j = 1,2,\cdots,n \\
\mu_r^d, \omega_i^d, \alpha'_j \geqslant 0, \quad r = 1,2,\cdots,s; i = 1,2,\cdots,m; j = 1,2,\cdots,n
\end{cases}
\tag{3.7}
$$

在模型（3.7）中，最小化最大的 d-非有效度等同于 Troutt（1997）中最大化 n 个效率值中最小值的原则。求解上述模型可以产生一组使表现最差单元获得尽可能大效率值的权重，经过这样的处理之后，其他单元所得到的效率值会更加接近。一般来说，让表现最差的决策单元得到尽可能高的效率值会使其他表现较好单元的效率值降低，因此会使所有决策单元效率值之间的差异变小。该准则适用于存在合作因素的环境中，如处于中央集权下的若干地位平等子单元（如单一总公司掌控下的若干银行分支机构）的效率评价问题。

3.2.4 最小化平均绝对离差

为了最小化所有决策单元效率之间的差距，我们提出以下的模型（3.8）：

$$
\begin{cases}
\min \dfrac{1}{n}\sum_{j=1}^{n}|\alpha'_j - \bar{\alpha}'| \\[2mm]
\text{s.t.} \quad \sum_{r=1}^{s}\mu_r^d y_{rj} - \sum_{i=1}^{m}\omega_i^d x_{ij} + \alpha'_j = 0, \quad j=1,2,\cdots,n \\[2mm]
\quad\quad \sum_{i=1}^{m}\omega_i^d x_{id} = 1 \\[2mm]
\quad\quad \sum_{r=1}^{s}\mu_r^d y_{rd} = 1 - \alpha_d^* \\[2mm]
\quad\quad \mu_r^d,\omega_i^d,\alpha'_j \geqslant 0, \quad r=1,2,\cdots,s; i=1,2,\cdots,m; j=1,2,\cdots,n
\end{cases} \tag{3.8}
$$

式中，$\bar{\alpha}' = \dfrac{1}{n}\sum_{j=1}^{n}\alpha'_j$。

模型（3.8）中的目标函数是计算一组数据的平均绝对离差，即各个数据点到平均值的绝对离差的平均值。因此，最小化目标函数的目的在于减少各个决策单元效率值之间的差异，一定程度上体现了公平的原则。

为了说明上述非线性规划模型可以进行线性化，令 $a'_j = \dfrac{1}{2}(|\alpha'_j - \bar{\alpha}'| + \alpha'_j - \bar{\alpha}')$，

$b'_j = \dfrac{1}{2}(|\alpha'_j - \bar{\alpha}'| - (\alpha'_j - \bar{\alpha}'))$，则模型（3.8）可以转化为下列线性规划问题：

$$
\begin{cases}
\min \dfrac{1}{n}\sum_{j=1}^{n}(a'_j + b'_j) \\[2mm]
\text{s.t.} \quad \sum_{r=1}^{s}\mu_r^d y_{rj} - \sum_{i=1}^{m}\omega_i^d x_{ij} + \alpha'_j = 0, \quad j=1,2,\cdots,n \\[2mm]
\quad\quad \sum_{i=1}^{m}\omega_i^d x_{id} = 1 \\[2mm]
\quad\quad \sum_{r=1}^{s}\mu_r^d y_{rd} = 1 - \alpha_d^* \\[2mm]
\quad\quad a'_j - b'_j = \alpha'_j - \dfrac{1}{n}\sum_{j=1}^{n}\alpha'_j, \quad j=1,2,\cdots,n \\[2mm]
\quad\quad \mu_r^d,\omega_i^d,a'_j,b'_j,\alpha'_j \geqslant 0, \quad r=1,2,\cdots,s; i=1,2,\cdots,m; j=1,2,\cdots,n
\end{cases} \tag{3.9}
$$

模型（3.6）和模型（3.8）的目的都是选择一组权重（μ^d,ω^d）使各决策单元的 d-非有效度尽可能相似，相比较而言，后一个模型则更加直接地使所有决策单元的效率值接近。在很多情况下，该准则可以被运用到与 3.2.3 节相同的环境中去，只是该准则可能更加会使所有决策单元尽可能地接近有效状态，所以在资源分配的实际问题中，利用模型（3.9）来进行效率评价可能会使资源的再分配数量最小。

在上述模型中，当被评价单元 DMU$_d$ 发生变化时（即约束中的 x_{id}，$i=1,2,\cdots,m$；

y_{rd}，$r=1,2,\cdots,s$ 和 α_d^* 发生变化），可以得到不同的最优值 ω_i^d 和 μ_r^d，从而得到 n 组最优权重向量 $W_d^*=(\omega_1^{d*},\cdots,\omega_m^{d*},\mu_1^{d*},\cdots,\mu_s^{d*})$，$d=1,2,\cdots,n$。$\mathrm{DMU}_j(j=1,2,\cdots,n)$ 利用 W_d^* 的交叉效率可通过式（3.10）得到：

$$E_j(W_d^*)=\frac{\sum_{r=1}^{s}\mu_r^{d*}y_{rj}}{\sum_{i=1}^{m}\omega_i^{d*}x_{ij}},\quad d,j=1,2,\cdots,n \qquad (3.10)$$

对于 $\mathrm{DMU}_j(j=1,2,\cdots,n)$，所有 $E_j(W_d^*)(d=1,2,\cdots,n)$ 的平均值，即

$$\overline{E_j}=\frac{1}{n}\sum_{d=1}^{n}E_j(W_d^*),\quad j=1,2,\cdots,n \qquad (3.11)$$

称为 DMU_j 的新交叉效率值。

3.3　实例分析

3.3.1　中国城市实例

表 3.2 列出了 1989 年中国 13 个沿海开放城市和 5 个经济特区的相关数据。两个输入和三个输出被用来刻画这些城市的经济表现（Zhu，1998）。

输入 1（x_1）：国营企业的固定资产投资。

输入 2（x_2）：实际利用外资。

输出 1（y_1）：工业产出值。

输出 2（y_2）：零售总额。

输出 3（y_3）：沿海港口吞吐量。

表 3.2　中国城市数据

DMU	区域	输入 1	输入 2	输出 1	输出 2	输出 3
1	大连	2874.8	16738	160.89	80800	5092
2	秦皇岛	946.3	691	21.14	18172	6563
3	天津	6854	43024	375.25	144530	2437
4	青岛	2305.1	10815	176.68	70318	3145
5	烟台	1010.3	2099	102.12	55419	1225
6	威海	282.3	757	59.17	27422	246
7	上海	17478.6	116900	1029.09	351390	14604
8	连云港	661.8	2024	30.07	23550	1126
9	宁波	1544.2	3218	160.58	59406	2230

DMU	区域	输入1	输入2	输出1	输出2	输出3
10	温州	428.4	574	53.69	47504	430
11	广州	6228.1	29842	258.09	151356	4649
12	湛江	697.7	3394	38.02	45336	1555
13	北海	106.4	367	7.07	8236	121
14	深圳	4539.3	45809	116.46	56135	956
15	珠海	957.8	16947	29.2	17554	231
16	汕头	1209.2	15741	65.36	62341	618
17	厦门	972.4	23822	54.52	25203	513
18	海南	2192	10943	25.24	40267	895

表 3.3 中的第二列和第三列分别列出了各城市的 CCR 效率值及其排名。对于该实例的数据,我们提出的模型都得到相同的交叉效率值并列于表 3.3 中的第四列。这一定程度上显示了交叉效率在该实例中是唯一的和稳定的。

表 3.3　中国城市实例结果

DMU	CCR 效率值	排名	交叉效率值	排名
1	0.46907	11	0.44608	10
2	1	1	1	1
3	0.27791	15	0.24359	15
4	0.50222	8	0.45216	9
5	0.63108	7	0.60498	6
6	1	1	0.97223	2
7	0.35804	12	0.30466	12
8	0.49594	9	0.45446	8
9	0.65766	6	0.56927	7
10	1	1	0.88699	3
11	0.30097	14	0.27884	14
12	0.78661	4	0.65762	4
13	0.75144	5	0.60856	5
14	0.1382	18	0.12883	18
15	0.18671	17	0.16646	16
16	0.47037	10	0.38768	11
17	0.30594	13	0.28193	13
18	0.19526	16	0.15127	17

3.3.2 疗养院实例

Sexton 等（1986）考虑了 6 个疗养院的案例，某年的输入输出数据如表 3.4 所示，其中，输入和输出变量定义如下所示。

输入 1（x_1）：职工每天工作小时数，包括护士和医师等。

输入 2（x_2）：每天供给量。

输出 1（y_1）：每天享受医疗保险制度的患者数。

输出 2（y_2）：每天自费的患者数。

表 3.4　疗养院数据

DMU	输入		输出	
	输入 1（x_1）	输入 2（x_2）	输出 1（y_1）	输出 2（y_2）
A	1.50	0.2	1.40	0.35
B	4.00	0.7	1.40	2.10
C	3.20	1.2	4.20	1.05
D	5.20	2.0	2.80	4.20
E	3.50	1.2	1.90	2.50
F	3.20	0.7	1.40	1.50

表 3.5 列出了运算结果。其中第二列列出了 CCR 效率值，第三列~第五列分别列出了基于模型（3.5）、模型（3.6）和模型（3.8）得到的交叉效率值，可以发现模型（3.5）和模型（3.8）得到相同的结果。模型（3.5）实际上是仁慈性策略的一种形式，这说明在这个案例中，仁慈性策略在一定程度上也是尽量使所有的交叉效率值尽可能接近。

表 3.5　疗养院实例结果

被评价单元	CCR 效率值	模型（3.5）交叉效率	模型（3.6）交叉效率	模型（3.8）交叉效率
DMU_1	1	1	1	1
DMU_2	1	0.9547	0.9617	0.9547
DMU_3	1	0.8864	0.8759	0.8864
DMU_4	1	1	1	1
DMU_5	0.9775	0.9742	0.9748	0.9742
DMU_6	0.8675	0.8465	0.8499	0.8465

3.4　本　章　小　结

本章的目的在于通过引入不同的二次目标函数来拓展 Doyle 和 Green（1994）的模型，每个新的二次目标函数代表了不同的效率评价准则，并且可以被应用到不同的环境中。通过这些新的模型，可以对这些方法得到的效率值进行比较，以及探究交叉效率的稳定性与 DEA 模型多重解之间的关系。

参 考 文 献

Despotis D K. 2002. Improving the discriminating power of DEA：Focus on globally efficient units[J]. Journal of the Operational Research Society，53（3）：314-323.

Doyle J，Green R. 1994. Efficiency and cross-efficiency in DEA：Derivations，meanings and uses[J]. Journal of the Operational Research Society，45（5）：567-578.

Li X B，Reeves G R. 1999. A multiple criteria approach to data envelopment analysis[J]. European Journal of Operational Research，115（3）：507-517.

Liang L，Wu J，Cook W D，et al. 2008. Alternative secondary goals in DEA cross-efficiency evaluation[J]. International Journal of Production Economics，113（2）：1025-1030.

Sexton T R，Silkman R H，Hogan A J. 1986. Data envelopment analysis：Critique and extensions[J]. New Directions for Program Evaluation，（32）：73-105.

Troutt M D. 1997. Derivation of the maximin efficiency ratio model from the maximum decisional efficiency principle[J]. Annals of Operations Research，73：323-338.

Zhu J. 1998. Data envelopment analysis vs principal component analysis：An illustrative study of economic performance of Chinese cities[J]. European Journal of Operational Research，111（1）：50-61.

第 4 章　基于权重平衡视角的交叉效率二次目标模型

传统的 DEA 方法基于自评思想，即每个 DMU 都会选择符合自己偏好的权重达到自身效率最大化。其缺陷在于可能会有很多 DMU 被评价为有效，这些有效的 DMU 不能够被充分排序。另外，每个 DMU 都选择对自己最有利的权重方案，使得 DMU 之间缺乏可比性（Dyson and Thanassoulis，1988；Wong and Beasley，1990）。为克服上述问题，一些 DEA 拓展方法被提了出来，其中最具代表性的是交叉效率方法（Sexton et al.，1986）。交叉效率方法允许 DMU 之间相互评价，这样每个 DMU 除了自身的自评值，还有其他 DMU 对它的他评值，然后取自评和他评值的均值作为该 DMU 的最终交叉效率值。该方法的优点在于考虑了自评和他评体系，使各个 DMU 的最终评价结果之间具有可比性，同时所有的 DMU 会得到一个完全排序（Boussofiane et al.，1991；Anderson et al.，2002）。然而该方法也存在一些不足，如某些 DMU 可能存在多组最优权重的情况，当使用不同权重去计算交叉效率时，最终的结果也会不一样（Doyle and Green，1994；Despotis，2002）。这种不唯一性问题已经严重影响了交叉效率方法的稳定性和实用性。本章将提出不同的二次模型来处理交叉效率的不唯一性弊端，提出的模型可以尽可能地降低加权投入或产出之间的离差，使其在效率评价过程中尽可能地发挥最大作用。

4.1　传统交叉效率方法和问题描述

假设 n 个 DMU，其中每个 $DMU_j (j = 1, 2, \cdots, n)$ 投入 m 种不同投入生产得到 s 种不同的产出。DMU_j 的投入和产出向量分别记为

$$\boldsymbol{X}_j = (x_{1j}, x_{2j}, \cdots, x_{m_j})$$

$$\boldsymbol{Y}_j = (y_{1j}, y_{2j}, \cdots, y_{sj})$$

对于被评价的决策单元 DMU_d，其效率值 E_{dd} 可以通过 CCR 的线性规划模型得到：

$$
\left\{
\begin{array}{l}
\max E_{dd} = \sum\limits_{r=1}^{s} \mu_{rd} y_{rd} \\[2mm]
\text{s.t.} \quad \sum\limits_{i=1}^{m} \omega_{id} x_{ij} - \sum\limits_{r=1}^{s} \mu_{rd} y_{rj} \geqslant 0, \quad j = 1,2,\cdots,n \\[2mm]
\quad\quad \sum\limits_{i=1}^{m} \omega_{id} x_{id} = 1 \\[2mm]
\quad\quad \omega_{id} \geqslant 0, \quad i = 1,2,\cdots,m \\[2mm]
\quad\quad \mu_{rd} \geqslant 0, \quad r = 1,2,\cdots,s
\end{array}
\right. \tag{4.1}
$$

式中，$\omega_{id}(i=1,2,\cdots,m)$ 与 $\mu_{rd}(r=1,2,\cdots,s)$ 分别代表 x_{ij} 和 y_{rj} 的权重。通过求解模型（4.1），可以得到 DMU_d 的一组最优权重 $\omega_{1d}^*,\cdots,\omega_{md}^*,\mu_{1d}^*,\cdots,\mu_{sd}^*$。利用 DMU_d 的权重，DMU_j 的交叉效率值可以通过式（4.2）得到：

$$
E_{dj} = \frac{\sum\limits_{r=1}^{s} \mu_{rd}^* y_{rj}}{\sum\limits_{i=1}^{m} \omega_{id}^* x_{ij}}, \quad d,j = 1,2,\cdots,n \tag{4.2}
$$

通过模型（4.1）和式（4.2），可以获得所有 DMU 的交叉效率。对于 DMU_j，所有的交叉效率值 $E_{dj}(d=1,2,\cdots,n)$ 的平均值 $\bar{E}_j = \dfrac{1}{n}\sum\limits_{d=1}^{n} E_{dj}(j=1,2,\cdots,n)$，即为最终的效率评价值。

虽然模型（4.1）的最优目标值是唯一的，但是最优权重可能是不唯一的，这就导致式（4.2）可能存在多个不同的交叉效率值。为此，一些新的二次目标交叉效率模型被提出来，其中最为经典并且使用最多的为侵略性策略模型和仁慈性策略模型（Sexton et al.，1986；Doyle and Green，1994），如下所示：

$$
\left\{
\begin{array}{l}
\min \sum\limits_{r=1}^{s} \mu_{rd}\left(\sum\limits_{j=1,j\neq d}^{n} y_{rj}\right) \\[3mm]
\text{s.t.} \quad \sum\limits_{i=1}^{m} \omega_{id} x_{ij} - \sum\limits_{r=1}^{s} \mu_{rd} y_{rj} \geqslant 0, \quad j = 1,2,\cdots,n \\[3mm]
\quad\quad \sum\limits_{i=1}^{m} \omega_{id}\left(\sum\limits_{j=1,j\neq d}^{n} x_{ij}\right) = 1 \\[3mm]
\quad\quad \sum\limits_{r=1}^{s} \mu_{rd} y_{rd} - E_{dd} \sum\limits_{i=1}^{m} \omega_{id} x_{id} = 0 \\[3mm]
\quad\quad \omega_{id} \geqslant 0, \quad i = 1,2,\cdots,m \\[3mm]
\quad\quad \mu_{rd} \geqslant 0, \quad r = 1,2,\cdots,s
\end{array}
\right. \tag{4.3}
$$

和

$$
\begin{cases}
\max \sum_{r=1}^{s} \mu_{rd} \left(\sum_{j=1, j \neq d}^{n} y_{rj} \right) \\
\text{s.t.} \ \sum_{i=1}^{m} \omega_{id} x_{ij} - \sum_{r=1}^{s} \mu_{rd} y_{rj} \geqslant 0, \quad j = 1, 2, \cdots, n \\
\ \sum_{i=1}^{m} \omega_{id} \left(\sum_{j=1, j \neq d}^{n} x_{ij} \right) = 1 \\
\ \sum_{r=1}^{s} \mu_{rd} y_{rd} - E_{dd} \sum_{i=1}^{m} \omega_{id} x_{id} = 0 \\
\ \omega_{id} \geqslant 0, \quad i = 1, 2, \cdots, m \\
\ \mu_{rd} \geqslant 0, \quad r = 1, 2, \cdots, s
\end{cases}
\tag{4.4}
$$

模型（4.3）和模型（4.4）的约束条件相同，但是目标函数不同，这意味着评价策略也是不同的。模型（4.3）表示在保证 DMU_d 自评效率 E_{dd} 不变的前提下，选择最小化其他 $n{-}1$ 个 DMU 平均效率的权重方案，该模型称为侵略性交叉效率模型。相反，在保证 E_{dd} 不变的前提下，尽可能最大化其他 $n{-}1$ 个 DMU 平均效率的模型称为仁慈性交叉效率模型。这两种模型虽然在一定程度上可以降低交叉效率的不唯一性问题，但是依然存在一些不足，如什么情况下使用侵略性模型或者仁慈性模型，学术界至今没有一个准则（Wang and Chin，2010）。另外，模型（4.3）和模型（4.4）在求解权重时只在乎是否能够最大化或者最小化其他单元的平均效率值，这就有可能导致极端权重的出现。例如，某些投入或产出的权重非常小（甚至为零），而其他一些投入或产出的权重非常大。那么在交叉效率评价过程中，某些加权之后的投入或产出仅仅起到微乎其微的作用，甚至起不到任何作用，而那些权重非常大的投入或产出则发挥了主导作用。在现实中，每个 DMU 的投入和产出都是至关重要的，少了哪一个都不行。因此在对单元进行效率评价时，加权之后的投入和产出既不能太大，也不能太小。如果太大，那它主导效率值的比重就过大，如果太小，就起不到影响效率值的作用。

4.2　权重平衡交叉效率模型

4.2.1　权重平衡二次目标模型

本节将提出一种权重平衡模型来解决交叉效率评价方法的不唯一性问题，同时尽可能地减少极端权重的出现。在效率评价过程中，将每个加权投入或产出都看成一个单独的个体，而我们所关心的是每个个体是否在评价效率时尽可能大地发挥它们的作用。为此引入了两种偏移变量 α_r^d 和 β_i^d，α_r^d $(r=1,2,\cdots,s)$ 表示 DMU_d 中加权产出个体 $\mu_{rd} y_{rd}$ $(r=1,2,\cdots,s)$ 相对于它的理想值的偏移量，β_i^d $(i=1,2,\cdots,m)$ 则是 DMU_d 的加权投入个体 $\omega_{id} x_{id}$ $(i=1,2,\cdots,m)$ 相对于其理想值的偏移量，目标函数表示所有个体相对于它们理想值的偏移距离之和最小。因此该模型不但可以保证被评价决策单元 DMU_d 的效率是不变的，也能够尽量地减少该 DMU 的所有加权投入和加权产出之间的离差。

$$
\begin{cases}
\min \sum_{r=1}^{s} |\alpha_r^d| + \sum_{i=1}^{m} |\beta_i^d| \\[2mm]
\text{s.t. } \sum_{i=1}^{m} \omega_{id} x_{ij} - \sum_{r=1}^{s} \mu_{rd} y_{rj} \geqslant 0 \\[2mm]
\quad \sum_{i=1}^{m} \omega_{id} x_{id} = 1 \\[2mm]
\quad \sum_{r=1}^{s} \mu_{rd} y_{rd} = E_{dd} \\[2mm]
\quad \mu_{rd} y_{rd} + \alpha_r^d = E_{dd}/s, \quad r=1,2,\cdots,s \\[2mm]
\quad \omega_{id} x_{id} + \beta_i^d = 1/m, \quad i=1,2,\cdots,m \\[2mm]
\quad \omega_{id} \geqslant 0, \quad i=1,2,\cdots,m \\[2mm]
\quad \mu_{rd} \geqslant 0, \quad r=1,2,\cdots,s
\end{cases}
\tag{4.5}
$$

式中，α_r^d 和 β_i^d 是自由变量；E_{dd} 是 DMU_d 的自评效率值；$\omega_{1d},\cdots,\omega_{md},\mu_{1d},\cdots,\mu_{sd}$ 是待求的权重。由于总的加权投入之和是 1，总的加权产出之和是 E_{dd}，因此为了让这些变量尽可能地发挥同等作用，每个加权投入个体的理想值取为 $1/m$，每个加权产出的理想值取为 E_{dd}/s。和传统的交叉效率模型一样，该模型也需要求解 n 次，每次对应一个 $\text{DMU}_d (d=1,2,\cdots,n)$。

模型（4.5）是非线性的，为了方便计算将其线性化，引入新的变量 $\alpha_r'^d$、$\alpha_r''^d$、$\beta_i'^d$ 和 $\beta_i''^d$。令 $\alpha_r'^d = \dfrac{1}{2}(\alpha_r^d + |\alpha_r^d|)$、$\alpha_r''^d = \dfrac{1}{2}(\alpha_r^d - |\alpha_r^d|)$、$\beta_i'^d = \dfrac{1}{2}(\beta_i^d + |\beta_i^d|)$ 和 $\beta_i''^d = \dfrac{1}{2}(\beta_i^d - |\beta_i^d|)$，模型（4.5）可转化为如下线性规划模型：

$$
\begin{cases}
\min \displaystyle\sum_{r=1}^{s}(\alpha_r'^d - \alpha_r''^d) + \sum_{i=1}^{m}(\beta_i'^d - \beta_i''^d) \\[2mm]
\text{s.t.} \ \displaystyle\sum_{i=1}^{m}\omega_{id}x_{ij} - \sum_{r=1}^{s}\mu_{rd}y_{rj} \geqslant 0 \\[2mm]
\displaystyle\sum_{i=1}^{m}\omega_{id}x_{id} = 1 \\[2mm]
\displaystyle\sum_{r=1}^{s}\mu_{rd}y_{rd} = E_{dd} \\[2mm]
\beta_i'^d = \dfrac{1}{2}(\beta_i^d + |\beta_i^d|), \quad \beta_i''^d = \dfrac{1}{2}(\beta_i^d - |\beta_i^d|), \quad i = 1,2,\cdots,m \\[2mm]
\alpha_r'^d = \dfrac{1}{2}(\alpha_r^d + |\alpha_r^d|), \quad \alpha_r''^d = \dfrac{1}{2}(\alpha_r^d - |\alpha_r^d|), \quad r = 1,2,\cdots,s \\[2mm]
\mu_{rd}y_{rd} + \alpha_r^d = E_{dd}/s, \quad r = 1,2,\cdots,s \\[2mm]
\omega_{id}x_{id} + \beta_i^d = 1/m, \quad i = 1,2,\cdots,m \\[2mm]
\omega_{id} \geqslant 0, \quad i = 1,2,\cdots,m \\[2mm]
\mu_{rd} \geqslant 0, \quad r = 1,2,\cdots,s
\end{cases}
\tag{4.6}
$$

通过求解模型（4.6），可以得到 $\text{DMU}_d(d=1,2,\cdots,n)$ 的最优权重 $(\omega_{1d}^{*},\cdots,\omega_{md}^{*},$ $\mu_{1d}^{*},\cdots,\mu_{sd}^{*})$。再使用式（4.2）计算 DMU_j 的交叉效率值。当计算所有 DMU 交叉效率值之后，每个 DMU_j 最终评价结果为 $\bar{E}_j = \dfrac{1}{n}\sum_{d=1}^{n}E_{dj}, j = 1,2,\cdots,n$。

4.2.2　实例分析

为了验证说明上述方法的有效性，本节通过下面两个算例比较分析 CCR 模型、传统交叉效率模型和权重平衡模型计算得到的权重与效率结果。

1. 算例 1

表 4.1 列出了 5 个 DMU，每个 DMU 有 3 个投入（X_1、X_2 和 X_3）和 3 个产出（Y_1、Y_2 和 Y_3）。

表 4.1　5 个 DMU 投入、产出数据

数据	DMU$_1$	DMU$_2$	DMU$_3$	DMU$_4$	DMU$_5$
X_1	5	5	4	5	6
X_2	5	6	6	8	6
X_3	7	6	6	5	7

数据	DMU$_1$	DMU$_2$	DMU$_3$	DMU$_4$	DMU$_5$
Y_1	5	5	5	6	5
Y_2	5	4	5	4	5
Y_3	4	5	4	5	4

在表 4.2 中，第 2 列和第 3 列分别是 CCR 效率值及其排序结果，其中有 4 个 DMU 是 CCR 有效的，不能够再进一步对它们完全排序。第 4 列与第 6 列分别是仁慈性和侵略性交叉效率模型的效率值，可以发现这两个模型得到了两种不同的效率和排序结果。如第 4 列中，仁慈性模型将 DMU$_4$ 排在第 1，但是侵略性模型却将它排在第 4。因此，在面临实际问题选择模型时，决策者可能会感到困惑。而权重平衡模型可以有效地避免这个问题，并且所有的投入和产出都能尽可能地发挥作用，DMU$_3$ 被排在第 1 位。

表 4.3 列出了权重平衡模型所得到的加权之后的投入和产出数据。我们可以发现加权之后的投入和产出数据比较接近，这就意味着它们在效率评价中都会尽可能地发挥作用。因此本节提出的模型不但可以很好地减少交叉效率多解性问题，而且可以尽量减少加权之后的离差。

表 4.2　各 DMU 效率和排序结果

DMU	CCR	排序	仁慈性	排序	侵略性	排序	平衡性	排序
1	1	1	1	1	0.84043	2	0.95306	4
2	1	1	0.99947	3	0.78800	3	0.97048	3
3	1	1	0.99234	4	0.86000	1	1	1
4	1	1	1	1	0.75131	4	0.97138	2
5	0.92310	5	0.90609	5	0.74916	5	0.85670	5

表 4.3　各 DMU 投入、产出加权数据

加权数据	DMU$_1$	DMU$_2$	DMU$_3$	DMU$_4$	DMU$_5$
加权 X_1	0.21429	0.30000	0.33333	0.33333	0
加权 X_2	0.45238	0.36667	0.33333	0.28352	0.46154
加权 X_3	0.33333	0.33333	0.33333	0.38314	0.53846
加权 Y_1	0.33333	0.33333	0.33333	0.33333	0.30769
加权 Y_2	0.33333	0.16292	0.33333	0.28438	0.34188
加权 Y_3	0.33333	0.50370	0.33333	0.38229	0.27350

2. 大学部门之间的效率评价

表 4.4 列出了某大学 7 个部门的投入和产出数据，每个部门都有 3 个投入和 3 个产出（Wong and Beasley，1990）。

输入 1（X_1）：教学科研职员数。

输入 2（X_2）：教学科研岗位人员薪水。

输入 3（X_3）：管理行政人员薪水。

输出 1（Y_1）：培养本科生人数。

输出 2（Y_2）：培养研究生人数。

输出 3（Y_3）：总的研究成果数。

表 4.4　大学部门数据

DMU	X_1	X_2	X_3	Y_1	Y_2	Y_3
1	12	400	20	60	35	17
2	19	750	70	139	41	40
3	42	1500	70	225	68	75
4	15	600	100	90	12	17
5	45	2000	250	253	145	130
6	19	730	50	132	45	45
7	41	2350	600	305	159	97

表 4.5 的第 2 列和第 3 列分别列出了 7 个部门的 CCR 效率值和排序结果，其中有 6 个部门为 DEA 有效。第 4 列和第 6 列分别列出仁慈性模型和侵略性模型的效率值。通过比较这两种模型得出的结果，可以清楚地发现结果完全不一样，DMU_3 被仁慈性模型排在第 6 位，却被侵略性模型排在第 3 位。产生不同结果的原因是仁慈性模型尽可能地提高其他单元的效率值，侵略性模型却尽可能地压低其他单元的效率，因此决策者很难选择哪种策略模型是合适的。另外，根据表 4.6 和表 4.7 得知这两个模型会产生很多零权重，如表 4.7 所示，DMU_1、DMU_3 和 DMU_7 在效率评价时仅仅使用了一个投入与一个产出。以上的不足在一定程度上降低了交叉效率评价模型的现实应用性。为了弥补这些不足，我们使用权重平衡模型重新评价这几个部门的效率，由表 4.8 可以发现这种不合理的权重在权重平衡模型中明显减少，并且每个投入和产出都尽可能地被利用了起来。

表 4.5　大学部门的效率和结果比较

DMU	CCR	排序	仁慈性	排序	侵略性	排序	平衡性	排序
1	1	1	0.94419	2	0.80806	2	0.89104	3
2	1	1	0.93264	3	0.71906	4	0.89281	2
3	1	1	0.79516	6	0.76694	3	0.82242	5
4	0.81973	7	0.57931	7	0.39038	7	0.52533	7
5	1	1	0.90999	4	0.65754	5	0.83087	4
6	1	1	0.99294	1	0.84242	1	0.98602	1
7	1	1	0.89629	5	0.52640	6	0.72402	6

表 4.6　仁慈性模型加权投入、产出数据

DMU	加权 X_1	加权 X_2	加权 X_3	加权 Y_1	加权 Y_2	加权 Y_3
1	0.02382	0.03240	0	0.01962	0.03168	0.00483
2	0.05445	0.04950	0	0.07756	0.02649	0
3	0	0.04350	0.05166	0.10643	0	0
4	0.08082	0.00300	0	0.06885	0	0
5	0.11093	0.20000	0	0.10297	0.16298	0.04576
6	0.03931	0.06132	0	0.04501	0.04244	0.01332
7	0.10369	0.24205	0	0.12719	0.18333	0.03502

表 4.7　侵略性模型加权投入、产出数据

DMU	加权 X_1	加权 X_2	加权 X_3	加权 Y_1	加权 Y_2	加权 Y_3
1	0	0	0.01754	0	0.01754	0
2	0	0.08550	0.00861	0.09424	0	0
3	0	0	0.06419	0.06413	0	0
4	0.080775	0.00300	0	0.06885	0	0
5	0.192915	0	0.10050	0	0	0.29328
6	0.018373	0	0.03745	0	0	0.05585
7	0.269739	0	0	0	0.26966	0

表 4.8　权重平衡模型加权投入、产出数据

DMU	加权 X_1	加权 X_2	加权 X_3	加权 Y_1	加权 Y_2	加权 Y_3
1	0.33333	0.33333	0.33333	0.33333	0.38829	0.27838
2	0.64771	0.33333	0.01896	0.75627	0.24374	0
3	0.13141	0.33333	0.53526	0.33333	0.13667	0.53000

续表

DMU	加权 X_1	加权 X_2	加权 X_3	加权 Y_1	加权 Y_2	加权 Y_3
4	0.96226	0.03774	0	0.81974	0	0
5	0.61986	0.33333	0.04681	0.33333	0.33333	0.33333
6	0.33333	0.33333	0.33333	0.33333	0.30785	0.35881
7	0.66667	0.33333	1.1×10^{-9}	0.35649	0.33333	0.31018

4.3　本 章 小 结

传统 DEA 模型评价 DMU 效率时，对产出很小的数据赋予很小的权重（甚至零权重），对产出很大的数据往往赋予很大的权重。具体来说就是对偶 DEA 模型总是存在大于零的松弛变量，这意味着在效率评价时，很多投入和产出不能被有效使用。我们认为每个 DMU 的投入和产出都是整个生产系统中有效的部分，缺一不可。因此本章提出权重平衡模型，该模型不但可以保证尽可能地降低加权投入或产出之间的离差，而且可以有效地减少极端权重的出现。

参 考 文 献

Anderson T R，Hollingsworth K，Inman L. 2002. The fixed weighting nature of a cross-evaluation model[J]. Journal of Productivity Analysis，17（3）：249-255.

Boussofiane A，Dyson R G，Thanassoulis E. 1991. Applied data envelopment analysis[J]. European Journal of Operational Research，52（1）：1-15.

Despotis D K. 2002. Improving the discriminating power of DEA：Focus on globally efficient units[J]. Journal of the Operational Research Society，53（3）：314-323.

Doyle J，Green R. 1994. Efficiency and cross-efficiency in DEA：Derivations，meanings and uses[J]. Journal of the Operational Research Society，45（5）：567-578.

Dyson R G，Thanassoulis E. 1988. Reducing weight flexibility in data envelopment analysis[J]. Journal of the Operational Research Society，39（6）：563-576.

Sexton T R，Silkman R H，Hogan A J. 1986. Data envelopment analysis：Critique and extensions[J]. New Directions for Program Evaluation，（32）：73-105.

Wang Y M，Chin K S. 2010. A neutral DEA model for cross-efficiency evaluation and its extension[J]. Expert Systems with Applications，37（5）：3666-3675.

Wong Y H B，Beasley J E. 1990. Restricting weight flexibility in data envelopment analysis[J]. Journal of the Operational Research Society，41（9）：829-835.

Wu J，Sun J，Liang L. 2012. Cross efficiency evaluation method based on weight-balanced data envelopment analysis model[J]. Computers & Industrial Engineering，63（2）：513-519.

第 5 章　基于理想和非理想目标的交叉效率
二次目标模型

为了解决 DEA 交叉效率评价的最优权重不唯一性问题，相关学者（Doyle and Green，1994；Liang et al.，2008；Wang and Chin，2010）提出使用侵略性和仁慈性交叉效率评价模型。然而，现有的仁慈性和侵略性交叉效率评价模型所使用的理想交叉效率目标通常不能保证对所有的 DMU 都可行。此外，这些传统模型中，仅考虑了 DMU 想要达到理想交叉效率目标的意愿，并未考虑它们想要远离其非理想交叉效率目标的意图。但是，相关研究（Baumeister et al.，2001；Wang et al.，2011；Dotoli et al.，2015）指出非理想目标也非常重要且需要在评价中纳入考虑。

为了解决上述问题，本章首先提出了交叉效率目标确定模型，以用于确定 DMU 能达到的理想和非理想交叉效率目标。然后，在同时考虑每个 DMU 的理想和非理想交叉效率目标的基础上，本章提出了多个 DEA 交叉效率次级目标模型。与传统侵略性和仁慈性交叉效率评价模型中所使用的交叉效率目标相比，新的模型给出的每个 DMU 的理想和非理想交叉效率目标都是可行（能够达到）的。此外，所有提出的模型中，都考虑了 DMU 想要接近理想交叉效率目标的意愿，也考虑了它们想要远离非理想交叉效率目标的意愿。最终，本章通过使用算例，将提出的模型与传统模型进行比较。

5.1　传统仁慈性和侵略性模型

为了解决 DEA 交叉效率中的权重不唯一性问题，Doyle 和 Green（1994）提出使用次级目标模型。他们进一步提出了仁慈性和侵略性交叉效率评价模型。这两个模型如模型（5.1）和模型（5.2）所示：

$$
\begin{cases}
\max U_d \cdot \sum_{j=1, j \neq d}^{n} Y_j \\
\text{s.t.} \quad W_d \cdot \sum_{j=1, j \neq d}^{n} Y_j = 1 \\
U_d \cdot Y_d - E_d^* \times W_d \cdot X_d = 0 \\
U_d \cdot Y_j - W_d \cdot X_j \leqslant 0, \forall j \\
U_d, W_d \geqslant 0
\end{cases}
\tag{5.1}
$$

和

$$
\begin{cases}
\min U_d \cdot \sum_{j=1, j \neq d}^{n} Y_j \\
\text{s.t. } W_d \cdot \sum_{j=1, j \neq d}^{n} Y_j = 1 \\
U_d \cdot Y_d - E_d^* \times W_d \cdot X_d = 0 \\
U_d \cdot Y_j - W_d \cdot X_j \leqslant 0, \forall j \\
U_d, W_d \geqslant 0
\end{cases}
\tag{5.2}
$$

在模型（5.1）和模型（5.2）中，E_d^* 表示 DMU_d 的 CCR 效率。从模型（5.1）中可以看出，在给 DMU_d 选择最优权重时，该模型最大化由其他 DMU 聚合而成的 DMU 的效率，并保证 DMU_d 的效率为其 CCR 效率值。目标函数中最大化其他聚合 DMU 的效率说明了该模型为仁慈性交叉效率评价模型。从模型（5.2）中可以看出，在给 DMU_d 选择最优权重时，该模型最小化由其他 DMU 聚合而成 DMU 的效率，并保证 DMU_d 的效率为其 CCR 效率值。目标函数中最小化其他聚合 DMU 的效率说明了该模型被称为侵略性交叉效率评价模型的原因。此外，这两个模型中，每个 DMU 在进行最优权重选择时，需要保证所有 DMU 的效率都不大于 1。

基于模型（5.1）和模型（5.2），Liang 等（2008）提出了两个新的仁慈性和侵略性模型，分别如模型（5.3）和模型（5.4）所示：

$$
\begin{cases}
\min \sum_{j=1}^{n} s_j \\
\text{s.t. } W_d \cdot X_d = 1 \\
U_d \cdot Y_d = E_d^* \\
U_d \cdot Y_j - W_d \cdot X_j + s_j = 0, \forall j \\
U_d, W_d \geqslant 0 \\
s_j \geqslant 0, \forall j
\end{cases}
\tag{5.3}
$$

和

$$
\begin{cases}
\max \sum_{j=1}^{n} s_j \\
\text{s.t. } W_d \cdot X_d = 1 \\
U_d \cdot Y_d = E_d^* \\
U_d \cdot Y_j - W_d \cdot X_j + s_j = 0, \forall j \\
U_d, W_d \geqslant 0 \\
s_j \geqslant 0, \forall j
\end{cases}
\tag{5.4}
$$

在模型（5.3）和模型（5.4）中，$s_j = W_d \cdot X_j - U_d \cdot Y_j$，$\forall j$，表示 DMU_j 相对于其理想效率目标 1 的偏离值。从模型中可以看出，s_j 越小，DMU_j 的效率就越靠近其理想效率目标 1。在模型（5.3）中，DMU_d 在选择最优权重时，模型首先保持 DMU_d 的效率为 CCR 效率，然后，它尽可能地最小化其他 DMU 的交叉效率与理想效率目标 1 的偏离值和，从而最大化其他 DMU 的交叉效率。同理，在模型（5.4）中，DMU_d 在选择最优权重时，模型首先保持 DMU_d 的效率为 CCR 效率，然后，它尽可能地最大化其他 DMU 的交叉效率与理想效率目标 1 的偏离值和，以最小化其他 DMU 的交叉效率。

然而，Wang 和 Chin（2010）指出，理想效率值 1 不能被 DEA 非有效的 DMU 所达到。他们进一步对 Liang 等（2008）所提出的模型进行了改进，将理想效率目标从 1 替换为每个 DMU 的 CCR 效率。改进后的仁慈性和侵略性模型分别如模型（5.5）和模型（5.6）所示：

$$
\begin{cases}
\min \sum_{j=1}^{n} s_j \\
\text{s.t.} \quad U_d \cdot Y_d - E_d^* \times W_d \cdot X_d = 0 \\
\quad U_d \cdot \sum_{j=1}^{n} Y_j + W_d \cdot \sum_{j=1}^{n} X_j = n \\
\quad U_d \cdot Y_j - E_j^* \times W_d \cdot X_j + s_j = 0, \forall j \\
\quad U_d, W_d \geqslant 0 \\
\quad s_j \geqslant 0, \forall j
\end{cases}
\tag{5.5}
$$

和

$$
\begin{cases}
\max \sum_{j=1}^{n} s_j \\
\text{s.t.} \quad U_d \cdot Y_d - E_d^* \times W_d \cdot X_d = 0 \\
\quad U_d \cdot \sum_{j=1}^{n} Y_j + W_d \cdot \sum_{j=1}^{n} X_j = n \\
\quad U_d \cdot Y_j - E_j^* \times W_d \cdot X_j + s_j = 0, \forall j \\
\quad U_d, W_d \geqslant 0 \\
\quad s_j \geqslant 0, \forall j
\end{cases}
\tag{5.6}
$$

在模型（5.5）和模型（5.6）中，$s_j = E_j^* \times W_d \cdot X_j - U_d \cdot Y_j$，$\forall j$，表示 DMU_j 相对于其理想效率目标 E_j^*（CCR 效率）的偏离值。在新提出的这两个模型中，Wang 和 Chin（2010）还做出了进一步的改变，他们用一个新的约束 $U_d \sum_{j=1}^{n} Y_j + W_d \sum_{j=1}^{n} X_j = n$

来避免等比例解，即最优解通过等比例变换就能得到新的最优解。这个约束不随着模型解不同的 DMU 而改变，因此，他们认为新的约束更合理。

上述的仁慈性和侵略性模型虽然能较好地解决 DEA 交叉效率评价中最优权重不唯一性问题，但是它们仍有两处不足：第一，模型中所使用的交叉效率理想目标（效率值 1 或者 CCR 效率）并不是能被所有 DMU 达到（这点将在后续的定理 5.1 中证明）；第二，这些模型只考虑了 DMU 的理想效率目标，即 DMU 尽可能靠近理想效率目标的意愿，并没有考虑 DMU 想要远离非理想效率目标的意图。

5.2　交叉效率目标确定模型

如上所述，理想效率目标 1 或者 CCR 效率，在 DEA 交叉效率评价中不能总被 DMU 所达到，即不是对所有的 DMU 都是可行的。因此，本节提出一个交叉效率目标确定模型，该模型能为 DMU 确定可达的理想和非理想交叉效率目标，如模型（5.7）所示：

$$
\begin{cases}
E_{dj}^{\max} / E_{dj}^{\min} = \max U_d \cdot Y_j / \min U_d \cdot Y_j \\
\text{s.t.} \qquad W_d \cdot X_j = 1 \\
\qquad\quad U_d \cdot Y_d - E_d^* \times W_d \cdot X_d = 0 \\
\qquad\quad U_d \cdot Y_k - W_d \cdot X_k \geqslant 0, \forall k \\
\qquad\quad U_d, W_d \geqslant 0
\end{cases}
\tag{5.7}
$$

模型（5.7）计算了 DMU_j 相对于 DMU_d 的最大化和最小化的交叉效率。它们分别用 $E_{dj}^{\max}$ 和 $E_{dj}^{\min}$ 表示。基于模型（5.7）的计算结果，先给出定义 5.1、定义 5.2 及定理 5.1。

定义 5.1　$E_{dj}^{\max}$ 定义为 DMU_j 相对于 DMU_d 的理想交叉效率目标。

定义 5.2　$E_{dj}^{\min}$ 定义为 DMU_j 相对于 DMU_d 的非理想交叉效率目标。

定理 5.1　对于任意 DMU_j，有 $E_j^* \geqslant E_{dj}^{\max}, \forall d$。

证明　当 $d = j$ 时，拥有最大化目标的模型（5.7）等价于 CCR 模型（5.5），此时可得出 $E_j^* = E_{dj}^{\max}$。当 $d \neq j$ 时，最大化目标情形下的模型（5.7）可由模型（5.5）增加约束 $U_d \cdot Y_d - E_d^* \times W_d \cdot X_d = 0$ 得到。假设 (U_d', W_d') 是模型（5.7）针对 DMU_j 的最优解，则很容易看出 (U_d', W_d') 也是模型（5.5）针对 DMU_j 的可行解。因此，就可得到 $U_d' \cdot Y_j = E_{dj}^{\max} \leqslant E_j^* \leqslant 1$。证毕。

从定理 5.1 中可以看出，在保证某一 DMU 效率最优的情形下，理想效率值 1 或者 CCR 效率不能保证是对所有 DMU 都可行的交叉效率目标。具体而言，对于某一个 DMU_j，当 $E_{dj}^{\max} < E_j^*$ 时，理想效率值 1 或者 CCR 效率就不能被 DMU_j 达到。

5.3　扩展性次级目标模型

针对传统模型中的不足，并基于 5.2 节中所给出的每个 DMU 的理想和非理想交叉效率目标，本节提出了一系列新的仁慈性交叉效率评价模型和侵略性交叉效率评价模型，并进一步给出了一个新的中立性交叉效率评价模型。

5.3.1　改进的仁慈性和侵略性模型

如上所述，传统的仁慈性和侵略性模型只考虑了 DMU 想要接近理想交叉效率的意愿，并没有考虑到它们远离非理想交叉效率的意图。此外，所使用的理想交叉效率目标（1 或 CCR 效率）不能保证对所有 DMU 都可行。考虑到这些问题，并基于 5.2 节中所给出的每个 DMU 的理想和非理想交叉效率目标（$E_{dj}^{\max}$ 和 $E_{dj}^{\min}$），本节提出了模型（5.8）：

$$
\begin{cases}
\min \sum_{j=1}^{n}(s_j - \varphi_j) \\
\text{s.t.}\quad U_d \cdot Y_d = E_d^* \\
\qquad W_d \cdot X_d = 1 \\
\qquad U_d \cdot Y_j - E_{dj}^{\max} \times W_d \cdot X_j + s_j = 0, \forall j, j \neq d \\
\qquad U_d \cdot Y_j - E_{dj}^{\min} \times W_d \cdot X_j - \varphi_j = 0, \forall j, j \neq d \\
\qquad U_d, W_d \geqslant 0 \\
\qquad s_j, \varphi_j \geqslant 0, \forall j
\end{cases}
\tag{5.8}
$$

在模型（5.8）中，E_d^* 是 DMU_d 的 CCR 效率。$E_{dj}^{\max}$ 和 $E_{dj}^{\min}$ 分别是 DMU_j 相对于 DMU_d 的理想和非理想交叉效率目标，它们由模型（5.7）计算得到。s_j 表示 DMU_j 相对于 DMU_d 的交叉效率与其理想交叉效率目标的偏离，φ_j 表示 DMU_j 相对于 DMU_d 的交叉效率与其非理想交叉效率目标的偏差。可以看出，在本模型中我们省略了约束 $U_d \cdot Y_j - W_d \cdot X_j \leqslant 0, \forall j$，原因在于，当存在约束 $U_d \cdot Y_j - E_{dj}^{\max} \times W_d \cdot X_j + s_j = 0, \forall j$ 和 $s_j \geqslant 0, \forall j$ 时，上述约束成为一个冗余约束。在模型（5.8）中，第一个和第二个约束说明了在给 DMU_d 选择最优权重时，DMU_d 的效率被保证在 CCR 效率的水平。第三个和第四个约束保证了 DMU_j 相对于 DMU_d 的交叉效率在理想交叉效率目标 $E_{dj}^{\max}$ 和非理想交叉效率目标 $E_{dj}^{\min}$ 之间。从该模型的目标函数来看，在给 DMU_d 选择最优权重时，它尽可能地最小化其他 DMU 的交叉效率与其理想交叉效率目标的距离和，并最大化其他 DMU 与非理想交叉效率目标的距离和。这就导致所选最优权重使得其他 DMU 尽可能靠近它们的理想交叉效率目标并远离它们的非理想交叉效率目标,因此,此模型也是一个仁慈性交叉效率评价模型。

为了避免其他 DMU 相对于 DMU_d 的交叉效率之间出现较大的差距,本章提出最小化 DMU 最大交叉效率与其理想效率目标和非理想效率目标之间偏差的差距。这个目标函数有类似最大化 DMU 当中的最小交叉效率的作用。提出的模型如模型(5.9)所示:

$$\begin{cases} \min \beta \\ \text{s.t.} \ U_d \cdot Y_d = E_d^* \\ \quad W_d \cdot X_d = 1 \\ \quad U_d \cdot Y_j - E_{dj}^{\max} \times W_d \cdot X_j + s_j = 0, \forall j, j \neq d \\ \quad U_d \cdot Y_j - E_{dj}^{\min} \times W_d \cdot X_j - \varphi_j = 0, \forall j, j \neq d \\ \quad s_j - \varphi_j \leqslant \beta, \forall j, j \neq d \\ \quad U_d, W_d \geqslant 0 \\ \quad s_j, \varphi_j \geqslant 0, \forall j \end{cases} \quad (5.9)$$

模型(5.9)旨在最小化其他 DMU 相对于 DMU_d 的交叉效率与其理想效率目标和非理想效率目标偏差之间的差距中最大的一个。这时候,目标函数其实应当写为 $\max_{j \neq d, \forall j}(s_j - \varphi_j)$,但是这样的目标函数会导致模型变为一个多目标线性规划问题,从而不能被直接求解。因此,可定义 $\beta = \max_{j \neq d, \forall j}(s_j - \varphi_j)$,并使用约束 $s_j - \varphi_j \leqslant \beta, \forall j, j \neq d$,将模型转化为一个等价的单目标线性规划模型,即模型(5.9)。从效率的角度分析,可以看出模型(5.9)在选择最优权重时,有类似于最大化其他 DMU 中最小的交叉效率的功能。这样看来,所选择的最优权重则可降低 DMU 相对于 DMU_d 的交叉效率之间的差距。具体而言,为了使整体当中表现最差的 DMU 的效率尽可能大,其他的 DMU(表现较好的 DMU)的交叉效率可能会被减小,从而使所得 DMU 的交叉效率之间的差距相对(相对于模型(5.8)的结果)变小。

模型(5.8)和模型(5.9)都为仁慈性交叉效率评价模型。通过最大化目标函数,模型(5.8)可转化为一个侵略性交叉效率评价模型,如模型(5.10)所示:

$$\begin{cases} \max \sum_{j=1}^n (s_j - \varphi_j) \\ \text{s.t.} \ U_d \cdot Y_d = E_d^* \\ \quad W_d \cdot X_d = 1 \\ \quad U_d \cdot Y_j - E_{dj}^{\max} \times W_d \cdot X_j + s_j = 0, \forall j, j \neq d \\ \quad U_d \cdot Y_j - E_{dj}^{\min} \times W_d \cdot X_j - \varphi_j = 0, \forall j, j \neq d \\ \quad U_d, W_d \geqslant 0 \\ \quad s_j, \varphi_j \geqslant 0, \forall j \end{cases} \quad (5.10)$$

模型（5.9）也可转化为一个侵略性交叉效率评价模型，如模型（5.11）所示：

$$
\begin{cases}
\max \beta \\
\text{s.t.} \quad U_d \cdot Y_d = E_d^* \\
\quad W_d \cdot X_d = 1 \\
\quad U_d \cdot Y_j - E_{dj}^{\max} \times W_d \cdot X_j + s_j = 0, \forall j, j \neq d \\
\quad U_d \cdot Y_j - E_{dj}^{\min} \times W_d \cdot X_j - \varphi_j = 0, \forall j, j \neq d \\
\quad s_j - \varphi_j \geqslant \beta, \forall j, j \neq d \\
\quad U_d, W_d \geqslant 0 \\
\quad s_j, \varphi_j \geqslant 0, \forall j
\end{cases}
\tag{5.11}
$$

5.3.2　中立性模型

上述提出的模型在给某一 DMU 选择权重时，旨在最大化或者最小化其他 DMU 的交叉效率。但在一些情形下，DMU 选择权重时可能不考虑最大化或者最小化其他 DMU 的交叉效率，此时，可称为 DMU 选择使用中立性最优权重选择策略。基于中立性最优权重选择策略，本章提出模型（5.12）：

$$
\begin{cases}
\min \eta \\
\text{s.t.} \quad U_d \cdot Y_d = E_d^* \\
\quad W_d \cdot X_d = 1 \\
\quad U_d \cdot Y_j - E_{dj}^{\max} \times W_d \cdot X_j + s_j = 0, \forall j, j \neq d \\
\quad U_d \cdot Y_j - E_{dj}^{\min} \times W_d \cdot X_j - \varphi_j = 0, \forall j, j \neq d \\
\quad s_j - \varphi_j \leqslant \eta, \forall j, j \neq d \\
\quad s_j - \varphi_j \geqslant -\eta, \forall j, j \neq d \\
\quad U_d, W_d \geqslant 0 \\
\quad s_j, \varphi_j \geqslant 0, \forall j
\end{cases}
\tag{5.12}
$$

从模型（5.12）中可以看出，该模型在为 DMU_d 选择最优权重时，它最小化最大的 $|s_j - \varphi_j|, \forall j$，即尽可能使得所有 $|s_j - \varphi_j|$ 的值接近 0。因此，所选择的权重会尽可能地使 $\text{DMU}_j, \forall j$ 的交叉效率靠近其理想交叉效率目标（$E_{dj}^{\max}$）和非理想交叉效率目标（$E_{dj}^{\min}$）的中点（见定理 5.2 的证明）。因此该模型可看作一个中立性的模型。

定理 5.2　假设模型（5.12）计算所得到的 DMU_j 相对于 DMU_d 的交叉效率

为 E_{dj}。在模型（5.12）的最优解中，如果有 $s_j - \varphi_j = 0$，则 $E_{dj} = \dfrac{E_{dj}^{\max} + E_{dj}^{\min}}{2}$。

证明 从模型（5.12）中可以看出，对于每个 DMU$_j$，有 $U_d \cdot Y_j - E_{dj}^{\max} \times W_d \cdot X_j + s_j = 0$ 和 $U_d \cdot Y_j - E_{dj}^{\min} \times W_d \cdot X_j - \varphi_j = 0$。上述两个等式两边对应相加可得 $2 \times U_d \cdot Y_j - (E_{dj}^{\max} + E_{dj}^{\min}) \times W_d \cdot X_j + s_j - \varphi_j = 0$。如果有 $s_j - \varphi_j = 0$，则可得到 $E_{dj} = \dfrac{U_d Y_j}{W_d X_j} = \dfrac{E_{dj}^{\max} + E_{dj}^{\min}}{2}$。证毕。

从定理 5.2 可以看出，模型（5.12）选择的权重使所有其他 DMU 的交叉效率尽可能靠近其理想交叉效率目标和非理想交叉效率目标的中点。这样模型在为 DMU 选择最优权重时并没有考虑最大化或最小化其他 DMU 相对于其交叉效率，从而该模型可称为中立性模型。

使用本书所提出的仁慈性模型、侵略性模型及中立性模型，可为每个 DMU$_d$ 选择最优权重，可定义为 (U_d^*, W_d^*)。同样，可使用式（5.8）来计算每个 DMU 的交叉效率值（E_j^c）。

需要说明的是，上述所提到的所有次级目标模型都能用来为 DMU 选择最优权重。这些模型没有好坏之分，只是决策者可在不同的应用背景下使用不同的模型。例如，模型（5.8）和模型（5.9）可在 DMU 之间相互合作的情况下使用。模型（5.8）在为某 DMU 选择最优权重时，它首先保证了该 DMU 效率最优，即保证该 DMU 的效率为其 CCR 效率。此外，它最大化整个系统（所有 DMU）的效率。Nakabayashi 和 Tone（2006）认为，这类模型可适用于收益分配问题。例如，一所大学中的所有学院会相互合作来让整个大学的绩效和声誉变好，从而为学校争取更多的基金支持。同时，每个学院也会最优化自己的表现从而争取分配到更多的基金。模型（5.9）旨在最大化 DMU 中效率最小 DMU 的效率，与模型（5.8）的评价结果相比，所有 DMU 的交叉效率之间的差距变小。这个模型更适合应用在 DMU 之间的合作氛围浓重的情形下。具体而言，在这类合作氛围下，其他的 DMU 倾向于牺牲自身的效率来帮助群体中表现最差的 DMU 提升表现。Walker 等（2008）给出了一个这样的实例：拥有多个相互关联工作单元的供应链。在供应链中，每个环节都很重要，任何一个环节表现不好，整个供应链的表现都会变差。因此，供应链中表现最薄弱的环节应当在评价中被着重考虑，给予充分的优先度，以提升整个供应链的效率。

同理，模型（5.10）和模型（5.11）适用于 DMU 之间相互竞争的情形，如果 DMU 之间的竞争更加剧烈，则模型（5.11）比模型（5.10）更为适合。模型（5.12）是一个中立性模型，它可应用于无论 DMU 选择的最优权重最大化或者最小化其他 DMU 交叉效率评价的情形。

5.4　算　　例

本节给出了一个算例，该算例是对 6 个疗养院的评价。这个算例也在 Liang 等（2008）与 Wang 和 Chin（2010）的研究中使用。通过该算例，我们将本章提出的模型与传统模型进行比较并对模型的一些性质进行说明。

如表 5.1 所示，每个疗养院有两个投入（定义为 X_1 和 X_2）和两个产出（定义为 Y_1 和 Y_2）。该数据来自于 Sexton 等（1986）。

X_1：每日工时（包括护士、医生等所有工作人员的工时）。

X_2：每日用度。

Y_1：总医疗保险和医疗补助支付的患者天数。

Y_2：总私人支付的患者天数。

表 5.1　疗养院的投入和产出数据

DMU	投入		产出	
	X_1	X_2	Y_1	Y_2
A	1.50	0.20	1.40	0.35
B	4.00	0.70	1.40	2.10
C	3.20	1.20	4.20	1.05
D	5.20	2.00	2.80	4.20
E	3.50	1.20	1.90	2.50
F	3.20	0.70	1.40	1.50

通过使用 CCR 模型、传统的仁慈性和侵略性模型（5.1）～模型（5.6）和本章所提出的模型（5.8）～模型（5.12）对这 6 个疗养院进行效率评价，评价结果列于表 5.2 和表 5.3 中。通过对不同模型计算得到的结果进行比较，可得到如下结论。

表 5.2　侵略性模型评价结果及排名

DMU	Doyle 和 Green 的模型	Liang 等的模型	Wang 和 Chin 的模型	本章模型	
	模型（5.2）	模型（5.4）	模型（5.6）	模型（5.10）	模型（5.11）
1	0.7639（1）	0.7639（1）	0.7639（1）	0.7639（1）	0.8023（2）
2	0.7004（3）	0.7004（3）	0.7004（3）	0.7004（3）	0.7681（4）
3	0.6428（5）	0.6428（5）	0.6428（5）	0.6428（5）	0.6850（5）
4	0.7184（2）	0.7184（2）	0.7184（2）	0.7184（2）	0.8071（1）
5	0.6956（4）	0.6956（4）	0.6956（4）	0.6956（4）	0.7799（3）
6	0.6081（6）	0.6081（6）	0.6081（6）	0.6081（6）	0.6730（6）

表 5.3　仁慈性和中立性模型评价结果及排名

模型	DMU_1	DMU_2	DMU_3	DMU_4	DMU_5	DMU_6
CCR 模型	1.0000（1）	1.0000（1）	1.0000（1）	1.0000（1）	0.9775（5）	0.8675（6）
模型（5.1）	1.0000（1）	0.9773（3）	0.8580（5）	1.0000（1）	0.9758（4）	0.8570（6）
模型（5.3）	1.0000（1）	0.9547（4）	0.8864（5）	1.0000（1）	0.9742（3）	0.8465（6）
模型（5.5）	1.0000（1）	0.9773（3）	0.8580（5）	1.0000（1）	0.9758（4）	0.8570（6）
模型（5.8）	0.9163（4）	0.9773（2）	0.7886（6）	1.0000（1）	0.9714（3）	0.8462（5）
模型（5.9）	0.8763（3）	0.8622（5）	0.8122（5）	0.9425（1）	0.9097（2）	0.7692（6）
模型（5.12）	0.8655（1）	0.8217（3）	0.7612（5）	0.8607（2）	0.8361（4）	0.7253（6）

第一，CCR 模型不能有效区分 DEA（弱）有效的 DMU，但是每个交叉效率评价模型都能对所有的 DMU 进行区分并给出全排序结果。

第二，对于每个 DMU，由模型（5.8）和模型（5.9）计算所得的交叉效率值比模型（5.12）所得到的交叉效率值大，模型（5.10）和模型（5.11）所求得的交叉效率值比模型（5.12）所得的交叉效率值小。这说明，使用仁慈性和侵略性策略进行权重选择能很好地最大化（或最小化）其他 DMU 的交叉效率，并且提出的中立性模型有很好的中立特性，它不关心最大化或者最小化其他 DMU 的交叉效率值。

第三，与模型（5.8）、模型（5.10）及传统的仁慈性交叉效率评价模型和侵略性交叉效率评价模型相比，模型（5.9）和模型（5.11）计算所得到的交叉效率值之间更为相互靠近。这表明模型（5.9）和模型（5.11）能有效解决所选权重导致 DMU 的效率之间存在较大差距的问题。

第四，本书提出的仁慈性和侵略性交叉效率评价模型的评价结果之间的排序有所不同。这表明评价的结果对于评价策略的选择是敏感的。不同的策略会得到不同的评价结果和排序结果。

第五，传统的仁慈性模型（5.1）、模型（5.3）和模型（5.5）不能进一步地区分疗养院 1 和疗养院 4（它们的交叉效率值都为 1）。然而，本章所提出的仁慈性模型能为所有疗养院得出不同的效率值，并对所有的疗养院进行全排序。这表明，本章所提出的仁慈性模型具有更强的区分和排序 DMU 的能力。

第六，除了模型（5.10）的评价结果和排序结果（它与 Wang 和 Chin（2010）的评价和排序结果相同），本章提出的模型计算得到的交叉效率值和排序结果与传统模型的结果都不同。这表明，引入理想和非理想交叉效率对于评价结果和排序有重要的影响。此外，不同的最优权重选择策略下，评价结果也有所不同。因此，决策者可依据自己的偏好选择合适的模型来进行效率评价。

最终，相对于传统的仁慈性模型（模型（5.1）），模型（5.9）给出的每个 DMU 的交叉效率较小，而且，模型（5.11）给出的每个 DMU 的交叉效率值比模型（5.2）计算的结果大。这表明，本章提出的模型的仁慈性和侵略性相对于传统的仁慈性和侵略性交叉效率评价模型弱一些。因此，决策者可根据他们对于仁慈性和侵略性的强弱偏好来选择合适的模型对 DMU 进行评价。

从上述分析可以看出，本章所提出的模型可有效地区分 DMU，并从不同的策略下评价 DMU，从而给决策者提供更多的决策工具的选择。

5.5 本 章 小 结

由于 DEA 交叉效率评价能较好地评价 DMU 并对其进行排名，它被广泛应用于很多领域。然而，最优权重不唯一性（评价结果不唯一性）问题限制了该方法在多方面的应用。为了解决这一问题，本章提出了多个新的次级目标模型。与传统的次级目标模型相比，本章提出的模型不仅保证了所使用的交叉效率目标能被所有 DMU 达到，还在考虑理想交叉效率目标的基础上进一步考虑了 DMU 远离非理想交叉效率目标的意愿。另外，本章给出了一个算例对所提模型做了进一步的说明。算例的结果表明，本章提出的模型不仅能更好地区分 DMU 并对它们进行全排序，还提供了更多的评价策略，给予决策者更多的选择。因此，本章提出的模型可被看作对于现有的次级目标模型的改进和拓展，研究的结果对于 DEA 交叉效率评价有重要的贡献。

可从如下两个方面做进一步的拓展性研究。一方面，在目标函数中使用效率偏移量的非线性组合可能会选择出更为合理的最优权重。但是，同时需要提出有效的方法来保证线性化模型并可以被求解。一般而言，非线性规划模型求解起来比较困难。另一方面，在现实的应用中，投入、产出数据可能是动态随机的，将来研究可考虑这一方面，将本章提出的模型拓展并结合随机 DEA 和模糊 DEA 方法做进一步的研究。

参 考 文 献

Baumeister R F，Bratslavsky E，Finkenauer C，et al. 2001. Bad is stronger than good[J]. Review of General Psychology，5（4）：323-370.

Dotoli M，Epicoco N，Falagario M，et al. 2015. A cross-efficiency fuzzy data envelopment analysis technique for performance evaluation of decision making units under uncertainty[J]. Computers & Industrial Engineering，（79）：103-114.

Doyle J，Green R. 1994. Efficiency and cross-efficiency in DEA：Derivations，meanings and uses[J]. Journal of the Operational Research Society，45（5）：567-578.

Liang L，Wu J，Cook W D，et al. 2008. Alternative secondary goals in DEA cross-efficiency evaluation[J]. International Journal of Production Economics，113（2）：1025-1030.

Nakabayashi K，Tone K. 2006. Egoist's dilemma：A DEA game[J]. Omega，34（2）：135-148.

Sexton T R，Silkman R H，Hogan A J. 1986. Data envelopment analysis：Critique and extensions[J]. New Directions for Program Evaluation，（32）：73-105.

Walker H，Di Sisto L，Mcbain D. 2008. Drivers and barriers to environmental supply chain management practices：Lessons from the public and private sectors[J]. Journal of Purchasing And Supply Management，14（1）：69-85.

Wang Y M，Chin K S. 2010. Some alternative models for DEA cross-efficiency evaluation[J]. International Journal of Production Economics，128（1）：332-338.

Wang Y M，Chin K S，Luo Y. 2011. Cross-efficiency evaluation based on ideal and anti-ideal decision making units[J]. Expert Systems with Applications，38（8）：10312-10319.

第三部分　博弈交叉效率方法篇

第6章 竞争型组织的交叉效率评价及纳什均衡

6.1 引 言

交叉效率可以将所有决策单元的业绩表现联系起来，并且通过互评的方式，避免了现有 DEA 评价方法在自评时的一些弊端。但是，现有的交叉效率评价方法依然存在缺陷，主要问题是每个决策单元用于确定交叉效率的最优权重是任意产生的，选择其中一组最优权重可能会使某些决策单元受益，而使其他决策单元受损，而且如果各决策单元之间存在竞争关系，利用传统的交叉效率评价方法进行评价与排序显然是不公平和不适合的。为了解决该问题，本章将在总结传统交叉效率评价方法的基础上提出博弈交叉效率的概念，研究中每个决策单元将被看作博弈中的参与人，每个参与人在其他决策单元效率不受损害的情况下最大化自身的效率值，在此基础上提出 DEA 博弈交叉效率模型，并提出算法来求解博弈交叉效率，最后将证明该博弈交叉效率值就是纳什均衡解。

6.2 问 题 描 述

数据包络分析被视为一种有效的业绩评价和基准选择工具，在传统的 DEA 模型（如 CCR 模型）中，每个决策单元的效率只和其自身有关，并被定义为自身的输出权重和与输入权重和的比值，每个决策单元通过求解各自的线性规划问题，来确定一组最优输入输出权重使自身的效率值最大化。而一个决策单元的交叉效率值则首先通过计算该单元的 n 个效率值（利用 n 组最优权重），然后通过求这些效率值的平均值来得到，所以交叉效率评价方法的主要思想是将 DEA 方法拓展到互评模式，而非纯粹的自评模式。该方法最早由 Sexton 等（1986）提出，并由 Doyle 和 Green（1994）等学者发展起来，交叉效率为所有决策单元提供了一种效率排序结果以区分各决策单元的表现好坏，并且交叉效率不需要对权重约束施加事先信息，就可以消除传统 DEA 方法中的权重不现实问题（Anderson et al., 2002）。由于交叉效率评价方法存在这些优点，该方法在诸多实际问题中都有应用，如 R&D 项目选择（Oral et al., 1991）、带偏好投票问题（Green et al., 1996）等。

但是，正如在 Doyle 和 Green（1994）研究中所提到的，一般情况下，原始 DEA 模型的最优解不是唯一的，而是随着所采用的线性规划求解软件的不同会有所差异,因此由原始 DEA 模型最优解所确定的交叉效率一般也是不唯一的,这一缺陷会极大地降低交叉效率的有效性。针对交叉效率非唯一性问题,Sexton 等(1986)和 Doyle 和 Green(1994)提出通过加入二次目标的方法来解决。Doyle 和 Green(1994)提出了侵略性策略和仁慈性策略。侵略性策略是指在最大化被评价单元效率值的同时,尽可能使其他决策单元的平均交叉效率值最小;而仁慈性策略则相反,该策略要求在最大化被评价单元效率值的同时,尽可能使其他决策单元的平均交叉效率值最大。通过引入二次目标,在一定程度上可以消除交叉效率不唯一的弊端。

在许多 DEA 应用问题中,各决策单元之间存在着直接或间接的竞争关系,如在一个组织中,由不同部门提交的 R&D 项目提案可以被看作决策单元,并可以对其进行 DEA 分析,这些提案的目的是竞争有限的资金;在带偏好投票问题中,每个候选人可以被看作决策单元,很明显地,每个候选人之间存在着竞争关系。这些实例稍后都将进行详细讨论。现有的交叉效率评价方法很显然无法处理各决策单元之间存在竞争关系的情况,实际上,当决策单元被看作博弈中的参与人,交叉效率值被看作支付时,每个决策单元将会尽力最大化各自的支付。因此,本章的主要目的就是通过博弈的思想解决现有交叉效率评价方法中存在的重大弊端。

6.3　DEA 博弈交叉效率模型

本章将采用与传统 DEA 文献中相同的变量定义方法,假设有 n 个决策单元,每个决策单元 DMU_j 利用 m 种输入来得到 s 种输出。$\mathrm{DMU}_j(j=1,2,\cdots,n)$ 的第 i 种输入和第 r 种输出分别记为 $x_{ij}(i=1,2,\cdots,m)$ 和 $y_{rj}(r=1,2,\cdots,s)$。对于任意给定的决策单元 DMU_d,其效率值可以通过计算以下的 CCR 模型来得到:

$$\begin{cases} \max \sum_{r=1}^{s} \mu_r y_{rd} = E_{dd} \\ \text{s.t.} \sum_{i=1}^{m} \omega_i x_{ij} - \sum_{r=1}^{s} \mu_r y_{rj} \geqslant 0, \quad j=1,2,\cdots,n \\ \sum_{i=1}^{m} \omega_i x_{id} = 1 \\ \omega_i \geqslant 0, \quad i=1,2,\cdots,m \\ \mu_r \geqslant 0, \quad r=1,2,\cdots,s \end{cases} \quad (6.1)$$

对于每个被评价单元 $\mathrm{DMU}_d(d=1,2,\cdots,n)$,通过求解模型(6.1),我们可以得到一组对应的最优权重 $(\omega_{1d}^*, \omega_{2d}^*, \mu_{1d}^*, \mu_{2d}^*, \mu_{3d}^*)$,利用该 n 组最优权重,可以定义 $\mathrm{DMU}_j(j=1,2,\cdots,n)$ 的 d-交叉效率为

$$E_{dj} = \frac{\sum\limits_{r=1}^{s} \mu_{rd}^{*} y_{rj}}{\sum\limits_{i=1}^{m} \omega_{id}^{*} x_{ij}}, \quad d, j = 1, 2, \cdots, n \tag{6.2}$$

对于 $DMU_j (j = 1, 2, \cdots, n)$，所有 $E_{dj} (d = 1, 2, \cdots, n)$ 的平均值，即

$$\overline{E_j} = \frac{1}{n} \sum_{d=1}^{n} E_{dj} \tag{6.3}$$

可以被用来表示 DMU_j 的一种新的效率测度，并定义为 DMU_j 的交叉效率值。

值得注意的是，模型（6.1）的最优权重可能不唯一，因此，DMU_j 的 d-交叉效率值 E_{dj} 也可能不唯一（Despotis，2002）。正如前面所提及的，Doyle 和 Green（1994）在交叉效率的计算过程中引入了侵略性策略和仁慈性策略，通过引入二次目标的方法，在多重最优解中选择一组最优解以最终确定每个决策单元的交叉效率。

本章将从非合作博弈的视角来研究各决策单元。正如前面所说，在许多 DEA 应用问题中，决策单元之间存在着一定的竞争因素，所以每个决策单元在选择自己的一组权重的时候，需要考虑该组权重对其他决策单元效率值的影响。传统的 DEA 模型，如模型（6.1）所示，只是考虑了在所有决策单元效率不超过 1 的情况下来选择一组最优权重；交叉效率则更进了一步，每个决策单元的最终效率值不仅与其自身的最优权重有关，而且考虑了其他决策单元的最优权重。本章认为各决策单元之间存在着直接的或间接的竞争关系，从而每个参与人之间存在着一个博弈，并且通过该博弈可以确定最终的效率值。假设在一个博弈中，参与人 DMU_d 的效率值被设定为 α_d，则其他参与人 DMU_j 会在 DMU_d 效率值（α_d）不被降低的情况下来最大化其效率值。我们定义 DMU_j（相对于 DMU_d）的博弈 d-交叉效率为

$$\alpha_{dj} = \frac{\sum\limits_{r=1}^{s} \mu_{rj}^{d} y_{rj}}{\sum\limits_{i=1}^{m} \omega_{ij}^{d} x_{ij}}, \quad d = 1, 2, \cdots, n \tag{6.4}$$

式中，μ_{rj}^{d} 和 ω_{ij}^{d} 是模型（6.1）的可行权重。α_{dj} 的下标 dj 表示 DMU_j 只允许在不损害 DMU_d 效率值的情况下选择权重。式（6.4）与式（6.2）的区别在于，式（6.4）的权重没有必要是最优的，而只要求是 CCR 模型的一个可行解。这样的定义方式允许决策单元选择一组对于所有决策单元都是最优的权重，基于这样的考虑，我们可以通过非合作博弈模型来确定最终的交叉效率。

为了计算式（6.4）中的博弈 d-交叉效率，对于每个决策单元 DMU_j，我们可以考虑以下的数学规划问题：

$$
\begin{cases}
\max \sum_{r=1}^{s} \mu_{rj}^{d} y_{rj} \\
\text{s.t.} \quad \sum_{i=1}^{m} \omega_{ij}^{d} x_{il} - \sum_{r=1}^{s} \mu_{rj}^{d} y_{rl} \geqslant 0, \quad l = 1, 2, \cdots, n \\
\quad \sum_{i=1}^{m} \omega_{ij}^{d} x_{ij} = 1 \\
\quad \alpha_{d} \times \sum_{i=1}^{m} \omega_{ij}^{d} x_{id} - \sum_{r=1}^{s} \mu_{rj}^{d} y_{rd} \leqslant 0 \\
\quad \omega_{ij}^{d} \geqslant 0, \quad i = 1, 2, \cdots, m \\
\quad \mu_{rj}^{d} \geqslant 0, \quad r = 1, 2, \cdots, s
\end{cases}
\tag{6.5}
$$

式中，$\alpha_{d} \leqslant 1$ 是一个参数。在后面设计的算法中，α_{d} 初始取值为 DMU$_d$ 的传统平均交叉效率值。当算法最终收敛的时候，α_{d} 成为最优（平均）博弈交叉效率值。在此，定义模型（6.5）为 DEA 博弈 d-交叉效率模型，需要注意的是，模型（6.5）是在 DMU$_d$ 的效率值，即 $\sum_{r=1}^{s} \mu_{rj}^{d} y_{rd} \Big/ \sum_{i=1}^{m} \omega_{ij}^{d} x_{id}$，不低于给定值（$\alpha_{d}$）的情况下最大化 DMU$_j$ 的效率值，因此，可以说 DMU$_j$ 的效率值的确定过程被多加了一个限制条件，即 DMU$_d$ 的效率值不低于其传统的平均交叉效率。

对于 DMU$_j$，模型（6.5）将针对每个 $d = 1, 2, \cdots, n$ 计算 n 次。对于每个 d，DMU$_j$ $(j = 1, 2, \cdots, n)$ 在最优时满足 $\sum_{i=1}^{m} \omega_{ij}^{d} x_{ij} = 1$，因此，对于每个 DMU$_j$，模型（6.5）实际上代表了 DMU$_j$ 关于 DMU$_d$ 的博弈交叉效率，即式（6.4）中定义的 d-博弈交叉效率值，从而有如下定义。

定义 6.1 设 $\mu_{rj}^{d*}(\alpha_{d})$ 是模型（6.5）的最优解，对于每个 DMU$_j$，$\alpha_{j} = \dfrac{1}{n} \sum_{d=1}^{n} \sum_{r=1}^{s} \mu_{rj}^{d*}(\alpha_{d}) y_{rj}$ 称为其平均博弈交叉效率。

值得注意的是，此处的平均博弈交叉效率不再表示传统 DEA 交叉效率值。

6.4 求解博弈交叉效率的算法

本节将设计一个算法来确定 DMU$_j$ 的平均博弈交叉效率，并证明所提出的算法是收敛的。算法的主要思想是以式（6.3）确定的传统平均交叉效率值为起点，对于 DMU$_j$，针对每个 DMU$_d$，利用该初始 α_{d} 值求解模型（6.5），并且将得到的模型（6.5）的平均目标函数值作为新的 α_{d}，对每个 DMU$_d$ 重复上述过程，当所有决策单元连续两次 α_{d} 的差值收敛于 ε 时，算法终止。具体算法如下。

6.4.1　算法

第一步：求解模型（6.1），确定一组由式（6.3）确定的传统平均交叉效率值，令 $t = 1$ 和 $\alpha_d = \alpha_d^1 = \bar{E}_d$。

第二步：求解模型（6.5），令 $\alpha_j^2 = \dfrac{1}{n}\sum_{d=1}^{n}\sum_{r=1}^{s}\mu_{rj}^{d*}(\alpha_d^1)y_{rj}$，并得到一般形式为

$$\alpha_j^{t+1} = \frac{1}{n}\sum_{d=1}^{n}\sum_{r=1}^{s}\mu_{rj}^{d*}(\alpha_d^t)y_{rj} \tag{6.6}$$

式中，$\mu_{rj}^{d*}(\alpha_d^t)$ 表示 $\alpha_d = \alpha_d^t$ 时，模型（6.5）中 μ_{rj}^{d} 的最优值。

第三步：如果存在某些 j，使得 $|\alpha_j^{t+1} - \alpha_j^t| \geq \varepsilon$ 成立，其中 ε 是一个小的特定正值，则令 $\alpha_j = \alpha_j^{t+1}$ 并返回第二步；如果对于所有 j，$|\alpha_j^{t+1} - \alpha_j^t| < \varepsilon$ 均成立，则停止，α_j^{t+1} 就是最终的平均博弈交叉效率值。

需要进行说明的是，第一步中的 $\bar{E}_d$ 代表 $\mathrm{DMU}_d(d = 1, 2, \cdots, n)$ 的传统平均交叉效率值，并且是模型（6.5）中 α_d 的初始值（记为 α_d^1）。虽然传统交叉效率值并不唯一，从以下的算法收敛性证明中可以发现，α_d 的任意初始值（或任意传统交叉效率值）将会最终得到唯一的博弈交叉效率值。当算法终止时，由于 $\sum_{r=1}^{s}\mu_{rj}^{d*}(\alpha_d^t)y_{rj}$ 是模型（6.5）的最优值，所以 $\alpha_j^{t+1} = \dfrac{1}{n}\sum_{d=1}^{n}\sum_{r=1}^{s}\mu_{rj}^{d*}(\alpha_d^t)y_{rj}, t \geq 1$ 是唯一的。另外，第二步中的 $\alpha_d = \alpha_d^t$，$t \geq 1$ 表示模型（6.5）中的 α_d 被 α_d^t 替代。第三步的目的在于表示算法的终止条件。

6.4.2　算法的收敛性

下列定理说明在利用上述算法求解平均博弈交叉效率过程中存在以下特点：①α_j 的所有数据点都处于 α_j^1 和 α_j^2 之间；②所有的偶数点是非增的；③所有的奇数点都是非减的。以上三点保证了上述算法是收敛的。

定理 6.1　令 α_j^1 是由式（6.3）定义的一般平均交叉效率值，针对模型（6.5），对于任意 $t = 2, 3, \cdots$ 和 $j = 1, 2, \cdots, n$，我们有

（1）$\alpha_j^1 \leq \alpha_j^t$；

（2）$\alpha_j^2 \geq \alpha_j^4 \geq \cdots \geq \alpha_j^{2t-2} \geq \alpha_j^{2t} \geq \alpha_j^{2t-1} \geq \alpha_j^{2t-3} \geq \cdots \geq \alpha_j^3 \geq \alpha_j^1$。

证明　（1）在模型（6.5）中，令 $\alpha_d = \alpha_d^{\mathrm{CCR}}$，其中，$\alpha_d^{\mathrm{CCR}}$ 是 DMU_d 的 CCR 效率值。我们可以发现由模型（6.1）得到的 DMU_d 权重 $\omega_{1d}^*, \cdots, \omega_{md}^*, \mu_{1d}^*, \cdots, \mu_{sd}^*$ 是

模型（6.5）的可行解，因此，当 $\alpha_d = \alpha_d^{\mathrm{CCR}}$ 时，我们有 $\dfrac{1}{n}\sum\limits_{d=1}^{n}\sum\limits_{r=1}^{s}\mu_{rj}^{d*}(\alpha_d^{\mathrm{CCR}})y_{rj} \geqslant$ $\dfrac{1}{n}\sum\limits_{d=1}^{n}E_{dj} = \alpha_j^1$，其中，$\mu_{rj}^{d*}(\alpha_d^{\mathrm{CCR}})$ 表示 $\alpha_d = \alpha_d^{\mathrm{CCR}}$ 时模型（6.5）中 μ_{rj}^d 的最优值。由于 α_d^{CCR} 是 DMU_d 所能达到的最大效率值，即 $\alpha_d^t \leqslant \alpha_d^{\mathrm{CCR}}$，当 $\alpha_d = \alpha_d^{\mathrm{CCR}}$ 被 $\alpha_d = \alpha_d^t$ 代替时，模型（6.5）的可行域不会变小，所以式（6.4）的最优值至少比 $\sum\limits_{r=1}^{s}\mu_{rj}^{d*}(\alpha_d^{\mathrm{CCR}})y_{rj}$ 大，这就意味着对于所有 $t>1$，$\alpha_j^t \geqslant \dfrac{1}{n}\sum\limits_{d=1}^{n}\sum\limits_{r=1}^{s}\mu_{rj}^{d*}(\alpha_d^{\mathrm{CCR}})y_{rj}$ 均成立，因此对于所有 t，$\alpha_j^t \geqslant \alpha_j^1$ 均成立。

（2）首先我们观察 α_j^1，α_j^2，α_j^3 和 α_j^4 之间的关系。根据（1），我们得知 $\alpha_j^2 \geqslant \alpha_j^1$，因此当 $t=2$ 时，即 $\alpha_d = \alpha_d^1$ 被 $\alpha_d = \alpha_d^2$ 代替，模型（6.5）的可行域会变小，从而 $\sum\limits_{r=1}^{s}\mu_{rj}^{d*}(\alpha_d^2)y_{rj} \leqslant \sum\limits_{r=1}^{s}\mu_{rj}^{d*}(\alpha_d^1)y_{rj}$，$d=1,2,\cdots,n$，其中，$\mu_{rj}^{d*}(\alpha_d^2)$ 和 $\mu_{rj}^{d*}(\alpha_d^1)$ 分别代表与 α_d^2 和 α_d^1 对应的模型（6.5）中 μ_{rj}^d 的最优值，从而对于所有 j，$\alpha_j^3 = \dfrac{1}{n}\sum\limits_{d=1}^{n}\sum\limits_{r=1}^{s}\mu_{rj}^{d*}(\alpha_d^2)y_{rj} \leqslant \dfrac{1}{n}\sum\limits_{d=1}^{n}\sum\limits_{r=1}^{s}\mu_{rj}^{d*}(\alpha_d^1)y_{rj} = \alpha_j^2$ 成立。当 $t=3$ 时，即 $\alpha_d = \alpha_d^2$ 被 $\alpha_d = \alpha_d^3$ 代替，模型（6.5）的可行域会变大，从而 $\sum\limits_{r=1}^{s}\mu_{rj}^{d*}(\alpha_d^3)y_{rj} \geqslant \sum\limits_{r=1}^{s}\mu_{rj}^{d*}(\alpha_d^2)y_{rj}$，$d=1,\cdots,n$，这也就意味着对于所有 j，$\alpha_j^4 \geqslant \alpha_j^3$ 成立。相似地，对于所有 j 而言，$\alpha_j^3 \geqslant \alpha_j^1$ 成立，如果模型（6.5）中的 $\alpha_d = \alpha_d^1$ 被 $\alpha_d = \alpha_d^3$ 代替，则有 $\sum\limits_{r=1}^{s}\mu_{rj}^{d*}(\alpha_d^3)y_{rj} \leqslant \sum\limits_{r=1}^{s}\mu_{rj}^{d*}(\alpha_d^1)y_{rj}$，$d=1,2,\cdots,n$，这就意味着 $\alpha_j^4 \leqslant \alpha_j^2$ 成立。因此，对于所有 j，我们有 $\alpha_j^2 \geqslant \alpha_j^4 \geqslant \alpha_j^3 \geqslant \alpha_j^1$。

接下来我们证明 $t \geqslant 2$ 时的情况：

（1）$\alpha_j^{2a} \geqslant \alpha_j^{2a-1}$，$j=1,2,\cdots,n; a=1,2,\cdots$

（2）$\alpha_j^{2a} \geqslant \alpha_j^{2a+2}$，$j=1,2,\cdots,n; a=1,2,\cdots$

（3）$\alpha_j^{2a+1} \geqslant \alpha_j^{2a-1}$，$j=1,2,\cdots,n; a=1,2,\cdots$

我们将通过数学归纳法进行证明。由于 $\alpha_j^2 \geqslant \alpha_j^1$，所以当 $a=\Delta$ 时，有 $\alpha_j^{2\Delta} \geqslant \alpha_j^{2\Delta-1}$，$j=1,2,\cdots,n$。进一步地，我们可以发现模型（6.5）在 $\alpha_d = \alpha_d^{2\Delta}$ 时的可行域不比 $\alpha_d = \alpha_d^{2\Delta-1}$ 时的可行域大，因此，当 $\alpha_d = \alpha_d^{2\Delta}$ 时，有 $\alpha_j^{2\Delta} \geqslant \alpha_j^{2\Delta+1}$。另外，当 $\alpha_d = \alpha_d^{2\Delta}$ 被 $\alpha_d = \alpha_d^{2\Delta+1}$ 代替时，模型（6.5）的可行域将不会变小，所以 $\alpha_j^{2\Delta+2} \geqslant \alpha_j^{2\Delta+1}$。因此，按照数学归纳法，对于所有 a，命题（1）是成立的。

对于命题（2），注意到 $\alpha_j^2 \geqslant \alpha_j^4 \geqslant \alpha_j^3 \geqslant \alpha_j^1$，即 $\alpha_j^2 \geqslant \alpha_j^4$，$j=1,2,\cdots,n$，定义 Θ_t

是 $\alpha_d = \alpha_d^t$ 时的可行域。假设当 $a = \varDelta$ 时，命题（2）是成立的，即 $\alpha_j^{2\varDelta} \geqslant \alpha_j^{2(\varDelta+1)}$，$j = 1, 2, \cdots, n$，这就意味着 $\varTheta_{2\varDelta+2} \supseteq \varTheta_{2\varDelta}$。由命题（1）可知，$\alpha_j^{2(\varDelta+1)} \geqslant \alpha_j^{2\varDelta+1}$，$\varTheta_{2\varDelta+1} \supseteq \varTheta_{2\varDelta+2}$，所以 $\varTheta_{2\varDelta+1} \supseteq \varTheta_{2\varDelta+2} \supseteq \varTheta_{2\varDelta}$；由于 $\alpha_j^{2\varDelta+3}$ 和 $\alpha_j^{2\varDelta+2}$ 分别是可行域 $\varTheta_{2\varDelta+2}$ 和 $\varTheta_{2\varDelta+1}$ 的最优值，所以 $\alpha_j^{2\varDelta+2} \geqslant \alpha_j^{2\varDelta+3}$，也就意味着 $\varTheta_{2\varDelta+3} \supseteq \varTheta_{2\varDelta+2}$。接下来，假设 $\alpha_j^{2\varDelta+4} > \alpha_j^{2\varDelta+2}$。已知 $\alpha_j^{2\varDelta+3}$ 是可行域 $\varTheta_{2\varDelta+2}$ 的最优值，并且 $\alpha_j^{2\varDelta+2} \geqslant \varTheta_{2\varDelta+3}$。由于 α_j^{2m+4} 是可行域 $\varTheta_{2\varDelta}$ 的最优值，如果 $\alpha_j^{2\varDelta+4} > \alpha_j^{2\varDelta+2}$，就意味着得到 $\alpha_j^{2\varDelta+4}$ 的最优解在可行域 $\varTheta_{2\varDelta+2}$ 中也是可行的。通过命题（1），我们得到 $\alpha_j^{2\varDelta+4} \geqslant \alpha_j^{2\varDelta+3}$，这和 $\alpha_j^{2\varDelta+3}$ 是可行域 $\varTheta_{2\varDelta+2}$ 的最优解从而得到 $\alpha_j^{2\varDelta+2} \geqslant \alpha_j^{2\varDelta+4}$ 的命题矛盾，从而说明了当 $a = \varDelta+1$ 时命题（2）是成立的，根据数学归纳法可知，该命题对所有 a 均成立。

最后证明命题（3）是成立的。由命题（2）可知 $\alpha_j^{2a} \geqslant \alpha_j^{2a+2}$。由于 α_j^{2a+1} 和 α_j^{2a+3} 是在可行域 $\varTheta_{2a}$ 和 $\varTheta_{2a+2}$ 的基础上得到的，并且 $\varTheta_{2a+2} \supseteq \varTheta_{2a}$，所以 $\alpha_j^{2a+3} \geqslant \alpha_j^{2a+1}$，从而命题（3）是成立的。

综合命题（1），（2）和（3），我们有

$$\alpha_j^2 \geqslant \alpha_j^4 \geqslant \cdots \geqslant \alpha_j^{2t-2} \geqslant \alpha_j^{2t} \geqslant \alpha_j^{2t-1} \geqslant \alpha_j^{2t-3} \geqslant \cdots \geqslant \alpha_j^3 \geqslant \alpha_j^1$$

6.4.3　算例

为了演示上述博弈交叉效率模型和所提出的算法，我们考虑表 6.1 中的一个简单算例，该算例有五个 DMU，每个 DMU 有三个输入 X_1、X_2、X_3 和两个输出 Y_1、Y_2。在计算过程中，我们利用传统平均交叉效率值作为起点。由于交叉效率经常是不唯一的，所以需要在计算交叉效率的过程中引入二次目标。侵略性策略是指，在最大化被评价单元效率的同时，尽可能使其他决策单元的平均交叉效率值最小（Sexton et al.，1986）；也可以采用仁慈性策略，即在最大化被评价单元效率的同时，尽可能使其他决策单元的平均交叉效率值最大（Doyle and Green，1994）。按照式（6.2）的定义，在计算交叉效率的过程中，没有施加任何二次目标的策略称为任意性策略。

表 6.1　各 DMU 的输入和输出数据

DMU	X_1	X_2	X_3	Y_1	Y_2
DMU$_1$	7	7	7	4	4
DMU$_2$	5	9	7	7	7
DMU$_3$	4	6	5	5	7
DMU$_4$	5	9	8	6	2
DMU$_5$	6	8	5	3	6

　　三种策略下的交叉效率结果如表 6.2 中最后三列所示，博弈交叉效率列于第
三列，图 6.1 表示出了 DMU$_1$ 博弈交叉效率的求解过程。三种策略下的交叉效率
最终均收敛于相同的博弈交叉效率，在 6.5 节中，我们将说明这个解是一个纳什
均衡解。值得注意的是，如果将决策单元看作竞争者，在非合作博弈的环境中，
较之传统平均交叉效率，每个决策单元的交叉效率都得到了改进（交叉效率为 1
的 DMU$_3$ 除外）。

表 6.2　各 DMU 的 CCR 效率、博弈交叉效率和交叉效率

DMU	CCR 效率	博弈交叉效率*	交叉效率		
			任意性	侵略性	仁慈性
DMU$_1$	0.6857	0.6384	0.4743	0.4473	0.5845
DMU$_2$	1	0.9766	0.8793	0.8629	0.9295
DMU$_3$	1	1	0.9856	0.9571	1
DMU$_4$	0.8571	0.7988	0.5554	0.54	0.71
DMU$_5$	0.8571	0.667	0.5587	0.4971	0.6386

*$\varepsilon = 0.001$

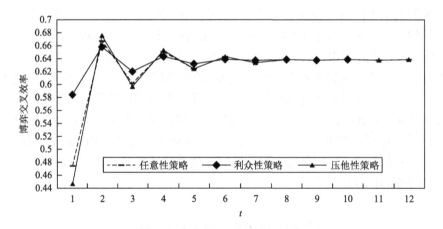

图 6.1　DMU$_1$ 博弈交叉效率的求解过程

利众性即仁慈性；压他性即侵略性

　　图 6.2 表明通过 12 次迭代计算，所有的决策单元通过所提出的算法均达到了
博弈交叉效率，并且图 6.2 证实了定理 6.1 证明中所说的，当 t 取奇数时，博弈交
叉效率是增加的；当 t 取偶数时，博弈交叉效率是减小的。

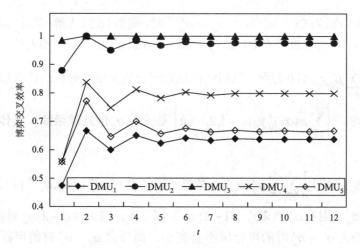

图 6.2　各 DMU 博弈交叉效率的求解过程

6.5　纳什均衡

本节将证明以博弈交叉效率为支付的 DEA 博弈存在纳什均衡解，并且该纳什均衡解就是通过上述算法得到的解。

由定理 6.1 的证明可以得到以下引理。

引理 6.1　如果 $\alpha_d^{\mathrm{CCR}} \geqslant \alpha_d \geqslant \overline{E}_d, d = 1, 2, \cdots, n$，其中，$\overline{E}_d$ 是由式（6.3）确定的 DMU_d 的传统平均交叉效率值；α_d^{CCR} 是 DMU_d 的 CCR 效率，则模型（6.5）存在可行解。

定义 6.2　定义 DEA 博弈为 $\varGamma = \left\langle N, (S_j)_{j \in N}, \left(\dfrac{1}{n} \sum\limits_{d=1}^{n} \sum\limits_{r=1}^{s} \mu_{rj}^{d*}(\alpha_d) y_{rj} \right)_{j \in N} \right\rangle$，其中 $N = \{1, 2, \cdots, n\}$ 表示参与人集；$S_j = \{$模型(6.5)的约束条件并且 $\alpha_d \in [\overline{E}_d, \alpha_d^{\mathrm{CCR}}]\}$ 表示 $\mathrm{DMU}_j (j = 1, 2, \cdots, n)$ 的策略集。

引理 6.2　定义 6.2 中的 $S_j (j = 1, 2, \cdots, n)$ 是非空、凸集。

证明　由引理 6.1 可知，S_j 是非空的。设 $\{(\omega_{1d}', \cdots, \omega_{md}', \mu_{1d}', \cdots, \mu_{sd}'),\ \alpha_d'\}$ 和 $\{(\omega_{1d}'', \cdots, \omega_{md}'', \mu_{1d}'', \cdots, \mu_{sd}''),\ \alpha_d''\} \in S_j, j, d \in N$。对于任意 $\lambda \in [0, 1]$，有 $[\lambda \omega_{id}' + (1 - \lambda) \omega_{id}'', i = 1, 2, \cdots, m; \lambda \mu_{rd}' + (1 - \lambda) \mu_{rd}'', r = 1, 2, \cdots, s; \lambda \alpha_d' + (1 - \lambda) \alpha_d''] \in S_j$，因此 $S_j, j = 1, 2, \cdots, n$ 是凸集。

引理 6.3　$\dfrac{1}{n} \sum\limits_{d=1}^{n} \sum\limits_{r=1}^{s} \mu_{rj}^d(\alpha_d) y_{rj}$ 是关于 α_d 的连续、拟凹函数。

证明　（1）对于 $\dfrac{1}{n} \sum\limits_{d=1}^{n} \sum\limits_{r=1}^{s} \mu_{rj}^d(\alpha_d) y_{rj}$ 关于 α_d 的连续性，引理 6.1 表明，当 $\alpha_d < \overline{E}_d$

时，模型（6.5）成为 CCR 模型；当 $\alpha_d > \alpha_d^{\text{CCR}}$ 时，模型（6.5）无解；当 $\alpha_d \in [\overline{E}_d, \alpha_d^{\text{CCR}}]$ 时，模型（6.5）可以通过在 $\text{DMU}_j (j = 1, 2, \cdots, n)$ 的 CCR 模型中加入约束条件 $\alpha_d \times \sum_{i=1}^{m} \omega_{ij}^d x_{id} - \sum_{r=1}^{s} \mu_{rj}^d y_{rd} \leqslant 0$ 得到。利用线性规划问题的灵敏度分析理论可知，当 $\alpha_d \in [\overline{E}_d, \alpha_d^{\text{CCR}}]$ 时，$\left\{\sum_{r=1}^{s} \mu(\alpha_d)_{rj}^d y_{rj}, d = 1, 2, \cdots, n\right\}$ 是关于 α_d 的连续函数（具体证明请见本书附录）。

（2）为了说明 $\frac{1}{n} \sum_{d=1}^{n} \sum_{r=1}^{s} \mu_{rj}^d (\alpha_d) y_{rj}$ 是拟凹的，设 $\alpha_d', \alpha_d'' \in [\overline{E}_d, \alpha_d^{\text{CCR}}]$，$\lambda \in [0,1]$，并且 $\alpha_d' > \alpha_d''$，则有 $\alpha_d' \geqslant \lambda \alpha_d' + (1 - \lambda) \alpha_d'' \geqslant \alpha_d''$。$\alpha_d = \lambda \alpha_d' + (1 - \lambda) \alpha_d''$ 时模型（6.5）的可行域较之 $\alpha_d = \alpha_d'$ 时的可行域不会变小，而较之 $\alpha_d = \alpha_d''$ 时的可行域不会变大，所以 $\sum_{r=1}^{s} \mu_{rj}^{d*}(\alpha_d') y_{rj} \leqslant \sum_{r=1}^{s} \mu_{rj}^{d*}(\lambda \alpha_d' + (1 - \lambda) \alpha_d'') y_{rj} \leqslant \sum_{r=1}^{s} \mu_{rj}^{d*}(\alpha_d') y_{rj}$，这就意味着 $\frac{1}{n} \sum_{d=1}^{n} \sum_{r=1}^{s} \mu_{rj}^d (\alpha_d) y_{rj}$ 是拟凹的。

基于引理 6.2、引理 6.3、Debreu（1952）和 Glicksberg（1952），给出如下定理。

定理6.2　DEA 博弈 $\Gamma = \left\langle N, (S_j)_{j \in N}, \left(\frac{1}{n} \sum_{d=1}^{n} \sum_{r=1}^{s} \mu_{rj}^{d*}(\alpha_d) y_{rj}\right)_{j \in N} \right\rangle$ 至少存在一组纳什均衡策略组合。

接下来证明通过上述算法得到的解就是纳什均衡解。定义 $f_j(\boldsymbol{\alpha}^{t-1})$ 为

$$f_j(\boldsymbol{\alpha}^{t-1}) = \alpha_j^t = \frac{1}{n} \sum_{d=1}^{n} \sum_{r=1}^{s} \mu_{rj}^{d*}(\alpha_d^{t-1}) y_{rj} \tag{6.7}$$

并令 $\boldsymbol{\alpha}^t = [\alpha_1^t, \alpha_2^t, \cdots, \alpha_n^t]^{\text{T}}, t = 2, 3, \cdots$。

定义

$$F(\boldsymbol{\alpha}^{t-1}) = [f_1(\boldsymbol{\alpha}^{t-1}), f_2(\boldsymbol{\alpha}^{t-1}), \cdots, f_n(\boldsymbol{\alpha}^{t-1})]^{\text{T}} \tag{6.8}$$

则得到 $\boldsymbol{\alpha}^t = F(\boldsymbol{\alpha}^{t-1}), t \geqslant 2$。

定理6.3　对于式（6.8）定义的函数 $F(\cdot)$，必存在 $\boldsymbol{\alpha}^*$，使得 $\boldsymbol{\alpha}^* = F(\boldsymbol{\alpha}^*)$ 成立，即必存在不动点 $\boldsymbol{\alpha}^* = [\alpha_1^*, \alpha_2^*, \cdots, \alpha_n^*]^{\text{T}}$。

证明　由于 $\omega_{ij}^{d*}(\alpha_d^{t-1}), \mu_{rj}^{d*}(\alpha_d^{t-1}), \alpha_d^{t-1} \in S_j, j = 1, 2, \cdots, n$，由引理 6.2 可知，$S_j$ 的笛卡儿乘积 S（即 $S = S_1 \times S_2 \times \cdots \times S_n$）是非空、紧致、凸集。而且由该引理可知，$\frac{1}{n} \sum_{d=1}^{n} \sum_{r=1}^{s} \mu_{rj}^{d*}(\alpha_d^{t-1}) y_{rj}$，$\alpha_d^{t-1} \in S_d, d = 1, 2, \cdots, n$，$j \in N$ 是连续的，所以 $F(\cdot): S \rightarrow S$ 是由一个非空、紧致的凸集 $S \subset \mathbf{R}^n$ 映射到自身的连续函数。由 Brouwer 不动点理

论（Brouwer，1911）可知，必存在 $\alpha^* \in S$，使得 $\alpha^* = F(\alpha^*)$ 成立，其中 $\alpha^* = [\alpha_1^*, \alpha_2^*, \cdots, \alpha_n^*]^T$。

在上述算法中，当 $|\alpha^t - \alpha^{t-1}| = |F(\alpha^{t-1}) - \alpha^{t-1}| < \varepsilon$ 时，算法终止。所以 ε 越小，算法所得到的解越接近不动点，并且该不动点即为纳什均衡点（Becker and Chakrabarti，2005）。

6.6　在带偏好投票问题和 R&D 项目选择问题中的应用

6.6.1　带偏好投票问题

为了对处于偏好投票环境的候选人进行排序，Cook 和 Kress（1990）提出了一种基于 DEA 的排序方法，在该方法中，允许每个候选人对自己所得的名次（如第一位、第二位等）选择最优的一组权重，然后综合每个名次的得分，最终对各候选人进行排序。Green 等（1996）针对相同的问题，利用交叉效率来最大化候选人之间的差异，并对候选人进行评价和排序。在该应用环境中，每个参与人（候选人）之间很明显存在竞争因素，所以博弈交叉效率模型很适合被运用到该问题中。

Green 等（1996）考虑了一个 20 个投票人的案例，每个投票人对 6 个候选人进行第一至第四的排序，投票结果如表 6.3 所示。例如，候选人 a 得到 3 个第一位、3 个第二位、4 个第三位和 3 个第四位的投票。表 6.3 中的数据被看作四个输出，并且我们假设每个候选人（决策单元）只有一个输入且为 1。

表 6.3　候选人 $a\sim f$ 的得票结果

候选人	得票数			
	1	2	3	4
a	3	3	4	3
b	4	5	5	2
c	6	2	3	2
d	6	2	2	6
e	0	4	3	4
f	1	4	3	3

下列用在 Cook 和 Kress（1990）中的权重约束也将会出现在我们的模型中（注：下列权重约束中数学符号的含义请见 Cook 和 Kress（1990）的文献，在此不做赘述）：

$$w_{ij} \geqslant 0, w_{ij} - w_{i,j+1} \geqslant d(j,\delta), \quad j = 1,2,\cdots,k-1$$
$$d(\cdot,\delta) = \delta$$

这些附加条件意味着第 j 位的投票权重比第 $j+1$ 位的投票权重大一些。

当 $d(j,\delta) = 0$ 时，各权重之间存在如下的弱序：$w_{i1} \geqslant w_{i2} \geqslant w_{i3} \geqslant w_{i4}$。博弈交叉效率和各候选人的排序结果如下所示：

$$b(1) = d(1) > c(0.9147) > a(0.8062) > f(0.6704) > e(0.6603)$$

从上述结果可以看出，最终的排序结果和 Green 等（1996）研究中的仁慈性交叉效率排序结果一致。

在 Green 等（1996）研究中，他们考虑了增加两个额外候选人 g 和 h 的情况，并且均获得一个第三位的投票，通过计算后发现，增加两个得分低的候选人 g 和 h 后，候选人 b 和 d 的排序发生了变化。为了消除该现象，他们放弃了最终确定效率得分平均化的假设，改为按照各自的效率得分比例确定最终的权重，即带权重投票。

下面我们将验证利用博弈交叉效率进行排序时，是否会存在这种逆序现象，增加候选人 g 和 h 后，博弈交叉效率的排序结果如下所示：

$$b(1.0000) > d(0.9704) > c(0.9011) > a(0.7983) > f(0.6047) > e(0.5893) > g(0.0662)$$
$$= h(0.0662)$$

我们可以发现，在增加两个低得分候选人后，各候选人的排序结果未发生变化。但是需要说明的是，我们并不能通过这一个例子就证明运用我们的方法一定不会出现上述逆序现象。

6.6.2　R&D 项目选择问题

最后，我们运用上述方法对与土耳其钢铁行业相关的 37 个项目提案进行评价（Oral et al., 1991）。每个项目通过以下五个输出进行刻画：直接经济贡献、间接经济贡献、技术贡献、社会贡献和科学贡献，单一的投入为成本（项目预算），具体数据如表 6.4 所示。可以看出，每个 DMU（项目提案）之间存在着竞争关系，所以利用博弈交叉效率评价方法显得比较适合。

表 6.4　37 个 R&D 项目的五个产出和成本的原始数据

R&D 项目	直接经济贡献	间接经济贡献	技术贡献	社会贡献	科学贡献	项目预算
1	67.53	70.82	62.64	44.91	46.28	84.20
2	58.94	62.86	57.47	42.84	45.64	90.00
3	22.27	9.68	6.73	10.99	5.92	50.20
4	47.32	47.05	21.75	20.82	19.64	67.50

续表

R&D 项目	直接经济贡献	间接经济贡献	技术贡献	社会贡献	科学贡献	项目预算
5	48.96	48.48	34.90	32.73	26.21	75.40
6	58.88	77.16	35.42	29.11	26.08	90.00
7	50.10	58.20	36.12	32.46	18.90	87.40
8	47.46	49.54	46.89	24.54	36.35	88.80
9	55.26	61.09	38.93	47.71	29.47	95.90
10	52.40	55.09	53.45	19.52	46.57	77.50
11	55.13	55.54	55.13	23.36	46.31	76.50
12	32.09	34.04	33.57	10.60	29.36	47.50
13	27.49	39.00	34.51	21.25	25.74	58.50
14	77.17	83.35	60.01	41.37	51.91	95.00
15	72.00	68.32	25.84	36.64	25.84	83.80
16	39.74	34.54	38.01	15.79	33.06	35.40
17	38.50	28.65	51.18	59.59	48.82	32.10
18	41.23	47.18	40.01	10.18	38.86	46.70
19	53.02	51.34	42.48	17.42	46.30	78.60
20	19.91	18.98	25.49	8.66	27.04	54.10
21	50.96	53.56	55.47	30.23	54.72	74.40
22	53.36	46.47	49.72	36.53	50.44	82.10
23	61.60	66.59	64.54	39.10	51.12	75.60
24	52.56	55.11	57.58	39.69	56.49	92.30
25	31.22	29.84	33.08	13.27	36.75	68.50
26	54.64	58.05	60.03	31.16	46.71	69.30
27	50.40	53.58	53.06	26.68	48.85	57.10
28	30.76	32.45	36.63	25.45	34.79	80.00
29	48.97	54.97	51.52	23.02	45.75	72.00
30	59.68	63.78	54.80	15.94	44.04	82.90
31	48.28	55.58	53.30	7.61	36.74	44.60
32	39.78	51.69	35.10	5.30	29.57	54.50
33	24.93	29.72	28.72	8.38	23.45	52.70
34	22.32	33.12	18.94	4.03	9.58	28.00
35	48.83	53.41	40.82	10.45	33.72	36.00
36	61.45	70.22	58.26	19.53	49.33	64.10
37	57.78	72.10	43.83	16.14	31.32	66.40

表 6.5 列出了 Green 等（1996）的交叉效率结果和博弈交叉效率结果，比较两

组结果可以发现两者之间存在一定的差异，如 DMU_6 在博弈交叉效率中排名 18，而在交叉效率中排名 21。

表 6.5　交叉效率评价结果的比较

项目编号	博弈交叉效率（$\varepsilon = 0.0001$）	Green 等（1996）的效率	Green 等（1996）的结果	博弈交叉效率的结果	预算
35	1	1	yes	yes	36
17	0.9987	0.975	yes	yes	32.1
31	0.9078	0.866	yes	yes	44.6
16	0.8162	0.78	yes	yes	35.4
36	0.7671	0.759	yes	yes	64.1
34	0.7373	0.699	yes	yes	28
18	0.7373	0.715	yes	yes	46.7
27	0.7287	0.712	yes	yes	57.1
37	0.7050	0.684	yes	yes	66.4
23	0.6696	0.655	yes	yes	75.6
26	0.6504	0.632	yes	yes	69.3
1	0.6332	0.614	yes	yes	84.2
14	0.6292	0.611	yes	yes	95
32	0.6209	0.606	yes	yes	54.5
21	0.5843	0.565	yes	yes	74.4
15	0.5829	0.537	no	yes	83.8
29	0.5710	0.559	yes	no	72
6	0.5609	0.528	no	no	
11	0.5542	0.544	no	no	
30	0.5446	0.538	no	no	
12	0.5422	0.53	yes	yes	47.5
10	0.5353	0.525	no	no	
2	0.5343	0.519	no	no	
19	0.5015	0.484	no	no	
24	0.4905	0.476	no	no	
13	0.4898	0.466	no	no	
22	0.4895	0.472	no	no	
4	0.4860	0.457	no	no	
5	0.4788	0.457	no	no	
9	0.4735	0.444	no	no	
7	0.4639	0.436	no	no	
33	0.4188	0.404	no	no	

续表

项目编号	博弈交叉效率 （$\varepsilon = 0.0001$）	Green 等（1996） 的效率	Green 等（1996） 的结果	博弈交叉效率的 结果	预算
8	0.4168	0.409	no	no	
25	0.3799	0.359	no	no	
28	0.3412	0.331	no	no	
20	0.3294	0.307	no	no	
3	0.2388	0.259	no	no	
总预算			982.9	994.7	

按照 Green 等（1996）中的项目选择准则，即按照各决策单元交叉效率的下降逐个选择项目，直到最终达到项目的总预算（所选项目的总预算不得超过1000），我们可以发现两种方法选择了 17 个相同的项目，只有项目 15 和项目 29是例外。

6.7　本 章 小 结

在多数情况下，DMU 都可以被看作处于直接或间接的竞争环境中，而传统的用于自评的 DEA 评价方法和用于互评的交叉效率评价方法均不能很好地应用于竞争环境中，更加重要的是，传统 DEA 方法在优化过程中可能会存在多重最优解，不同的最优解可能会使决策单元得到差异很大的交叉效率，所以交叉效率评价方法得到的效率看起来是任意的和不稳定的。本章所提出的方法对传统交叉效率评价方法做了很有意义的改进，该方法较之传统交叉效率评价方法存在以下两点优势：①该方法保持了交叉评价方法的互评思想和传统 DEA 方法的自评思想，在"合作"的层面上，通过求解模型（6.5）为每个决策单元找到了自评和互评之间的最优可能效率值；②所提出的方法被证实最终收敛于纳什均衡点。尤其是与博弈理论相联系后的这一点使得博弈交叉效率评价方法更加可信。

值得指出的是，本章所提出的模型是基于 CCR 模型的，进一步的研究可以考虑将本章中的思想拓展到其他 DEA 模型中，如考虑规模收益可变的 DEA 模型，并且所提出的模型也可以考虑诸如 Thompson 等（1990）中的置信域限制。

参 考 文 献

Anderson T R，Hollingsworth K，Inman L. 2002. The fixed weighting nature of a cross-evaluation model[J]. Journal of Productivity Analysis，17（3）：249-255.

Becker R A，Chakrabarti S K. 2005. Satisficing behavior，Brouwer's fixed point theorem and Nash equilibrium[J]. Economic Theory，26（1）：63-83.

Brouwer L E J. 1911. Beweis der invarianz der dimensionenzahl[J]. Mathematische Annalen, 70 (2): 161-165.

Charnes A, Cooper W W, Lewin A Y, et al. 1994. Data Envelopment Analysis: Theory, Methodology, and Applications[M]. Boston: Kluwer.

Charnes A, Cooper W W, Rhodes E. 1978. Measuring the efficiency of decision making units[J]. European Journal of Operational Research, 2 (6): 429-444.

Cook W D, Kress M. 1990. A data envelopment model for aggregating preference rankings[J]. Management Science, 36 (11): 1302-1310.

Debreu G. 1952. A social equilibrium existence theorem[J]. Proceedings of the National Academy of Sciences, 38 (10): 886-893.

Despotis D K. 2002. Improving the discriminating power of DEA: Focus on globally efficient units[J]. Journal of the Operational Research Society, 53 (3): 314-323.

Doyle J, Green R. 1994. Efficiency and cross-efficiency in DEA: Derivations, meanings and uses[J]. Journal of the Operational Research Society, 45 (5): 567-578.

Glicksberg I L. 1952. A further generalization of the Kakutani fixed point theorem, with application to Nash equilibrium points[J]. Proceedings of the American Mathematical Society, 3 (1): 170-174.

Green R H, Doyle J R, Cook W D. 1996. Preference voting and project ranking using DEA and cross-evaluation[J]. European Journal of Operational Research, 90 (3): 461-472.

Oral M, Kettani O, Lang P. 1991. A methodology for collective evaluation and selection of industrial R&D projects[J]. Management Science, 37 (7): 871-885.

Sexton T R, Silkman R H, Hogan A J. 1986. Data envelopment analysis: Critique and extensions[J]. New Directions for Program Evaluation, (32): 73-105.

Thompson R G, Langemeier L N, Lee C T, et al. 1990. The role of multiplier bounds in efficiency analysis with application to Kansas farming[J]. Journal of Econometrics, 46 (1/2): 93-108.

第 7 章　基于帕累托改进的 DEA 交叉效率评价

7.1　引　　言

传统的 DEA 交叉效率评价方法通常不能得到帕累托最优的交叉效率评价结果，这会降低这个方法的有效性。为了确保评价结果的帕累托最优性，本章提出了基于帕累托改进的交叉效率评价方法。该方法包含两个模型（即帕累托最优性检验模型和交叉效率帕累托改进模型）以及一个算法。帕累托最优性检验模型可用来检查 DMU 的一组给定的交叉效率值是否为帕累托最优解。如果 DMU 的交叉效率值不是帕累托最优的，则使用帕累托改进模型对 DMU 的交叉效率值进行帕累托改进。与传统的交叉效率评价方法相比，本章提出的算法能在给定的两个权重选择原则下，保证 DMU 所得到交叉效率值的帕累托最优性。此外，如果所提出的算法在步骤 3 停止，所得到的 DMU 的交叉效率值统一了 DEA 交叉效率中的自评、互评和公共权重评价三种评价模式。具体而言，在算法停止时，每个 DMU 的自评和他评效率收敛到同一个公共权重评价效率。这会让所有 DMU 更容易接受这个评价结果。

7.2　帕累托最优交叉效率评价模型

尽管目前存在的各种次级目标模型能有效地缩减每个 DMU 的最优权重的可行域，且一般情况下能保证最优权重的唯一性，但得到的交叉效率评价结果通常不是帕累托最优的，这可能会导致评价结果不被所有的 DMU 所接受，因为部分 DMU 能在不减少其他 DMU 的交叉效率值的基础上提升自身的交叉效率值。为了得到一组帕累托最优的交叉效率评价结果，本节首先提出使用帕累托最优性检验模型，检验一组给定的交叉效率值是否为帕累托最优的，并进一步给出交叉效率帕累托改进模型对于非帕累托最优的交叉效率值进行帕累托改进。

7.2.1　帕累托最优性检验模型

为了对 DMU 的交叉效率值进行改进，DMU 需要选择 n 组新的权重对所有 DMU 进行重新评价并为每个 DMU 得到更好的交叉效率值。交叉效率值的改进应当考虑所有 DMU 的权重选择，因为 CCR 最优效率表明没有 DMU 可仅通过自身权重的重新选择来实现效率改进。因此，如果要得到帕累托最优的交叉效率值，需要同时考虑所有 DMU 权重的重新选择。首先，本书给出如下两个权重选择原则，本章的帕累托最优则隐含对于这两个原则的要求，它们可用来辅助解释本章提出的方法。

原则 7.1　给出一组交叉效率值，当某一个 DMU 选择一组新的权重来进行所有 DMU 的交叉效率改进时，这一组新的权重必须保证该 DMU 的自评效率不比其之前的交叉效率值小。

原则 7.2　给出一组交叉效率值，当某一个 DMU 选择一组新的权重来进行所有 DMU 的交叉效率改进时，这一组新的权重必须保证其他 DMU 相对于当前 DMU 的交叉效率不比它们之前的交叉效率值小。

在每个 DMU 选择新的权重时，这两个原则是所有 DMU 所要求的，因为它们都有意愿为交叉效率设置一个下界。在一些情况下，DMU 甚至要求所选择的权重保证其得到 CCR 效率。相似的原则也被应用于 Liang 等（2008）、Wang 和 Chin（2010）及 Du 等（2014）的研究中。

为了更好地解释本章的方法，先给出如下的定义。

定义 7.1　给出一组 DMU 的交叉效率值，在上述两个原则下，并且在保证所有 DMU 的交叉效率值不减少的情况下，不能对任意 DMU 的交叉效率值进行改进，则定义这组交叉效率值为 DMU 的帕累托最优交叉效率值。

基于帕累托最优性理论，DMU 会考虑是否能选择 n 组新的权重，这 n 组权重在保证不降低当前任何 DMU 的交叉效率值的情况下对某些 DMU 的交叉效率值进行改进。为了检验一组给定的交叉效率值是否为帕累托最优的，本章给出如下的帕累托最优性检验模型（7.1）来进行检验。后续我们将说明，如果模型（7.1）的最优目标函数大于 0，则给出的这组交叉效率值是帕累托最优交叉效率值，如果目标函数最优值为 0，则表明这组交叉效率值可能不是帕累托最优的。

$$\begin{cases} \min \gamma_d \\ \text{s.t.}\ W_d \cdot X_d = 1 \\ U_d \cdot Y_d \geqslant E_d^c \\ U_d \cdot Y_j - W_d \cdot X_j \leqslant 0, \forall j \\ U_d \cdot Y_j - E_j^c \times W_d \cdot X_j + s_{d,j} = 0, \forall j, j \neq d \\ s_{dj} \leqslant \gamma_d, \forall j, j \neq d \\ s_{d,j}\ \text{无约束}, \forall j, j \neq d \\ U_d, W_d \geqslant 0 \end{cases} \tag{7.1}$$

在模型（7.1）中，$(E_j^c, \forall j)$ 是需要进行检验的一组给定交叉效率值。在接下来给出的算法中，$(E_j^c, \forall j)$ 的初始值设为由 CCR 模型（2.5）为每个 DMU 选择的随机最优权重计算得到的。从模型（7.1）中可以看出，它在选择权重时，首先保证 DMU_d 的效率不比当前的交叉效率值小。然后，模型尽可能地使其他 DMU 相对于 DMU_d 的效率不比它们当前给定的交叉效率值小。

基于模型（7.1），可得到如下的定理。

定理 7.1　假设 $(U_d^*, W_d^*, s_j^*, \gamma_d^*)$ 是模型（7.1）求解 DMU_d 时所得的最优解。如果有 $\gamma_d^* = 0$，则针对任意 DMU k 求解模型（7.1），也有 $\gamma_k^* = 0$。γ_k^* 为此时模型（7.1）的最优目标函数值。

证明　设 $W_k = W_d^* / (W_d^* \cdot X_k)$，$U_k = U_d^* / (W_d^* \cdot X_k)$，$s_{k,j} = s_{d,j}^* / (W_d^* \cdot X_k), \forall j$，$j \neq k, d$，$s_{k,d} = (U_d^* \cdot Y_d - E_d^c) / (W_d^* \cdot X_k)$，以及 $\gamma_k = \gamma_d^*$。易证 $(U_k, W_k, s_{k,j}, \gamma_k, \forall j, j \neq k)$ 也是在模型（7.1）解任意 DMU_k 时的可行解。因此，可得到 $\gamma_k^* \leqslant \gamma_k = \gamma_d^* = 0$。又因为有 $\gamma_k^* \geqslant 0$，所以可得到 $\gamma_k^* = 0$。证毕。

定理 7.2　如果 $\gamma_d^* = 0$，可能存在可进行帕累托改进的 DMU。

证明　从定理 7.1 中可以看出，如果有 $\gamma_d^* = 0$，则有 $\gamma_k^* = 0, \forall k, k \neq d$。因此，从模型（7.1）的第 5 个约束中可以看出，有 $s_{k,j}^* \leqslant 0, \forall d, j$。从模型（7.1）中可以看出，对于任意 j，如果有 $s_{d,j}^* \leqslant 0, \forall d$，则有 $E_j^c \leqslant \dfrac{U_d^* \cdot Y_j}{W_d^* \cdot X_j}, \forall d$，从而有 $E_j^c \leqslant \dfrac{1}{n}\sum_{d=1}^{n} \dfrac{U_d^* \cdot Y_j}{W_d \cdot X_j} \triangleq$

$E_j^{c'}$。因此可能存在新的 n 组权重在不减少任何一个 DMU 的交叉效率值的情况下使得某 DMU 的交叉效率值增大。证毕。

定理 7.1 和定理 7.2 证明了模型（7.1）可用来检验给定的一组交叉效率值是否为帕累托最优的。如果 $\gamma_d^* > 0$，则在给定的上述两个原则之下，给定的这组交叉效率值是帕累托最优的。如果 $\gamma_d^* = 0$，则 DMU 有可能通过重新选择权重来进行评价，并于 DMU 的交叉效率值进行帕累托改进。

7.2.2　交叉效率帕累托改进模型

通过上述帕累托最优性检验模型（7.1），可检验 DMU 是否能选择新的权重来对目前 DMU 的交叉效率值进行帕累托改进。为了对非帕累托最优的交叉效率值进行效率改进，现提出如下的交叉效率帕累托改进模型（7.2）：

$$\begin{cases} \max \ U_d \cdot Y_d \\ \text{s.t. } \ W_d \cdot X_d = 1 \\ \quad\ U_d \cdot Y_j - W_d \cdot X_j \leqslant 0, \forall j \\ \quad\ U_d \cdot Y_j - E_j^c \times W_d \cdot X_j \geqslant 0, \forall j \\ \quad\ U_d, W_d \geqslant 0 \end{cases} \quad (7.2)$$

根据模型（7.1）的计算结果，如果有 $\gamma_j^* = 0, \forall j$，则很容易推出模型（7.2）会一直存在可行解。此外，当 DMU_d 在选择权重进行交叉效率值的帕累托改进时，模型（7.2）在保证其他 DMU 相对于 DMU_d 的交叉效率不小于其当前交叉效率值的情况下，让 DMU_d 的自评效率尽可能地大。

针对每个 DMU 求解模型（7.2），可为每个 DMU 求得一组新的投入、产出权重。这组新的权重则被每个 DMU 重新用于自评和他评。通过对每个 DMU_d 的新的自评和他评的效率求解平均，可得到它的帕累托改进交叉效率，定义如下。

定义 7.2　设 (U_d^*, W_d^*) 为求解 DMU_d 时，模型（7.2）的最优解，则

$$E_j^{PI} = \frac{1}{n} \sum_{d=1}^{n} \frac{U_d^* \cdot Y_j}{W_d^* \cdot X_j} \tag{7.3}$$

定义为 DMU_j 的帕累托改进交叉效率。

7.3　算法与公共权重

在本节中，首先给出了一个算法，它能通过使用上述两个模型为所有 DMU 计算一组帕累托最优交叉效率值。然后，本节进一步讨论了评价结果中公共权重的存在性。

7.3.1　算法

本小节提出了一个迭代算法以获得帕累托最优交叉效率值。该算法的基本思路是：首先，使用传统的 CCR 模型为 DMU 获得一组初始交叉效率值（模型在多重最优解中随机选择）；其次，针对任意 DMU 求解上述模型（7.2），查看这组给定的交叉效率值是否有可能进行帕累托改进。如果这组交叉效率值有潜力进行帕累托改进，则针对每个 DMU 求解模型（7.3）选择新的权重，并使用新的权重重新计算所有 DMU 的效率，得到一组新的帕累托改进交叉效率。最后，使用模型（7.2）来检验这组帕累托改进交叉效率值是否为帕累托最优，重复上述步骤，当两次相邻迭代中每个 DMU_d 的帕累托改进交叉效率的改变小于一个给定的很小的值 ϵ，或得到的一组帕累托改进交叉效率值被模型（7.2）检验为帕累托最优的，则算法终止。此时得到一组帕累托最优交叉效率值。算法具体如下。

算法 7.1

开始

步骤 1：针对所有 DMU，求解 CCR 模型并得到一组交叉效率值，设 $t=1$ 且 $E_j^{PO} = E_j^{c,1} = E_j^c, \forall j$。

步骤 2：设给定的这组交叉效率值为 $(E_j^{c,t}, \forall j)$。求解模型（7.1），如果有 $\gamma_d^* >$

$0, \forall d$，算法停止。如果有 $\gamma_d^* = 0, \forall d$，求解模型（7.2）为所有的 DMU 选择新的最优权重。然后，令 $E_j^{PO} = E_j^{c,t+1} = \dfrac{1}{n} \sum_{d=1}^{n} \dfrac{U_d^* \cdot Y_j}{W_d^* \cdot X_j}, \forall j$，其中，$(U_d^*, W_d^*)$ 是求解模型（7.2）得到的最优权重。

步骤 3：若对于某些 j，有 $|E_j^{c,t} - E_j^{c,t+1}| \geqslant \epsilon$，令 $t = t+1$ 并返回步骤 2；若对于所有 j，有 $|E_j^{c,t} - E_j^{c,t+1}| < \epsilon$，算法终止。

结束

在算法终止时，E_j^{PO} 为 DMU$_j$ 的帕累托最优交叉效率值。针对上述的算法，给出如下的定理 7.3～定理 7.7。

定理 7.3　对于任意 DMU$_j$ 有 $E_j^{c,t}$ 随着 t 单调不减，且有 $E_j^c \leqslant E_j^{c,t} \leqslant E_j^*$，其中，$E_j^c$ 是 DMU$_j$ 在算法中的初始交叉效率值；E_j^* 是 DMU$_j$ 的 CCR 效率值。

证明　令 (U_d^*, W_d^*) 为模型（7.2）在求解 DMU$_d$ 时的最优解。从模型（7.2）的约束中可以看出，对于任意 DMU$_j$，有 $E_j^{c,t} = E_j^{PI} \leqslant \dfrac{U_d^* \cdot Y_j}{W_d^* \cdot X_j} = E_j^{c,t+1}$。很容易看出，

$\left(\dfrac{U_d^*}{W_d^* \cdot X_j}, \dfrac{W_d^*}{W_d^* \cdot X_j} \right)$ 是 CCR 模型求解 DMU$_j$ 的一个可行解。所以，对于任何 d，都有

$\dfrac{U_d^*}{W_d^* \cdot X_j} \cdot Y_j \left/ \left(\dfrac{W_d^*}{W_d^* \cdot X_j} \cdot X_j \right) \right. = \dfrac{U_d^* \cdot Y_j}{W_d^* \cdot X_j} = E_j^{c,t+1} \leqslant E_j^*$。因此，有 $E_j^c \leqslant E_j^{c,t} \leqslant E_j^{c,t+1} \leqslant$

$E_j^*, \forall j, t = 1, 2, \cdots$。证毕。

定理 7.4　对任意 DMU$_j$，若 $(E_j^{c,t}, \forall j)$ 不是帕累托最优的，$E_j^{c,t}$ 随着 t 单调递增。

证明　若 $(E_j^{c,t}, \forall j)$ 不是帕累托最优的，根据定义 7.1，对每个 DMU$_j$，有 $E_j^{c,t} <$

$\dfrac{U_k \cdot Y_j}{W_k \cdot X_j}, \exists k$，其中，$(U_k, W_k)$ 是模型（7.2）在针对 DMU$_k$ 求解时的一个可行解。

则易证 $\left(\dfrac{U_k}{W_k \cdot X_j}, \dfrac{W_k}{W_k \cdot X_j} \right)$ 也是模型（7.2）在针对 DMU$_j(\forall j)$ 求解时的一个可行解，

故有 $\dfrac{U_k}{W_k \cdot X_j} Y_j \left/ \left(\dfrac{W_k}{W_k \cdot X_j} X_j \right) \right. = \dfrac{U_k \cdot Y_j}{W_k \cdot X_j} \leqslant \dfrac{U_j^* \cdot Y_j}{W_j^* \cdot X_j}$，其中，$(U_j^*, W_j^*)$ 是模型（7.2）

在针对 DMU$_j(\forall j)$ 求解时的最优解。因此，有 $E_j^{c,t} < \dfrac{U_k \cdot Y_j}{W_k \cdot X_j} \leqslant \dfrac{U_j^* \cdot Y_j}{W_j^* \cdot X_j}, \forall j$。因为已

经有 $E_j^{c,t} \leqslant \dfrac{U_d^* \cdot Y_j}{W_d^* \cdot X_j}, \forall d, d \neq j$，故可得 $E_j^{c,t} < E_j^{c,t+1} = \dfrac{1}{n} \left(\dfrac{U_j^* \cdot Y_j}{W_j^* \cdot X_j} + \sum_{d=1, d \neq j}^{n} \dfrac{U_d^* \cdot Y_j}{W_d^* \cdot X_j} \right)$。

因此，对任意 DMU$_j$，若 $E_j^{c,t}, \forall j$ 不是帕累托最优的，$E_j^{c,t}$ 随着 t 单调递增。证毕。

定理 7.5　对于任意 DMU$_d$，它的自评效率 E_{dd}^t 随着 t 单调不增。其中，$E_{d,d}^t$ 定义为 $E_{d,d}^t = U_d^* \cdot Y_d$，$U_d^*$ 是模型（7.2）在算法第 t 次迭代时，针对 DMU$_d$ 求解时所得到的最优权重，且还有 $E_d^{c,t} \leqslant E_{d,d}^t \leqslant E_d^*$。

证明　令 (U_d^{t*}, W_d^{t*}) 为模型（7.2）在算法第 t 次迭代时，针对 DMU$_d$ 求解所得到的最优权重。定理 7.3 表示 $E_j^{c,t} \leqslant E_j^{c,t+1}$，这说明对于任意 DMU$_d$，模型（7.2）在第 $t+1$ 次迭代时的可行域是其在第 t 次迭代可行域的一个子集。所以，(U_d^{t+1*}, W_d^{t+1*}) 是模型（7.2）在算法第 t 次迭代时针对 DMU$_d$ 求解的一个可行解。很容易看出，(U_d^{t*}, W_d^{t*}) 也是 CCR 模型的一个可行解。所以，有 $E_{d,d}^{t+1} = U_d^{t+1*} \cdot Y_d \leqslant E_{d,d}^t = U_d^{t*} \cdot Y_d \leqslant E_d^*$。还可以看出对于任意的 t 和 k，都有 $\dfrac{U_k^{t*} \cdot Y_d}{W_k^{t*} \cdot X_d} \leqslant U_d^{t*} \cdot Y_d$，从而，可得出 $E_d^{c,t} \leqslant E_d^{c,t+1} = \dfrac{1}{n} \sum\limits_{k=1}^{n} \dfrac{U_k^{t*} \cdot Y_d}{W_k^{t*} \cdot X_d} \leqslant \dfrac{1}{n} \sum\limits_{k=1}^{n} U_d^{t*} \cdot Y_d = E_{d,d}^t$。因此，有 $E_d^{c,t} \leqslant E_{dd}^t \leqslant E_d^*, \forall d$。证毕。

定理 7.6　若算法在第 t 轮的步骤 3 终止，对于任意 DMU$_d$，其帕累托改进交叉效率与其自评效率收敛于同一个值，即 $E_d^{c,t} = E_{d,d}^t$。

证明　令 (U_d^*, W_d^*) 为模型（7.2）在算法第 t 轮求解 DMU$_d$ 时的最优解。若算法在此轮收敛，即 $E_d^{c,t} = E_d^{c,t+1} = E_d^{PO}$，则有 $E_d^{c,t} = U_d^* \cdot Y_d = E_{d,d}^t$。如果有 $E_d^{c,t} < U_d^* \cdot Y_d$，则所有不等式 $E_d^{c,t} \leqslant U_k^* \cdot Y_d / (W_k^* \cdot X_d)(k \neq d, \forall k)$ 两侧相加可得到 $E_d^{c,t} < E_d^{c,t+1} = \dfrac{1}{n}\left(U_d^* \cdot Y_d + \sum\limits_{k=1, k \neq d}^{n} U_k^* \cdot Y_d / (W_k^* \cdot X_d) \right)$。这和结论 $E_d^{c,t} = E_d^{c,t+1}$ 相违背。故有 $E_d^{c,t} = U_d^* \cdot Y_d = E_{d,d}^t$。证毕。

定理 7.7　最终所得到的帕累托改进交叉效率为帕累托最优的。

证明　算法在步骤 2 或者步骤 3 终止。若算法 7.1 在步骤 2 终止，说明目前的帕累托改进效率被模型（7.2）检验为帕累托最优的。若算法 7.1 在步骤 3 终止，则可得 $E_d^{c,t} = E_d^{c,t+1}$。但是，若得到的帕累托改进交叉效率不为帕累托最优的，则从定理 7.2 可以看出，必然有 $E_d^{c,t} < E_d^{c,t+1}$。这与算法的收敛条件 $E_d^{c,t} = E_d^{c,t+1}$ 相矛盾。因此，算法终止时所得的这组帕累托改进交叉效率值是帕累托最优。证毕。

定理 7.3 说明每个 DMU$_j$ 的帕累托改进交叉效率值 $E_j^{c,t}$ 在算法的进程中是单调不减的，并且这个值在它的初始交叉效率值和 CCR 效率值之间。定理 7.4 表示，每个 DMU$_j$ 的帕累托改进交叉效率值 $E_j^{c,t}$ 在达到帕累托最优交叉效率值之前是单调递增的。这两个定理保证了所提出的算法能在一定的迭代数量后收敛，还保证了在算法中 DMU 交叉效率值能不断改进。定理 7.5 说明每个 DMU 的自评效率在算法过程中单调不增，且在每次迭代中，每个 DMU 的自评效率不比它的互评效率（即帕累托改进交叉效率）小。定理 7.6 指出，若算法在步骤 3 终止，每个 DMU 的自评效率和互评效率最终会收敛到一个相同的效率值，且定理 7.7 进一步指出了这个效率值为 DMU 的帕累托最优交叉效率值。因此，算法的收敛可以看作一种交易行为，每个 DMU 在选择权重时，为了增加互评效率，舍弃了部分的自评效率。这种交易行为，在每个 DMU 的自评效率和互评效率相等时停止。

定理 7.7 证明了算法最终所得到的一组交叉效率值是帕累托最优的。因此，算法保证了一定能得到一组帕累托最优交叉效率值。即在所有 DMU 的效率值不变小的情况下，不能对任意 DMU 的效率进行进一步的改进。此外，若算法在步骤 3 停止，每个 DMU 的自评效率和互评效率会收敛到同一个帕累托最优交叉效率值。所得结果的帕累托最优性以及自评和互评结果的统一性使得评价结果能被更多的 DMU 所接受，即 DMU 更愿意相信评价结果的公平性。

7.3.2 公共权重

本节说明如果算法在步骤 3 终止，则至少存在一组最优公共权重能计算得到帕累托最优交叉效率值。

首先，给出定理 7.8 和推论 7.1。

定理 7.8 如果算法在第 t 次迭代的步骤 3 收敛，每个 DMU 相对于其他 DMU 的交叉效率都与其帕累托最优交叉效率值相等，即对于任意 d 和 k，有 $E_d^{PO} = E_d^{c,t} = E_{k,d}^{c,t} = U_k^* \cdot Y_d / (W_k^* \cdot X_d)$，其中，$(U_k^*, W_k^*)$ 是算法第 t 次迭代时由模型（7.2）给出的 $\mathrm{DMU}_k(\forall k)$ 的最优解。

证明 此定理可用反证法证明。如果算法在第 t 次迭代后收敛，则对于任意 d，有 $E_d^{c,t} = E_d^{c,t+1} = E_d^{PO}$。从模型（7.2）中可以看出，对于任意 k，有 $E_d^{c,t} \leqslant \dfrac{U_k^* \cdot Y_d}{W_k^* \cdot X_d}$。若对于任意 k，有 $E_d^{c,t} < \dfrac{U_k^* \cdot Y_d}{W_k^* \cdot X_d}$，则对于这个 DMU_d 可得 $E_d^{c,t} < E_d^{c,t+1} = \dfrac{1}{n}\sum_{k=1}^{n}\dfrac{U_k^* \cdot Y_d}{W_k^* \cdot X_d}$。这与 $E_d^{c,t} = E_d^{c,t+1}$ 相违背。故有 $E_d^{PO} = E_d^{c,t} = E_{k,d}^{c,t}$，对于任意 d，k。证毕。

从定理 7.8 中的推理很容易得出推论 7.1。

推论 7.1 若算法在步骤 3 停止，则一定存在一组公共权重 (U,W)，且有 $E_j^{PO} = \dfrac{U \cdot Y_j}{W \cdot X_j}, \forall j$。

从定理 7.8 和推论 7.1 可以看出，若算法在步骤 3 终止，所有 DMU 的最优权重评价得到的效率（1 个自评效率和 $n-1$ 个他评效率）相同，即每个 DMU 的最优权重都可看作一组公共权重，且这组公共权重能评价并得出帕累托最优交叉效率值。值得注意的是，针对不同 DMU，模型中使用了不同的约束（$W_d \cdot X_d = 1$）来避免等比例解。这可能会导致模型（7.2）为 DMU 所选的最优权重是最优公共权重的等比例放缩，即 $(U_d^*, W_d^*) = \alpha(U, W)$，其中，$\alpha > 0$ 是一个乘数。然而，这不影响公共权重的性质，因为 DEA 的最优权重反映的是 DMU 给不同投入、产出所赋的相对重要性权重（Charnes and Cooper，1962）。所以，公共权重的计算可通过标准化 DMU_d 的最优权重进行，如式（7.4）和式（7.5）所示。

$$U = \frac{U_d^*}{\sum_{i=1}^{m} w_{id}^* + \sum_{r=1}^{s} u_{rd}^*} \tag{7.4}$$

$$W = \frac{W_d^*}{\sum_{i=1}^{m} w_{id}^* + \sum_{r=1}^{s} u_{rd}^*} \tag{7.5}$$

7.3.3　算例

为了更好地说明本章所提出的模型和算法，现使用一个算例（Liang et al.，2008）进行说明。该算例有 5 个 DMU，每个 DMU 有 3 个投入，2 个产出。投入、产出数据详见 Liang 等（2008）的研究。

使用 CCR 模型（Charnes et al.，1978）、任意性交叉效率值、仁慈性交叉效率模型（Doyle and Green，1994）、侵略性交叉效率模型（Doyle and Green，1994）以及本所提出的算法对 DMU 进行评价。评价结果如表 7.1 所示。此外，我们还对每个 DMU 的最优权重进行标准化处理，处理后的最优权重如表 7.2 所示。

从表 7.1 的效率评价结果可以看出，任意性交叉效率值、仁慈性交叉效率模型和侵略性交叉效率模型所计算得到的交叉效率值都不是帕累托最优的，它们可被进一步改进。为了得到帕累托最优效率值，可使用本章提出的算法对任意性交叉效率值进行帕累托改进，图 7.1 详细展示了效率改进过程。

表 7.1　效率评价结果

DMU	CCR 效率	帕累托最优交叉效率*	任意性交叉效率	仁慈性交叉效率	侵略性交叉效率
DMU₁	0.6857	0.5715	0.4743	0.5616	0.4473
DMU₂	1.0000	1.0000	0.8793	0.9295	0.8895
DMU₃	1.0000	1.0000	0.9856	1.0000	0.9571
DMU₄	0.8571	0.7500	0.5554	0.6671	0.5843
DMU₅	0.8571	0.5999	0.5587	0.5871	0.5186

表 7.2　公共权重

投入和产出	权重
X_1	0.00005
X_2	0.00016
X_3	0.49978
Y_1	0.50001
Y_2	0.00000

从图 7.1 中可以看出，在 8 轮迭代之后，算法终止并得到了所有 DMU 的帕累托最优交叉效率。以 DMU_1 为例，它的帕累托改进交叉效率值随着算法的迭代不断增加，它的自评效率则在算法进程中不断减小。最终，它的自评效率和互评效率率收敛于同一效率值（0.5715）。该效率值则为它的帕累托最优交叉效率值。

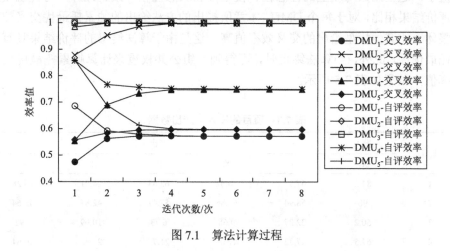

图 7.1　算法计算过程

7.4　研发项目选择和疗养院绩效评价的案例研究

本节将提出的模型应用于研发项目选择以及疗养院的绩效评价。

7.4.1　研发项目选择

本次案例研究包含对 37 个研发项目的评价，每个项目有 1 个投入和 5 个产出。这 37 个项目的原始数据（Oral et al.，1991）如表 7.3 所示。需要指出的是，DMU 之间具有相互竞争的关系，因为它们都想要竞争优先的基金资源（Liang et al.，2008）。因此，需要得到一组交叉效率值让所有的 DMU 接受。每个项目的投入和产出指标如下：

X_1：项目预算

Y_1：间接经济贡献

Y_2：直接经济贡献

Y_3：技术贡献

Y_4：社会贡献

Y_5：科学贡献

项目预算的单位为货币单位。产出由德尔菲法获得，即通过专家对项目进行打分评定，得出项目的有关贡献得分。关于投入、产出的更详细的获得情况请见 Oral 等（1991）的研究。

表 7.4 列出了传统方法及本章提出方法的评价结果。从结果中可以看出，每个 DMU 的初始交叉效率值都比侵略性交叉效率值大，且整体上比仁慈性交叉效率值小。这些结果与模型的任意性、侵略性和仁慈性相一致。此外，与传统模型的评价结果相比，对于每个 DMU，本章所提出的方法给出的帕累托最优交叉效率值整体上比其他模型给出的交叉效率值高。这是由于算法给出的评价结果具有帕累托最优性。此外，当算法终止时，可得到一组公共权重来计算帕累托最优交叉效率值，结果如表 7.5 所示。

表 7.3　项目的投入、产出数据

项目	投入	产出				
	X_1	Y_1	Y_2	Y_3	Y_4	Y_5
1	84.2	67.53	70.82	62.64	44.91	46.28
2	90	58.94	62.86	57.47	42.84	45.64
3	50.2	22.27	9.68	6.73	10.99	5.92
4	67.5	47.32	47.05	21.75	20.82	19.64
5	75.4	48.96	48.48	34.9	32.73	26.21
6	90	58.88	77.16	35.42	29.11	26.08
7	87.4	50.1	58.2	36.12	32.46	18.9
8	88.8	47.46	49.54	46.89	24.54	36.35
9	95.9	55.26	61.09	38.93	47.71	29.47
10	77.5	52.4	55.09	53.45	19.52	46.57
11	76.5	55.13	55.54	55.13	23.36	46.31
12	47.5	32.09	34.04	33.57	10.6	29.36
13	58.5	27.49	39	34.51	21.25	25.74
14	95	77.17	83.35	60.01	41.37	51.91
15	83.8	72	68.32	25.84	36.64	25.84
16	35.4	39.74	34.54	38.01	15.79	33.06

续表

项目	投入	产出				
	X_1	Y_1	Y_2	Y_3	Y_4	Y_5
17	32.1	38.5	28.65	51.18	59.59	48.82
18	46.7	41.23	47.18	40.01	10.18	38.86
19	78.6	53.02	51.34	42.48	17.42	46.3
20	54.1	19.91	18.98	25.49	8.66	27.04
21	74.4	50.96	53.56	55.47	30.23	54.72
22	82.1	53.36	46.47	49.72	36.53	50.44
23	75.6	61.6	66.59	64.54	39.1	51.12
24	92.3	52.56	55.11	57.58	39.69	56.49
25	68.5	31.22	29.84	33.08	13.27	36.75
26	69.3	54.64	58.05	60.03	31.16	46.71
27	57.1	50.4	53.58	53.06	26.68	48.85
28	80	30.76	32.45	36.63	25.45	34.79
29	72	48.97	54.97	51.52	23.02	45.75
30	82.9	59.68	63.78	54.8	15.94	44.04
31	44.6	48.28	55.58	53.3	7.61	36.74
32	54.5	39.78	51.69	35.1	5.3	29.57
33	52.7	24.93	29.72	28.72	8.38	23.45
34	28	22.32	33.12	18.94	4.03	9.58
35	36	48.83	53.41	40.82	10.45	33.72
36	64.1	61.45	70.22	58.26	19.53	49.33
37	66.4	57.78	72.1	43.83	16.14	31.32

表 7.4　评价结果

项目	CCR 效率	帕累托最优交叉效率*	中立性交叉效率	仁慈性交叉效率	侵略性交叉效率
1	0.6543	0.6155	0.6055	0.6127	0.6004
2	0.5512	0.5212	0.5124	0.5181	0.5080
3	0.3360	0.1738	0.1707	0.1724	0.1697
4	0.5283	0.4546	0.4457	0.4540	0.4436
5	0.5064	0.4581	0.4495	0.4562	0.4468
6	0.6148	0.5225	0.5121	0.5231	0.5101
7	0.5060	0.4323	0.4243	0.4324	0.4226
8	0.4204	0.4103	0.4047	0.4087	0.4004
9	0.5177	0.4433	0.4334	0.4410	0.4319

续表

项目	CCR 效率	帕累托最优交叉效率*	中立性交叉效率	仁慈性交叉效率	侵略性交叉效率
10	0.5431	0.5247	0.5184	0.5226	0.5119
11	0.5618	0.5440	0.5373	0.5416	0.5307
12	0.5525	0.5282	0.5222	0.5261	0.5153
13	0.5045	0.4650	0.4573	0.4632	0.4533
14	0.6539	0.6121	0.6015	0.6098	0.5967
15	0.6518	0.5327	0.5209	0.5315	0.5194
16	0.8542	0.7758	0.7672	0.7713	0.7568
17	1.0000	1.0000	0.9779	0.9785	0.9677
18	0.7618	0.7108	0.7020	0.7085	0.6930
19	0.5179	0.4835	0.4766	0.4806	0.4708
20	0.3523	0.3036	0.3003	0.3003	0.2951
21	0.6022	0.5656	0.5571	0.5608	0.5502
22	0.5068	0.4746	0.4667	0.4694	0.4613
23	0.6754	0.6576	0.6477	0.6541	0.6412
24	0.5003	0.4785	0.4704	0.4737	0.4651
25	0.4024	0.3565	0.3519	0.3530	0.3465
26	0.6633	0.6318	0.6234	0.6287	0.6163
27	0.7420	0.7135	0.7034	0.7089	0.6949
28	0.3478	0.3327	0.3271	0.3291	0.3233
29	0.5784	0.5596	0.5519	0.5568	0.5454
30	0.5505	0.5365	0.5304	0.5359	0.5242
31	0.9459	0.8535	0.8468	0.8549	0.8356
32	0.6393	0.6020	0.5945	0.6029	0.5882
33	0.4299	0.4015	0.3970	0.4005	0.3919
34	0.7973	0.6865	0.6774	0.6911	0.6728
35	1.0000	1.0000	0.9881	1.0000	0.9772
36	0.7708	0.7583	0.7487	0.7569	0.7402
37	0.7391	0.6789	0.6690	0.6805	0.6639

表 7.5　不同模型的选择结果

项目	帕累托最优交叉效率*	Oral 等（1991）的方法	Green 等（1996）的方法	本章的方法	项目预算
35	1.0000	yes	yes	yes	36
17	1.0000	yes	yes	yes	32.1
31	0.8535	yes	yes	yes	44.6

续表

项目	帕累托最优交叉效率*	Oral 等（1991）的方法	Green 等（1996）的方法	本章的方法	项目预算
16	0.7758	yes	yes	yes	35.4
36	0.7583	yes	yes	yes	64.1
27	0.7135	yes	yes	yes	57.1
18	0.7108	yes	yes	yes	46.7
34	0.6865	yes	yes	yes	28
37	0.6789	yes	yes	yes	66.4
23	0.6576	yes	yes	yes	75.6
26	0.6318	yes	yes	yes	69.3
1	0.6155	yes	yes	yes	84.2
14	0.6121	yes	yes	yes	95
32	0.6020		yes	yes	54.5
21	0.5656	yes	yes	yes	74.4
29	0.5596	yes	yes	yes	72
11	0.5440				
30	0.5365				
15	0.5327				
12	0.5282		yes	yes	47.5
10	0.5247				
6	0.5225				
2	0.5212				
19	0.4835				
24	0.4785				
22	0.4746				
13	0.4650				
5	0.4581	yes			75.4
4	0.4546				
9	0.4433				
7	0.4323				
8	0.4103				
33	0.4015				
25	0.3565				
28	0.3327				
20	0.3036				
3	0.1738				
总预算		956.3	982.9	982.9	1058.3

表 7.6　公共权重

投入和产出	权重
X_1	0.54804
Y_1	0.05945
Y_2	0.22369
Y_3	0.04892
Y_4	0.04988
Y_5	0.07003

通过使用算法计算得到的帕累托最优交叉效率值，可进行研发项目选择，选择结果列于表 7.6 中。在表 7.6 中，还列出了其他方法（Green et al.，1996；Oral et al.，1991）所得到的选择结果。基于 Green 等（1996）给出的规则，项目按照效率值降序排名并按照排名顺序依次选择，并保证总预算不能超过 1000 单位。从选择结果可以看出，本章方法和 Green 等的方法选择了相同的 17 个项目，总的项目预算是 982.9。与 Oral 等的方法选出的结果相比较，本章的方法选择了项目 32（0.6020）和项目 12（0.5282），然而他们的方法选择了项目 5（0.4581）。因此，在给定总预算的情况下，本章方法选择的项目比 Oral 等（1991）方法所选项目的效率值高一些。此外，本章方法所选项目的总预算比 Oral 等（1991）方法所选项目的总预算高。且相比而言，本章的项目组合比 Oral 等（1991）方法所选组合多出一个项目。这表明，本章方法的项目选择结果为更多的项目提供了机会，且资源利用率更高。最后，还需要指出，本章的方法最终能通过一组公共权重得到帕累托最优交叉效率评价结果，这会使得项目评价和选择结果更易被所有 DMU 接受。

7.4.2　疗养院绩效评价

该算例总共包含 6 个疗养院，每个疗养院有两个投入和两个产出，该算例来自 Sexton 等（1986）的研究。疗养院的投入、产出数据如表 7.7 所示。

表 7.8 中展示了对于这 6 个疗养院的评价结果。此外，得到的公共权重也列于表 7.9。从评价结果可以看出，所提出的算法能对初始交叉效率值进行改进并得到更大的交叉效率值，即帕累托最优交叉效率值。此外，除了 DMU_C，所有其他 DMU 的帕累托最优交叉效率值都比模型（3.1）所计算得到的交叉效率值大，这说明本章提出方法的改进 DMU 交叉效率值的能力相比仁慈性模型（3.1）更强。最终，本章的方法能以统一（统一自评、互评和他评）的模式来进行效率评价，这使得评价的结果更容易被所有 DMU 接受。

表 7.7　疗养院投入、产出数据

DMU	投入		产出	
	X_1	X_2	Y_1	Y_2
A	1.50	0.20	1.40	0.35
B	4.00	0.70	1.40	2.10
C	3.20	1.20	4.20	1.05
D	5.20	2.00	2.80	4.20
E	3.50	1.20	1.90	2.50
F	3.20	0.70	1.40	1.50

表 7.8　疗养院评价结果

DMU	CCR 效率	帕累托最优交叉效率	任意性交叉效率	仁慈性交叉效率	侵略性交叉效率
A	1.0000	1.0000	0.8330	1.0000	0.7639
B	1.0000	0.9848	0.7617	0.9773	0.7004
C	1.0000	0.8464	0.7072	0.8580	0.6428
D	1.0000	1.0000	0.7747	1.0000	0.7184
E	0.9775	0.9765	0.7565	0.9758	0.6956
F	0.8675	0.8607	0.6687	0.8570	0.6081

表 7.9　公共权重

投入/产出	权重
X_1	0.11177
X_2	0.48178
Y_1	0.11596
Y_2	0.29050

7.5　本 章 小 结

　　传统交叉效率方法中，评价结果可能不是帕累托最优的，这会导致评价结果不被所有 DMU 承认并接受。为了解决这一问题，首先，给出了两个权重选择基本原则。其次，提出了帕累托最优性检验模型，该模型能检验一组给定的交叉效率值是否为帕累托最优的。然后，本章提出了交叉效率帕累托改进模型，该模型用于 DMU 的最优权重重新选择，以改进 DMU 的交叉效率值。最后，基于上述两个模型，本章给出了一个算法，该算法能保证得到一组帕累托最优交叉效率值。

　　本章提出的交叉效率评价方法有以下几点优势：第一，由于评价结果的帕累托最优性，评价结果更容易被所有 DMU 接受；第二，所提出的方法能有效地对 DMU 的交叉效率值进行改进；第三，若算法在步骤 3 终止，得到的评价结果统一了 DEA 交叉效率评价中的自评模式、互评模式和公共权重评价模式，具体而言，每个 DMU 的自评效率和互评效率收敛于同一个公共权重的评价结果；第四，若算法在步骤 3 收敛，可通过公共权重评价来得到帕累托最优交叉效率，加强了所有 DMU 对于评价结果的可接受性。

　　本章的研究可通过两方面进行进一步扩展：第一，本章提出的帕累托最优交叉效率值是在给定的两个原则之下的，若对于这两个原则做进一步的松弛，可能会得到更合理的交叉效率评价结果；第二，本章中出现的自评、互评以及公共权重评价的统一结果，给出了一种新的可供拓展的增加评价结果可接受性的研究方向。

参 考 文 献

Charnes A，Cooper W W. 1962. Programming with the linear fractional functionals[J]. Naval Research Logistics Quarterly，9（3/4）：181-186.

Charnes A，Cooper W W，Rhodes E. 1978. Measuring the efficiency of decision making units[J]. European Journal of Operational Research，2（6）：429-444.

Doyle J，Green R. 1994. Efficiency and cross-efficiency in DEA：Derivations，meanings and uses[J]. Journal of the Operational Research Society，45（5）：567-578.

Du J，Cook W D，Liang L，et al. 2014. Fixed cost and resource allocation based on DEA cross-efficiency[J]. European Journal of Operational Research，235（1）：206-214.

Green R H，Doyle J R，Cook W D. 1996. Preference voting and project ranking using DEA and cross-evaluation[J]. European Journal of Operational Research，90（3）：461-472.

Liang L，Wu J，Cook W D，et al. 2008. Alternative secondary goals in DEA cross-efficiency evaluation[J]. International Journal of Production Economics，113（2）：1025-1030.

Oral M，Kettani O，Lang P. 1991. A methodology for collective evaluation and selection of industrial R&D projects[J]. Management Science，37（7）：871-885.

Sexton T R，Silkman R H，Hogan A J. 1986. Data envelopment analysis：Critique and extensions[J]. New Directions for Program Evaluation，（32）：73-105.

Wang Y M，Chin K S. 2010. Some alternative models for DEA cross-efficiency evaluation[J]. International Journal of Production Economics，128（1）：332-338.

第 8 章　竞合型组织的交叉效率评价方法

8.1　引　言

DEA 效率评价方法基于数学规划思想，决策单元可以自行选择投入与产出要素的偏好权重，然后计算加权产出与加权投入的比率。传统 DEA 模型的权重只要求满足所有决策单元的加权产出与加权投入比率小于等于 1，除此之外不作太多约束。然而，现实中资源具有稀缺性，不能够无限量地被供应，产出也不可能无限大，所以不同决策单元的投入和产出之间必然存在权重竞争的情形。另外，在发生利益冲突的时候，决策主体一方必须要关注其他多方的反应，还要考虑由此产生的影响，即决策多方都要进行多向考虑（吴华清等，2010）。这些因素经常被传统 DEA 模型所忽略，即不考虑决策单元之间的关系与相互的影响。为了解决该问题，本章将博弈论与交叉效率相结合，提出了竞争合作交叉效率模型，该模型能较好地处理决策单元之间同时存在竞争和合作关系的情形。针对竞争合作交叉效率模型，本章还分别设计了相应的算法，最后通过实际算例验证了所提模型的有效性。

8.2　基于竞争合作对策的交叉效率方法

8.2.1　问题描述

现实中，一些决策单元之间是竞争或者敌对关系，同时另外一些决策单元之间可能存在合作或者同盟关系（杨锋等，2011）。如同一地区的连锁酒店业，连锁系统内的酒店都受母公司统一调配管理，很明显系统内酒店是同盟关系，对系统之外的酒店则表现为敌对关系，因为存在客源和其他服务的竞争。然而，现有的交叉效率方法几乎都没有考虑决策单元之间存在这些复杂关系的情况。Doyle 和 Green（1994）提出的仁慈性交叉效率模型（或者侵略性交叉效率模型）简单地将所有决策单元看作盟友（或者敌对方），故其应用在这种情况下完全不合理（杨锋等，2011）。在评价这些决策单元效率的时候，合理的权重应当考虑到不同决策单元之间的竞争或者合作关联关系。为了解决这个问题，本章提出了竞争合作交叉效率模型，其主要思路是某个决策单元在选择交叉效率权重的时候，在满足自评效率最大化的前提下，还要考虑尽量最小化其敌对方的效率值，同时尽量最大化盟友的效率值。

8.2.2 竞争合作交叉效率模型

为解决所有决策单元之间全是竞争关系的情况，Liang 等（2008）将博弈论引入交叉效率模型中，提出了博弈交叉效率模型。不过他们的模型仅仅考虑决策单元之间全是竞争关系的情况，现实生活中，某些决策单元间是竞争的，同时与其他部分决策单元间存在合作关系，因此博弈交叉效率模型就不适用这种情形。为了解决这个问题，本节提出一个竞争合作交叉效率模型，表示如下：

$$
\begin{cases}
\min \sum_{j \in \Omega_1} \delta_j + \sum_{j \in \Omega_2} \varepsilon_j \\
\text{s.t.} \ \sum_{i=1}^{m} \omega_{id} x_{ij} - \sum_{r=1}^{s} \mu_{rd} y_{rj} \geqslant 0, \quad j = 1, 2, \cdots, n \\
\sum_{j=1}^{s} \mu_{rd} y_{rj} - \sum_{i=1}^{m} \omega_{id} x_{ij} + \delta_j = 0, \quad j \in \Omega_1 \qquad \text{(a)} \\
\sum_{i=1}^{m} \omega_{id} x_{ij} - \sum_{j=1}^{s} \mu_{rd} y_{rj} + \varepsilon_j = 0, \quad j \in \Omega_2 \qquad \text{(b)} \\
\sum_{i=1}^{m} \omega_{id} x_{id} = 1 \\
\sum_{j=1}^{s} \mu_{rd} y_{rd} = E_{dd} \\
\delta_j \geqslant 0, \quad j \in \Omega_1 \\
\varepsilon_j \leqslant 0, \quad j \in \Omega_2 \\
\omega_{id} \geqslant 0, \quad i = 1, 2, \cdots, m \\
\mu_{rd} \geqslant 0, \quad r = 1, 2, \cdots, s
\end{cases}
\tag{8.1}
$$

模型（8.1）中，DMU_d 为被评价决策单元；E_{dd} 为其自评效率值；Ω_1 表示在这个集合里的所有决策单元和 DMU_d 是合作关系；Ω_2 表示在这个集合里的所有决策单元和 DMU_d 之间是竞争关系。对于 DMU_d，其偏好权重不但应该保证自评效率不变，而且考虑该组权重能够最大化合作者的效率，同时最小化竞争者的效率，为此引入了两个偏移变量 $\delta_j(\delta_j \geqslant 0)$、$\varepsilon_j(\varepsilon_j \leqslant 0)$。$\delta_j$ 表示决策单元 $\mathrm{DMU}_j(j \in \Omega_1)$ 的 $\sum_{j=1}^{s} \mu_{rd} y_{rj}$ 和 $\sum_{i=1}^{m} \omega_{id} x_{ij}$ 之间的离差，显然 δ_j 越小，$\mathrm{DMU}_j(j \in \Omega_1)$ 的效率越大。同理，ε_j 是决策单元 $\mathrm{DMU}_j(j \in \Omega_2)$ 的 $\sum_{i=1}^{m} \omega_{id} x_{ij}$ 和 $\sum_{j=1}^{s} \mu_{rd} y_{rj}$ 的离差，ε_j 越小，则 DMU_j $(j \in \Omega_2)$ 的效率越低。

8.2.3　竞争合作交叉效率模型求解过程

当某些决策单元与 DMU_d 存在竞争，而其他决策单元与其是同盟关系时，运用模型（8.1）求解这些决策单元的效率主要有以下四个步骤。

步骤 1：将存在合作关系的决策单元分在一起形成一个集合。

步骤 2：求解 CCR 模型，得到每个单元的 CCR 效率。

步骤 3：假设有 n 个决策单元，DMU_1、DMU_2 和 DMU_3 组成一个集合；DMU_4、DMU_5 和 DMU_6 组成一个集合；DMU_7、DMU_8 和 DMU_9 组成一个集合，依次类推。每个集合之间是竞争关系，集合内部的决策单元是合作关系。设 DMU_1 为待评价决策单元，在选择交叉效率权重的时候，将 DMU_2 和 DMU_3 放入模型（8.1）的（a）公式，其他决策单元放入（b）公式。求解完模型（8.1），DMU_1 会得到一组最优权重 $\omega_{11}^*,\cdots,\omega_{m1}^*$，$\mu_{11}^*,\cdots,\mu_{s1}^*$，然后用这组权重去计算所有决策单元的交叉效率值。其他决策单元求解过程同 DMU_1 计算过程一样。

步骤 4：得到所有决策单元的交叉效率矩阵之后，每个决策单元最终的效率值通过取其平均值的方式 $\bar{E}_j = \frac{1}{n}\sum_{d=1}^{n} E_{dj}(j=1,2,\cdots,n)$ 得到，然后对这些决策单元进行排序，效率值越大，排名越靠前。

8.3　实　例　分　析

为了验证提出的竞争合作交叉效率模型的有效性，本节选取了 12 家台湾连锁酒店 2004～2008 年的数据，数据的统计特征如表 8.2 所示，相关数据来自台湾酒店业年度报告。

8.3.1　酒店和选取的指标描述

12 家酒店来自四个不同的连锁系统：福华酒店连锁系统、皇家酒店连锁系统、晶华酒店连锁系统和国宾酒店连锁系统。连锁总部直接管辖经营各连锁酒店，对每一个连锁酒店进行直接经营、直接投资、直接管理，各连锁酒店必须服从总部的指令和管控。简单来说就是，总部负责各个系统内连锁分店的运作管理和承担分店的风险，负责管理协调各个分店的人力、物力和财力，以此实现各个连锁分店和整个连锁系统利益最大化。

　　回顾相关酒店效率评价的研究文献（Hwang and Chang，2003；Tsaur，2001；Wang et al.，2006），以及考虑到数据的可获得性，本节选取四个投入和两个产出指标去评价这 12 家酒店的运营效率。投入指标分别是总运营成本（10^6 新台币①）、总员工数、总客房数和餐饮部门面积（平方英尺②）。产出指标是客房入住率、总利润（10^6 新台币）。其中，总运营成本包含员工工资和福利成本、餐饮成本、水电成本和设备维修成本等，反映了酒店各种服务的总资金投入。总员工数指酒店的劳动力投入。客房和餐饮部门是酒店收入的两个主要来源，也间接反映酒店业务规模。也存在其他一些输入指标，如酒店管理水平和客户满意度等，无疑反映出酒店的服务层次，但是这些指标很难全部收集并且不易量化，因此这里不考虑这些指标。

　　客房入住率是反映酒店业绩的主要指标。总利润包括客房、餐饮和其他服务的总利润，可以在一段时间内反映酒店的经营业绩。表 8.1 给出了 12 家连锁酒店的名称和简称，表 8.2 给出了酒店的描述性统计数据特性。

表 8.1　各连锁酒店及其简称

酒店连锁系统	DMU	酒店	简称
福华酒店	1	台北福华酒店	PHP
	2	高雄福华酒店	PHK
	3	台中福华酒店	PHC
	4	屏东垦丁福华酒店	BRK
皇家酒店	5	台北皇家酒店	HRT
	6	知本皇家酒店	HRC
	7	新竹皇家酒店	HRH
晶华酒店	8	台北晶华酒店	GFR
	9	花莲天祥晶华酒店	GFT
国宾酒店	10	台北国宾酒店	AHT
	11	高雄国宾酒店	AHK
	12	新竹国宾酒店	AHH

① 1 人民币≈4.4275 新台币。

② 1 平方米=10.7639 平方英尺。

表 8.2　所有酒店投入、产出数据特性

特性		总运营成本	总员工数	总客房数	餐饮部门面积	客房入住率/%	总利润
2004 年	最大值	1336	606	851	2301	79.4	2194
	最小值	243	155	148	215	47.2	211
	平均值	575	331	353	1126	69.4	711
	平方差	357	150	212	546	8.33	567
2005 年	最大值	1413	606	790	2301	84.6	2423
	最小值	218	155	153	215	47.4	212
	平均值	602	331	354	1156	74.2	777
	平方差	387	150	194	538	10.1	631
2006 年	最大值	1349	606	791	2301	84.9	1606
	最小值	216	155	155	215	48.1	202
	平均值	587	335	358	1156	71.9	752
	平方差	372	147	193	538	10.4	607
2007 年	最大值	1426	606	812	2301	84.0	2441
	最小值	217	155	158	215	44.7	190
	平均值	602	332	366	1154	70.9	770
	平方差	392	150	205	539	10.4	634
2008 年	最大值	2484	606	836	2175	80.6	2484
	最小值	163	155	150	192	30.8	163
	平均值	775	332	385	1316	67.5	760
	平方差	648	149	230	790	12.7	640

8.3.2　酒店效率分析

表 8.3 分别列出 12 家酒店的 CCR 模型和竞争合作交叉效率模型的效率结果。CCR 效率值为 1 表示该酒店运营是有效的，即运营绩效是最佳的。五年的 CCR 效率结果显示有 4 个酒店每年都是有效的，分别为 PHC、HRT、HRC 和 GFR。其次表现稍微欠佳的是 PHP，但其每年的运营效率值都还大于 0.9。虽然上述提到的这些酒店的效率都比较高，但酒店的管理决策者更应该谨慎看待，不能单纯以 CCR 效率结果就给这些酒店的运营效率进行排名定位。

表 8.3　所有酒店效率评价结果

酒店	2004 年		2005 年		2006 年		2007 年		2008 年	
	C	I	C	I	C	I	C	I	C	I
PHP	0.937	0.571	0.944	0.589	0.985	0.566	0.927	0.528	1	0.755
PHK	0.805	0.586	0.862	0.632	0.843	0.610	0.965	0.621	1	0.777
PHC	1	0.842	1	0.818	1	0.811	1	0.772	1	0.800
BRK	0.992	0.675	0.925	0.635	0.958	0.652	0.807	0.536	1	0.746
HRT	1	0.830	1	0.854	1	0.871	1	0.840	1	0.949
HRC	1	0.861	1	0.861	1	0.827	1	0.816	1	0.959
HRH	0.830	0.631	0.875	0.638	0.871	0.638	0.879	0.622	1	0.836
GFR	1	0.760	1	0.781	1	0.729	1	0.696	1	0.812
GFT	0.952	0.656	0.910	0.625	0.993	0.677	0.893	0.598	1	0.763
AHT	0.956	0.674	0.904	0.675	0.951	0.677	0.922	0.631	0.851	0.630
AHK	0.777	0.533	0.765	0.559	0.742	0.537	0.804	0.544	1	0.776
AHH	0.864	0.675	0.857	0.675	0.844	0.650	0.986	0.725	1	0.731

注："C" 表示 CCR 效率；"I" 表示竞争合作交叉效率模型求得的效率。

　　虽然 HRH 的 CCR 效率值逐年在提高，但是其管理决策者不可松懈，应该查明是什么原因引起效率的提高，可能潜在的一个原因是地理因素，该酒店位于新竹科学园区（也称中国台湾省的硅谷），入住的客人以高科技人才居多，他们也许不是很在乎酒店价格。AHK 在 2004～2007 年这四年中的 CCR 效率是所有酒店中最低的，可能的原因是当时高雄捷运系统（KRTS）正在建设，造成交通不便，来往的旅客比较少。2008 年 KRTS 修建好之后，AHK 效率值也随之提高了。AHT 虽然前四年效率值都在 0.9 以上，但是其效率值大致在逐年降低，2004 年效率值为 0.96 左右，到 2008 年下降到了 0.85 左右。因此管理决策者有必要仔细检讨这段时期内的酒店管理运营模式，找到可能的原因及解决方案。

　　表 8.3 中，2008 年有 11 家酒店的 CCR 效率值为 1，这一结果恰恰表明了传统 DEA 模型的缺点，不能够对所有决策单元进行完全排序。除此之外，2004～2007 年也有许多酒店同时被评为 CCR 有效。为了进一步区别这些有效的单元，本节提出的竞争合作交叉效率模型对这些酒店的运营效率进行了重新评估。结果显示所有酒店的效率都可以得到完全排序。例如，HRC 在 2004 年、2005 年和 2008 年都排在第一位。HRT 在 2006 年和 2007 年排在第一位，2008 年排在第二位。PHC 在 2004～2007 年也表现不俗，但是在 2008 年排在第五位。这不得不引起 PHC 管理决策者的警觉，要采取措施防止其进一步变糟。基于这些结果，HRC、HRT 和 PHC 的管理运营方式值得表扬，这些酒店是其竞争对手或同行学

习的楷模。PHP、PHK 和 AHK 似乎表现不佳，2004～2007 年它们的效率值都比较低；2008 年，AHT 无论 CCR 效率还是竞争合作交叉效率都是最差的，因此这些酒店管理运营模式不得不引起管理决策者的慎重思考，他们应该积极商讨出合适的对策和采取相应措施进一步提高这些酒店的运营效率。

8.3.3　连锁系统分析

表 8.4 分别列出了四个连锁系统的 CCR 效率和竞争合作交叉效率（本节将系统内所有酒店的平均效率值作为该系统的效率）。2004 年和 2006 年，晶华连锁系统表现很好，CCR 效率值全排在第一位。2007 年，皇家连锁系统表现不俗，CCR 效率最大。2005 年，晶华连锁系统和皇家连锁系统排在前两位。2008 年，有三个系统是 CCR 有效的，几个系统同时有效在之前的四年里没出现过，如何进一步对它们评价排序可能会成为各个系统的高层管理者关心的问题。

表 8.4　所有酒店连锁系统效率评价结果

连锁系统	2004 年		2005 年		2006 年		2007 年		2008 年	
	A-C	A-I	A-C	A-I	A-C	A-I	A-C	A-I	A-C	A-I
福华	0.933	0.668	0.933	0.669	0.947	0.660	0.925	0.614	1	0.770
皇家	0.943	0.774	0.958	0.784	0.957	0.779	0.959	0.760	1	0.914
晶华	0.976	0.708	0.955	0.703	0.996	0.703	0.947	0.647	1	0.788
国宾	0.866	0.627	0.842	0.636	0.846	0.621	0.904	0.633	0.950	0.712
平均值	0.926	0.694	0.922	0.698	0.937	0.690	0.933	0.664	0.988	0.796

注："A-C"表示平均 CCR 效率；"A-I"表示竞争合作交叉效率模型求得的效率的平均值。

表 8.4 中的 CCR 效率结果显示晶华连锁系统 5 年当中有 3 年的运营效率是最高的。但是根据竞争合作交叉效率模型的效率结果，情况已经发生了改变，皇家连锁系统 5 年之中表现都是最好的，晶华连锁系统表现次之。2008 年，有 3 个酒店连锁系统是 CCR 有效的，不能再对它们进一步有效区分，但是竞争合作交叉效率模型可以很好地区别所有酒店的运营绩效。根据 2008 年的"A-I"结果，可以看出福华和晶华连锁系统的效率远低于皇家连锁系统。综合所有结果，皇家连锁系统表现一直最佳，可以做到使用最少的投入获得最大的产出。而国宾连锁系统除了 2007 年之外表现都是最差的。

无论 CCR 效率，还是竞争合作交叉效率，在前四年里，所有酒店效率变化都不太明显，但是在 2008 年这些酒店的效率变化突然增加。产生这个现象的原因可能是大陆游客赴台，明显带动了当年旅客人数的上涨。但是酒店管理决策者不能无动于衷，随着游客受教育程度的提高，他们对酒店的要求也会越来越苛刻。因此酒店应该认真总结得失，考虑如何更好地提高酒店的运营效率和服务水平，更好地迎接未来的竞争与挑战。

8.3.4　讨论

本节主要提出一个竞争合作交叉效率模型用以处理决策单元之间同时存在竞争和合作关系的情况。通过 12 家台湾连锁酒店的例子，主要有以下三点发现。

（1）虽然 CCR 和 BCC 模型被广泛应用在酒店效率评价和效率基准工作中，但是这些酒店的评价效率值不可避免地会被高估。产生高估的原因在于这些模型以自评为主，导致产生表面 DEA 有效。本节提出的交叉效率模型可以有效避免这种以自评为主的评价氛围，将决策单元之间的关联性考虑在内。

（2）在 CCR 模型中，那些被评价为最佳或者最差的酒店在本节提出的交叉效率模型中情况已经发生了改变。如 2007 年，GFR 的 CCR 效率比 AHH 好，排在第一位，而 AHK 表现最差。但是竞争合作交叉效率模型将 GFR 排在第五位，AHK 表现不再最差。这种结果可以使 GFR 管理决策者更全面清楚地认识到酒店当前的运营情况和不足。

（3）酒店客房数量可能存在过多的现象。表 8.2 显示酒店客房数量逐年增长，并且未来可能会持续增加，但是相应的客房入住率没有增加。2005 年平均入住率最高，达到 74.2%，然后逐年下降，到 2008 年为 67.5%。客房入住率下降意味着酒店之间的竞争日趋激烈，因此酒店管理者必须采取一些相应措施以应对激烈的竞争，如调整房价、制定相应营销策略来增加入住率，或重新分配现有资源。

8.4　本 章 小 结

传统 DEA 和交叉效率方法要么假设决策单元之间仅存在合作关系，要么假设仅存在竞争关系，很少讨论两种关系同时存在的情形。基于此，本节进一步改进了传统的方法，提出了竞争合作交叉效率模型。然后，通过 12 家台湾连锁酒店的例子验证该模型的有效性，结果表明本章提出来的方法不仅可以对这些酒店运营绩效进行评价，而且可以给这些酒店找到一个学习的标杆。基于效率结果，HRH 管理决策者应该向同行 HRC 和 HRT 学习，积极思考如何改进运营效率，以便更好地提高整个连锁系统的效率。另外，国宾酒店和福华酒店连锁系统的管理决策者应该认真检讨现有的运营策略，考虑应该如何在现有的投入资源下做到产出和利润最大化。未来赴台的大陆旅客数量会越来越多，因此那些连锁性的酒店应该尽快考虑如何与系统内的酒店加强合作，以应对其他连锁酒店的竞争。

　　本章的研究也有一些不足。第一，由于数据的可获得性，本章仅选取 12 家酒店作为样本，未来研究可以继续增加酒店数量。第二，可以考虑增加定性指标，如管理服务水平、客户满意度等，以增强本章提出来的模型的适用性。第三，本章的模型是对投入导向的 DEA 模型的一个拓展，关注的是在现有的资源下如何去最大化产出。未来还可以拓展到产出导向模型，考虑保证产出不变的情况下如何进一步减少投入的资源，这点在当下的经济环境下显得特别重要。

参 考 文 献

吴华清，梁樑，吴杰，等. 2010. DEA 博弈模型的分析与发展[J]. 中国管理科学，18（5）：184-192.

杨锋，夏琼，梁樑. 2011. 同时考虑决策单元竞争与合作关系的 DEA 交叉效率评价方法[J]. 系统工程理论与实践，31（1）：92-98.

Doyle J，Green R. 1994. Efficiency and cross-efficiency in DEA：Derivations，meanings and uses[J]. Journal of the Operational Research Society，45（5）：567-578.

Hwang S N，Chang T Y. 2003. Using data envelopment analysis to measure hotel managerial efficiency change in Taiwan[J]. Tourism Management，24（4）：357-369.

Liang L，Wu J，Cook W D，et al. 2008. The DEA game cross-efficiency model and its Nash equilibrium[J]. Operations Research，56（5）：1278-1288.

Tsaur S H. 2001. The operating efficiency of international tourist hotels in Taiwan[J]. Asia Pacific Journal of Tourism Research，6（1）：73-81.

Wang F C，Hung W T，Shang J K. 2006. Measuring the cost efficiency of international tourist hotels in Taiwan[J]. Tourism Economics，12（1）：65-85.

第9章 考虑权重约束的博弈交叉效率评价方法
及奥运会参赛国效率评价

9.1 引 言

作为全球影响力最大的体育赛事——奥林匹克运动会，尤其是四年一届的夏季奥运会，越来越成为世界瞩目的盛事，它作为各国展示民族文化与意识形态的重要舞台，对各国都产生着巨大的影响。在每届奥运会上，所有参赛国无不奋力拼搏夺取奥运奖牌，以展现自身的实力，提高国民的荣誉感；而举办国则抓住奥运商机大力发展，以提升城市形象乃至国家形象。北京于 2008 年 8 月成功举办了一届规模盛大的奥运会，奥运会的成功举办对北京乃至中国的经济、社会发展产生巨大的影响。因此，对奥运会进行科学的研究具有重要的现实意义。

对于奥运会，尤其是对奥运会奖牌榜进行科学的研究具有相当的必要性，该工作不仅有助于对各参赛国的综合表现进行公正评价，而且有利于为各参赛国提供正确合理的改进措施。然而，对于奥运会奖牌榜如何进行排序，至今并未存在一种公认的方法。DEA 方法基于在处理多输入多输出问题方面的优势，已被越来越多的学者运用到奥运会参赛国效率评价和排序问题中。基于上述考虑，本章将运用交叉效率评价方法和博弈交叉效率评价方法，对奥运会相关效率评价问题进行系统的研究。主要内容包括以下两个方面。

（1）基于交叉效率评价方法的奥运会参赛国效率研究。本章将在回顾交叉效率评价方法的基础上，首次利用考虑权重限制的交叉效率评价方法对 1984~2004 年六届夏季奥运会参赛国进行效率评价。提出的模型考虑了两种输入（人均 GDP 和人口数）和三种输出（金牌数、银牌数、铜牌数），并且在模型中考虑了权重约束，其目的是保证模型中金牌的权重不低于银牌的权重，银牌的权重不低于铜牌的权重，从而使得模型更加贴近现实。通过比较各参赛国的交叉效率值，可以对各参赛国在 1984~2004 年六届夏季奥运会中的表现进行详尽分析。并且，针对表现差的参赛国的效率改进基准选择问题，创造性地将交叉效率评价方法和聚类分析技术结合起来，为表现差的参赛国提供切实可行的参考基准。

（2）基于博弈交叉效率评价方法的奥运会参赛国效率评价。在奥运会效率评价和排序问题中，各决策单元（参赛国）之间存在着明显的竞争关系，现有的 DEA 评价方法完全没有考虑这个问题。本章将对第 6 章中的博弈交叉效率模型进行改进，首先，针对基于规模收益可变（VRS）DEA 模型的交叉效率可能为负值的情况，我们将提出一种改进的 VRS DEA 模型来解决该问题。之后，将每个决策单元看作非合作博弈中的竞争者，对于每个处于竞争环境中的决策单元，在不损害其他决策单元效率的情况下，确定一组权重进行自我优化，据此提出相应的改进博弈交叉效率模型，并提出算法进行求解，同时说明通过该算法得到的博弈交叉效率值是纳什均衡解，从而使评价结果更加可靠。

9.2　现有文献综述

四年一届的夏季奥运会作为全球最大规模的体育赛事，越来越受到世界各国的青睐与重视，随着奥运会影响力的不断扩大，有关奥运会绩效评价的研究也不断深入。DEA 作为一种处理多输入多输出问题行之有效的非参数方法，已被越来越多的学者运用到奥运会效率评价问题中，本节将对基于 DEA 方法的奥运会效率评价问题进行综述，指出现有文献存在的不足，并说明交叉效率评价方法在奥运会效率评价问题中的优势。

Lozano 等（2002）首次应用 DEA 方法评价了 2000 年悉尼奥运会中获得奖牌的参赛国的绩效，他们考虑了两种输入（GNP 和人口数）和三种输出（金牌数、银牌数、铜牌数），并且在模型中加入了权重限制以增加实证结果的可靠性，最终对评价结果进行了深入的讨论；紧接着，Lins 等（2003）考虑到奥运奖牌总量不变（即产出和既定）的特点，即某国多得一枚奖牌，其他国家就少得一枚奖牌，据此建立零和收益 DEA 模型（Zero-Sum Gains DEA Model，ZSG-DEA 模型）并对参赛国的效率进行评价，最终利用此效率值对参赛国进行了排序；Li 等（2008）利用由 Cook 和 Zhu（2008）提出的带置信域的情境相依 DEA 模型（CAR-DEA）对各参赛国进行效率评价，其目的是通过对权重施加置信域限制，使实证结果更加符合实际。很明显，Lozano 等（2002）、Lins 等（2003）和 Li 等（2008）利用不同的方法和不同的输入指标，得到了不同的参赛国排序结果。但是为了对同为有效的参赛国（效率值为 1）进行充分排序，他们均采用标杆排序方法（Charnes et al.，1983），即以有效参赛国被无效参赛国参考的次数进行有效单元间的排序，被参考的次数越多，排序越靠前。实际上，标杆排序方法并不能保证对有效单元进行充分排序，因为多个有效单元可能再次得到相同的排序得分，如在 Lozano 等（2002）中，同为有效的德国和澳大利亚均为 23 次，因此无法对这两个国家进行充分排序。而对于无效国家的效率改进问题，Lins 等（2003）和 Li 等（2008）并未涉及，Lozano 等（2002）则采用参考集中有效单元的线性组合作为无效单元的改进目标。但是，正如 Doyle 和 Green（1994）研究中所提出的，无效单元也许与其参考集中的单元存在着天然的差异，因此，该方法为无效单元设计的参考基准可能是完全无法达到的目标。

Churilov 和 Flitman（2006）结合自组织映射（Self-Organizing Map）方法和 DEA 方法对不同参赛国进行效率分析。所考虑的输入指标包括人均 GDP（以美元计）、人口数、除去残疾人的人均期望寿命和婴儿存活率，输出指标为综合各种奖牌数的效用指数。自组织映射方法被用来将所有参赛国聚为若干组，每组中包含若干具有相似情境的决策单元。但是 DEA 与该数据挖掘方法的结合并不完美，从最终的结果可以看出，有些组中的决策单元以其自身作为参考基准，而有些组中的决策单元没有发现任何参考基准。

现有文献除了在上述几个方面存在不足，还忽视了一个非常重要的因素，即各参赛国之间存在的竞争关系并没有在模型中得以体现。正如 Liang 等（2008）所提到的，当决策单元被看作博弈中的参与人，交叉效率值被看作支付时，每个决策单元都将会尽力最大化各自的支付。因此如果我们从博弈论的视角来考虑该问题，现有的交叉效率评价方法很明显存在着这方面的欠缺。基于上述想法，Liang 等（2008）提出了考虑决策单元之间竞争关系的博弈交叉效率模型，并且通过所提出的算法找到了该问题的纳什均衡解。另外，由于博弈交叉效率模型只产生一组纳什均衡权重，从而解决了影响交叉效率评价方法应用的交叉效率不唯一性问题，所以得到的结果也将更加可靠。

基于上述考虑，本章内容包括以下两个方面。

（1）本章将利用交叉效率评价方法对 1984～2004 年六届夏季奥运会中的参赛国进行效率评价。我们将考虑两种输入（人均 GDP 和人口数）和三种输出（金牌数、银牌数、铜牌数），并且为了保证结果的可靠性，我们将对三种输出施加权重约束。通过比较各参赛国的交叉效率，我们可以对各参赛国在 1984～2004 年六届夏季奥运会中的表现做出充分排序；并且通过将交叉效率评价方法和聚类分析技术结合起来，从而为表现差的参赛国提供切实可行的参考基准。正如 Doyle 和 Green（1994）所验证的，交叉效率评价方法的优势在于可以对所有单元（包括有效单元和无效单元）进行充分排序，并且该方法比标杆排序方法更为有效。另外，利用聚类分析技术可以将输入输出方面相似的单元聚到同一类中，同一类中具有最高效率得分的单元可以作为类中其他单元的参考基准，从而实现为表现差的参赛国提供切实可行参考基准的目标。

（2）考虑到基于 VRS DEA 模型的交叉效率可能为负值的问题，本章首先提出一种改进的 VRS DEA 模型解决该问题，之后对博弈交叉效率模型进行改进，即将 Liang 等（2008）中的方法拓展到规模收益可变的情况，并利用该方法对 1984～2004 年六届夏季奥运会中的参赛国进行效率评价。

9.3　交叉效率评价方法

作为 DEA 方法的一个拓展工具，交叉效率评价方法的主要思想是利用（自）互评体系来消除或减轻传统的 DEA 方法中单纯依靠自评体系来对决策单元进行评价的弊端。交叉效率评价方法已被应用于各种各样的实际问题，如疗养院的效率评估（Sexton et al.，1986）、R&D 项目选择问题（Oral et al.，1991）、带偏好的投票问题（Green et al.，1996）等。

本节将利用交叉效率评价方法对 1984～2004 年六届夏季奥运会逐个进行研究。在每个研究中，考虑的决策单元为至少获得一枚奖牌的参赛国，按照这种选择原则，1984～2004 年六届夏季奥运会总共涵盖了 78 个国家和地区。基于已有的研究，我们将利用两个输入，即人均 GDP（以美元计）和人口数。正如 Lozano 等（2002）所指出的，这两个输入指标基本能够反映一个国家和地区的经济实力和人口素质。评价过程中所考虑的输出指标是每个国家在奥运会上所获得的金牌数、银牌数和铜牌数。

为了方便说明所使用的数学模型，我们首先定义以下数学符号。

n：决策单元（参赛国）数目。

j：参赛国序号。

d：被评价参赛国序号。

x_{1j}：参赛国 j 的人均 GDP。

x_{2j}：参赛国 j 的人口数。

y_{1j}：参赛国 j 所获得的金牌数。

y_{2j}：参赛国 j 所获得的银牌数。

y_{3j}：参赛国 j 所获得的铜牌数。

ω_{1d}：DMU_d 的输入 x_{1d} 的权重。

ω_{2d}：DMU_d 的输入 x_{2d} 的权重。

μ_{1d}：DMU_d 的输出 y_{1d} 的权重。

μ_{2d}：DMU_d 的输出 y_{2d} 的权重。

μ_{3d}：DMU_d 的输出 y_{3d} 的权重。

α：与一枚金牌等价的银牌数。

β：与一枚银牌等价的铜牌数。

在进行上述数学符号定义后，评价 DMU_d 的 DEA 模型可以写为

$$
\begin{cases}
\max \ \mu_{1d}y_{1d} + \mu_{2d}y_{2d} + \mu_{3d}y_{3d} \\
\text{s.t.} \ \ \omega_{1d}x_{1j} + \omega_{2d}x_{2j} - \mu_{1d}y_{1j} - \mu_{2d}y_{2j} - \mu_{3d}y_{3j} \geqslant 0 \\
\qquad j = 1, 2, \cdots, n \\
\qquad \omega_{1d}x_{1d} + \omega_{2d}x_{2d} = 1 \\
\qquad \mu_{1d} - \alpha\mu_{2d} \geqslant 0 \\
\qquad \mu_{2d} - \beta\mu_{3d} \geqslant 0 \\
\qquad \omega_{id} \geqslant 0, \quad i = 1, 2 \\
\qquad \mu_{rd} \geqslant 0, \quad r = 1, 2, 3
\end{cases}
\tag{9.1}
$$

值得注意的是，在上述模型中存在着 5 个非负且连续的变量，其中的两个权重约束为输出权重定义了一个置信域（Assurance Region）。

9.3.1 交叉效率

对于每个模型（9.1）中的被评价单元 $\text{DMU}_d\,(d = 1, 2, \cdots, n)$，我们可以得到一组相应的最优权重 $(\omega_{1d}^*, \omega_{2d}^*, \mu_{1d}^*, \mu_{2d}^*, \mu_{3d}^*)$，利用这组权重，可以定义 $\text{DMU}_j\,(j = 1, 2, \cdots, n)$ 利用 DMU_d 最优权重的交叉效率为

$$
E_{dj} = \frac{\mu_{1d}^* y_{1j} + \mu_{2d}^* y_{2j} + \mu_{3d}^* y_{3j}}{\omega_{1d}^* x_{1j} + \omega_{2d}^* x_{2j}}, \quad d, j = 1, 2, \cdots, n
\tag{9.2}
$$

对于 $\text{DMU}_j\,(j = 1, 2, \cdots, n)$，所有 $E_{dj}\,(d = 1, 2, \cdots, n)$ 的平均值，即

$$
\bar{E}_j = \frac{1}{n}\sum_{d=1}^{n} E_{dj}
\tag{9.3}
$$

可以用来表示 DMU_j 的交叉效率值。

一般来说，模型（9.1）中的最优输入输出权重是不唯一的，因此决策单元的最终交叉效率可能也不唯一。为了在多重最优解中选择一组解来最终确定每个决策单元的交叉效率，Sexton 等（1986）与 Doyle 和 Green（1994）提出了侵略性策略（Aggressive Strategy）和仁慈性策略（Benevolent Strategy）。侵略性策略是指在最大化被评价单元效率的同时，尽可能使其他决策单元的平均交叉效率值最小；仁慈性策略则相反，要求在最大化被评价单元效率的同时，尽可能使其他决策单元的平均交叉效率值最大。

在对决策单元进行评价和排序时，如果存在竞争因素，侵略性策略将会比仁慈性策略更加适宜，这是因为侵略性策略在最大化自身效率的同时，也在最小化其他单元的效率，因此，该策略对于区分决策单元将更加有效。而仁慈性策略的目的在于同时最大化自身和其他单元的效率，因此不能很好地区分各决策单元的效率值。所以在本章中我们采用侵略性策略，相应的数学模型如模型（9.4）所示（Doyle and Green，1994）：

$$\begin{cases} \min \mu_{1d} \sum_{l \neq d} y_{1l} + \mu_{2d} \sum_{l \neq d} y_{2l} + \mu_{3d} \sum_{l \neq d} y_{3l} \\ \text{s.t.} \quad \omega_{1d} x_{1j} + \omega_{2d} x_{2j} - \mu_{1d} y_{1j} - \mu_{2d} y_{2j} - \mu_{3d} y_{3j} \geqslant 0 \\ \qquad j \neq d \\ \qquad \omega_{1d} \sum_{l \neq d} x_{1l} + \omega_{2d} \sum_{l \neq d} x_{2l} = 1 \\ \qquad \mu_{1d} y_{1d} + \mu_{2d} y_{2d} + \mu_{3d} y_{3d} - E_{dd} \times (\omega_{1d} x_{1d} + \omega_{2d} x_{2d}) = 0 \\ \qquad \mu_{1d} - \alpha \mu_{2d} \geqslant 0 \\ \qquad \mu_{2d} - \beta \mu_{3d} \geqslant 0 \\ \qquad \omega_{id} \geqslant 0, \quad i = 1, 2 \\ \qquad \mu_{rd} \geqslant 0, \quad r = 1, 2, 3 \end{cases} \qquad (9.4)$$

式中，E_{dd} 是 DMU_d 由模型（9.1）得到的效率值。仁慈性策略和上述模型中的约束条件相同，只是目标函数变为最大化。

9.3.2　参考基准的识别

在传统 DEA 中，一个无效单元的改进目标是其参考集中有效单元的线性组合。但是，正如 Doyle 和 Green（1994）所说的，这种传统参考集方法的一个弊端在于：无效单元也许与其参考集中的单元存在着天然的差异，因此，为无效单元设计的参考基准可能是完全无法达到的目标。越来越多的学者建议使用聚类分析、主成分分析和多维尺度分析（Multidimensional Scaling）等技术将相似的决策单元更加准确地聚到同一组（类）中（Thanassoulis，1996；Adler and Golany，2001；Roll and Golany，1993）。

在本章中，我们将聚类分析和交叉效率评价方法结合起来为表现差的决策单元提供参考基准。首先，通过计算交叉效率矩阵中列与列之间的相关系数，可以发现对应决策单元之间在被其他单元评价时所具有的相似程度。如果两个决策单元之间存在很高的正相关系数，则说明这两个决策单元在输入输出方面具有天然的相似性，也就意味着它们在运用其他单元的最优权重进行评价的时候十分相似。因此，利用这些相关系数作为似然矩阵中的元素并进行聚类分析，就可以将天然相似的决策单元聚到同一类中。同一类中具有最高交叉效率值的决策单元可以作为类中其他单元改进的目标和参考基准。

9.4　基于交叉效率评价方法的奥运会参赛国效率评价结果分析

在 9.3 节中，我们已经对本章中所采用的方法进行了说明，本节将利用交叉效率评价方法对 1984～2004 年六届夏季奥运会中参赛国进行效率评价并且为表现差的参赛国提供切实可行的参考基准。

9.4.1　效率分析

表 9.1 列出了 2004 年雅典奥运会中至少获得一枚奖牌的参赛国通过模型（9.1）所得到的传统 DEA 效率和平均交叉效率。在 2004 年雅典奥运会中，总共有 7 个国家是有效的，即澳大利亚、巴哈马、中国、古巴、埃塞俄比亚、俄罗斯和乌克兰。由于模型（9.1）无法对有效单元进行区分和排序，我们首先利用标杆排序方法对有效单元进行排序，所得排序依次为古巴（36 次）、澳大利亚（25 次）、巴哈马（20 次）、俄罗斯（16 次）、乌克兰（4 次）、埃塞俄比亚（3 次）和中国（1 次）。

表 9.1 中的第三列列出了各参赛国的平均交叉效率值，我们可以看出古巴（有效国家）拥有最高效率值 0.8735，所以被认为是所有参赛国中表现最好的。在模型（9.1）中被认为有效的澳大利亚的交叉效率值为 0.6082，在所有参赛国中排名第二。虽然匈牙利在模型（9.1）中被认为是无效的，但其平均交叉效率达到了 0.5719，位列所有参赛国第三，比模型（9.1）认为有效的巴哈马、中国、埃塞俄比亚、俄罗斯和乌克兰的效率要高。

表 9.1　2004 年雅典奥运会参赛国的评价与排序结果（$\alpha = \beta = 2$）

DMU	国家（地区）	平均交叉效率	排序	模型（9.1）效率	排序	作为基准次数
3	澳大利亚	0.6082	2	1.0000	2	25
4	奥地利	0.1721	28	0.3577	26	
5	阿塞拜疆	0.1699	29	0.3317	29	
6	巴哈马	0.4889	6	1.0000	3	20
8	白俄罗斯	0.3763	11	0.5660	18	
9	比利时	0.0502	54	0.1014	57	
10	巴西	0.0771	49	0.2191	40	
11	英国	0.1374	34	0.2009	42	
12	保加利亚	0.2728	15	0.4470	21	
13	喀麦隆	0.0916	45	0.2266	38	
14	加拿大	0.0913	46	0.1581	47	
15	智利	0.0953	44	0.1541	49	
16	中国	0.1868	24	1.0000	7	1
17	哥伦比亚	0.0045	60	0.0261	61	

DMU	国家（地区）	平均交叉效率	排序	模型（9.1）效率	排序	作为基准次数
19	克罗地亚	0.2015	23	0.3776	25	
20	古巴	0.8735	1	1.0000	1	36
21	捷克	0.1233	37	0.2423	35	
22	丹麦	0.1618	31	0.3566	27	
23	爱沙尼亚	0.1354	35	0.4404	24	
24	埃塞俄比亚	0.2277	19	1.0000	6	3
25	芬兰	0.0442	55	0.1302	52	
26	法国	0.1583	32	0.2197	39	
27	格鲁吉亚	0.4884	7	0.6395	15	
28	德国	0.1776	27	0.2370	36	
29	希腊	0.3810	10	0.6452	14	
30	匈牙利	0.5719	3	0.9468	8	
32	印度	0.0017	62	0.0243	62	
33	印度尼西亚	0.0250	57	0.1025	56	
34	伊朗	0.0751	51	0.1432	51	
36	以色列	0.0759	50	0.1634	45	
37	意大利	0.1661	30	0.2351	37	
38	牙买加	0.5122	5	0.8942	9	
39	日本	0.1239	36	0.1561	48	
40	哈萨克斯坦	0.1530	33	0.2536	34	
41	肯尼亚	0.1840	25	0.5954	17	
42	朝鲜	0.1108	39	0.3254	30	
43	韩国	0.2224	21	0.2825	32	
46	拉脱维亚	0.2503	16	0.6673	13	
47	立陶宛	0.2379	17	0.4592	19	
48	墨西哥	0.0133	59	0.0362	60	
50	摩洛哥	0.1185	38	0.2606	33	
52	荷兰	0.2256	20	0.4454	22	
53	新西兰	0.3514	12	0.6963	12	
54	尼日利亚	0.0033	61	0.0440	59	
55	挪威	0.3395	13	0.7916	10	
56	波兰	0.1021	41	0.1507	50	
57	葡萄牙	0.0343	56	0.0825	58	

续表

DMU	国家（地区）	平均交叉效率	排序	模型（9.1）效率	排序	作为基准次数
59	罗马尼亚	0.4635	9	0.7279	11	
60	俄罗斯	0.5380	4	1.0000	4	16
62	斯洛伐克	0.2746	14	0.4499	20	
63	斯洛文尼亚	0.0988	43	0.3497	28	
64	南非	0.0532	52	0.1037	55	
65	西班牙	0.1026	40	0.1742	44	
67	瑞典	0.2108	22	0.4446	23	
68	瑞士	0.0807	48	0.1790	43	
70	泰国	0.1002	42	0.2172	41	
71	特立尼达和多巴哥	0.0233	58	0.1109	53	
72	土耳其	0.0886	47	0.1628	46	
73	乌克兰	0.4771	8	1.0000	5	4
75	美国	0.1787	26	0.2897	31	
76	乌兹别克斯坦	0.2289	18	0.6262	16	
78	塞尔维亚	0.0511	53	0.1068	54	

在计算表 9.1 的结果时，我们令 $\alpha = \beta = 2$，即金牌权重至少是银牌权重的两倍，并且银牌权重至少是铜牌权重的两倍。最终的评价结果与参数 α 和 β 取值之间的灵敏度分析结果见表 9.2，其中包括在不同参数取值下平均交叉效率值及其相应的排序结果。随着参数值的增大，模型（9.1）的可行域越来越小，因此由模型（9.1）得到的效率值会变小，但是需要注意的是，平均交叉效率值的变化与参数值的变化无关，因为交叉效率值不仅与自身的权重有关，而且与其他参赛国的权重有关。

表 9.2　灵敏度分析结果

DMU	国家（地区）	$\alpha = \beta = 1$		$\alpha = \beta = 2$		$\alpha = \beta = 3$		$\alpha = \beta = 4$		$\alpha = \beta = 5$	
		效率	排序	效率	排序	效率	排序	效率	排序	效率	排序
1	澳大利亚	0.6055	2	0.6078	2	0.6078	2	0.6074	2	0.6071	2
2	奥地利	0.1811	28	0.1655	28	0.1655	29	0.1606	28	0.1573	30
3	阿塞拜疆	0.1787	31	0.1678	29	0.1678	27	0.1701	26	0.1715	25
4	巴哈马	0.466	6	0.5016	6	0.5016	6	0.5116	6	0.5202	6
5	白俄罗斯	0.4528	8	0.336	11	0.336	13	0.311	13	0.2975	13

续表

DMU	国家（地区）	$\alpha=\beta=1$ 效率	排序	$\alpha=\beta=2$ 效率	排序	$\alpha=\beta=3$ 效率	排序	$\alpha=\beta=4$ 效率	排序	$\alpha=\beta=5$ 效率	排序
6	比利时	0.0489	57	0.0515	54	0.0515	52	0.0526	51	0.0535	50
7	巴西	0.0695	51	0.0818	49	0.0818	46	0.085	44	0.0865	43
8	英国	0.1408	38	0.1358	34	0.1358	33	0.1349	33	0.1343	32
9	保加利亚	0.3112	14	0.2582	15	0.2582	15	0.2528	15	0.2503	15
10	喀麦隆	0.0733	49	0.102	45	0.102	41	0.1086	38	0.1117	38
11	加拿大	0.0985	43	0.0872	46	0.0872	45	0.0843	45	0.0825	45
12	智利	0.0799	47	0.1034	44	0.1034	39	0.1087	37	0.1117	37
13	中国	0.1682	34	0.1975	24	0.1975	22	0.2061	21	0.209	21
14	哥伦比亚	0.0088	60	0.0023	60	0.0023	60	0.0014	60	0.0011	60
15	克罗地亚	0.2265	22	0.189	23	0.189	24	0.1809	23	0.176	24
16	古巴	0.8696	1	0.8762	1	0.8762	1	0.8792	1	0.8809	1
17	捷克	0.1518	37	0.1097	37	0.1097	37	0.1012	41	0.0962	41
18	丹麦	0.1751	32	0.1599	31	0.1599	31	0.1603	29	0.1615	28
19	爱沙尼亚	0.2308	19	0.0946	35	0.0946	42	0.0696	49	0.055	49
20	埃塞俄比亚	0.2291	21	0.2261	19	0.2261	18	0.2244	19	0.2234	18
21	芬兰	0.0622	53	0.034	55	0.034	55	0.0269	55	0.0223	56
22	法国	0.158	35	0.1584	32	0.1584	32	0.1587	30	0.1589	29
23	格鲁吉亚	0.4599	7	0.4996	7	0.4996	7	0.5038	8	0.5058	8
24	德国	0.1841	27	0.1742	27	0.1742	26	0.1721	25	0.1709	26
25	希腊	0.374	11	0.3822	10	0.3822	10	0.3826	11	0.3825	11
26	匈牙利	0.5342	4	0.5873	3	0.5873	3	0.5962	3	0.6011	3
27	印度	0.0023	62	0.0013	62	0.0013	62	0.001	61	0.0008	62
28	印度尼西亚	0.0254	58	0.0249	57	0.0249	57	0.025	56	0.0252	54
29	伊朗	0.0743	48	0.0755	51	0.0755	50	0.0757	47	0.0758	47
30	以色列	0.0672	52	0.0805	50	0.0805	48	0.0837	46	0.0857	44
31	意大利	0.1693	33	0.1641	30	0.1641	30	0.1628	27	0.162	27
32	牙买加	0.4876	5	0.5247	5	0.5247	5	0.5335	5	0.539	4
33	日本	0.1167	40	0.1276	36	0.1276	35	0.1299	35	0.1312	34
34	哈萨克斯坦	0.1861	25	0.1347	33	0.1347	34	0.1227	36	0.1163	36
35	肯尼亚	0.2118	24	0.1661	25	0.1661	28	0.1521	32	0.1462	31
36	韩国	0.157	36	0.0817	39	0.0817	47	0.06	50	0.0502	51
37	朝鲜	0.2298	20	0.2178	21	0.2178	20	0.2146	20	0.2127	20

DMU	国家（地区）	$\alpha=\beta=1$ 效率	排序	$\alpha=\beta=2$ 效率	排序	$\alpha=\beta=3$ 效率	排序	$\alpha=\beta=4$ 效率	排序	$\alpha=\beta=5$ 效率	排序
38	拉脱维亚	0.3525	12	0.1934	16	0.1934	23	0.1532	31	0.1272	35
39	立陶宛	0.244	18	0.2315	17	0.2315	17	0.2261	18	0.2223	19
40	墨西哥	0.0192	59	0.0097	59	0.0097	59	0.0072	59	0.006	58
41	摩洛哥	0.1042	41	0.1264	38	0.1264	36	0.1308	34	0.1329	33
42	荷兰	0.259	17	0.2091	20	0.2091	21	0.1985	22	0.192	22
43	新西兰	0.312	13	0.3651	12	0.3651	12	0.3728	12	0.3773	12
44	尼日利亚	0.0066	61	0.0017	61	0.0017	61	0.0009	62	0.001	61
45	挪威	0.2732	16	0.3678	13	0.3678	11	0.3856	10	0.397	10
46	波兰	0.1026	42	0.1021	41	0.1021	40	0.1026	40	0.1029	40
47	葡萄牙	0.0512	56	0.0256	56	0.0256	56	0.0198	57	0.0163	57
48	罗马尼亚	0.4397	10	0.476	9	0.476	9	0.4839	9	0.4879	9
49	俄罗斯	0.5412	3	0.5369	4	0.5369	4	0.5368	4	0.5371	5
50	斯洛伐克	0.2759	15	0.2733	14	0.2733	14	0.2724	14	0.2717	14
51	斯洛文尼亚	0.1788	30	0.0667	43	0.0667	51	0.0477	52	0.0371	53
52	南非	0.0613	54	0.0484	52	0.0484	53	0.0452	53	0.0436	52
53	西班牙	0.1208	39	0.0926	40	0.0926	43	0.0858	43	0.0817	46
54	瑞典	0.1846	26	0.2225	22	0.2225	19	0.2301	17	0.2349	17
55	瑞士	0.0922	45	0.0762	48	0.0762	49	0.0738	48	0.0726	48
56	泰国	0.0939	44	0.1043	42	0.1043	38	0.1074	39	0.109	39
57	特立尼达和多巴哥	0.0532	55	0.013	58	0.013	58	0.0076	58	0.005	59
58	土耳其	0.0895	46	0.0881	47	0.0881	44	0.0879	42	0.0878	42
59	乌克兰	0.4507	9	0.4936	8	0.4936	8	0.5054	7	0.511	7
60	美国	0.1792	29	0.1778	26	0.1778	25	0.1768	24	0.1762	23
61	乌兹别克斯坦	0.214	23	0.2383	18	0.2383	16	0.2454	16	0.2487	16
62	塞尔维亚	0.0726	50	0.0384	53	0.0384	54	0.0294	54	0.0245	55

　　为了对表 9.2 中不同 α 和 β 值下的排序结果进行一致性检验，我们利用 SPSS 数学软件中的 Spearman 相关性检验，结果如表 9.3 所示。通过检验结果可以清楚地发现存在很高的一致性，如 $\alpha=\beta=4$ 下的排序结果与 $\alpha=\beta=5$ 下的排序结果之间存在最高的一致性系数 0.998，最低的一致性系数（$\alpha=\beta=1$ 下的排序结果与 $\alpha=\beta=5$ 下的排序结果之间）也达到了 0.908。另外，所有排序结果相互独立的假设检验值为 0.0000，也就是说，独立性假设应该被拒绝。因此，我们可以说，

不同 α 和 β 值下的排序结果是显著相关的,换句话说,α 和 β 值的选择不太会影响最终的排序结果。

表 9.3 不同 α 和 β 值下的排序结果之间的 Spearman 相关系数

	$\alpha=\beta=1$	$\alpha=\beta=2$	$\alpha=\beta=3$	$\alpha=\beta=4$	$\alpha=\beta=5$
$\alpha=\beta=1$	1	0.978 (0.0000)	0.948 (0.0000)	0.919 (0.0000)	0.908 (0.0000)
$\alpha=\beta=2$		1	0.991 (0.0000)	0.974 (0.0000)	0.967 (0.0000)
$\alpha=\beta=3$			1	0.994 (0.0000)	0.990 (0.0000)
$\alpha=\beta=4$				1	0.998 (0.0000)
$\alpha=\beta=5$					1

注:括号中的 p 值表示独立性相关系数。

表 9.4 列出了利用交叉效率评价方法得到的 1984~2004 年六届奥运会各参赛国的效率值和排序结果。表中,"+"表示该国家(地区)没有参加当届奥运会;"–"表示该参赛国在当届奥运会没有得到奖牌。

表 9.4 1984~2004 年六届奥运会参赛国的效率评价与排序结果

DMU	国家(地区)	洛杉矶 (1984 年)		汉城 (1988 年)		巴塞罗那 (1992 年)		亚特兰大 (1996 年)		悉尼 (2000 年)		雅典 (2004 年)	
		效率	排序	效率	排序	效率	排序	效率	排序	效率	排序	效率	排序
1	阿尔及利亚	0.0088	33	–	–	0.0309	44	0.1024	44	0.0582	50	–	–
2	亚美尼亚	+	+	+	+	+	+	0.3593	12	0.0260	62	–	–
3	澳大利亚	0.2371	9	0.1092	15	0.2688	9	0.3974	9	0.5712	4	0.6082	2
4	奥地利	0.0735	21	0.0419	42	0.0366	42	0.0270	59	0.1006	41	0.1721	28
5	阿塞拜疆	+	+	+	+	+	+	0.0516	51	0.2458	17	0.1699	29
6	巴哈马	–	–	–	–	0.2035	15	0.3559	13	0.5174	6	0.4889	6
7	巴巴多斯	–	–	–	–	–	–	–	–	0.0671	48	–	–
8	白俄罗斯	+	+	+	+	+	+	0.3171	17	0.4464	8	0.3763	11
9	比利时	0.0703	24	0.0055	37	0.0256	46	0.1338	37	0.0355	54	0.0502	54
10	巴西	0.0332	29	0.0335	30	0.0221	47	0.0570	50	0.0219	67	0.0771	49
11	英国	0.1298	15	0.0879	17	0.0616	35	0.0439	52	0.1336	34	0.1374	34
12	保加利亚	+	+	0.9382	1	0.4474	4	0.6086	2	0.5928	3	0.2728	15
13	喀麦隆	0.0098	32	–	–	–	–	–	–	0.0810	45	0.0916	45

续表

DMU	国家（地区）	洛杉矶（1984年）		汉城（1988年）		巴塞罗那（1992年）		亚特兰大（1996年）		悉尼（2000年）		雅典（2004年）	
		效率	排序	效率	排序	效率	排序	效率	排序	效率	排序	效率	排序
14	加拿大	0.3453	3	0.0594	24	0.1337	26	0.1327	38	0.0725	46	0.0913	46
15	智利	–	–	0.0154	34	–	–	–	–	0.0045	77	0.0953	44
16	中国	0.2538	8	0.1010	16	0.1574	19	0.1585	32	0.1123	38	0.1868	24
17	哥伦比亚	0.0086	34	0.0044	39	0.0035	51	–	–	0.0272	58	0.0045	60
18	哥斯达黎加	–	–	0.0341	29	–	–	0.1553	33	0.0268	60	–	–
19	克罗地亚	+	+	+	+	0.0622	34	0.1524	35	0.1088	39	0.2015	23
20	古巴	+	+	+	+	0.9453	1	0.9087	1	0.8717	1	0.8735	1
21	捷克	+	+	0.1887	11	0.2152	14	0.3039	18	0.1577	29	0.1233	37
22	丹麦	0.0941	18	0.1367	14	0.1375	23	0.3937	10	0.1763	23	0.1618	31
23	爱沙尼亚	+	+	+	+	0.2728	8	0.3542	14	0.3238	11	0.1354	35
24	埃塞俄比亚	+	+	+	+	0.0785	31	0.1877	30	0.2223	21	0.2277	19
25	芬兰	0.3331	4	0.0852	19	0.1486	20	0.1532	34	0.1528	31	0.0442	55
26	法国	0.1026	16	0.0729	22	0.0897	30	0.1960	28	0.1680	26	0.1583	32
27	格鲁吉亚	+	+	+	+	+	+	0.0399	54	0.1170	37	0.4884	7
28	德国	0.2160	10	0.5290	5	0.2510	10	0.2265	24	0.1538	30	0.1776	27
29	希腊	0.0262	31	0.0034	41	0.0738	32	0.2582	20	0.2449	18	0.3810	10
30	匈牙利	+	+	0.7082	2	0.7074	2	0.5666	3	0.5144	7	0.5719	3
31	冰岛	0.0459	25	–	–	–	–	–	–	0.0310	57	–	–
32	印度	–	–	–	–	–	–	0.0012	65	0.0004	78	0.0017	62
33	印度尼西亚	–	–	0.0079	36	0.0420	40	0.0274	57	0.0257	64	0.0250	57
34	伊朗	+	+	0.0098	35	0.0115	49	0.0427	53	0.0688	47	0.0751	51
35	爱尔兰	0.0354	28	0.1403	21	0.4063	8	0.0235	66
36	以色列	–	–	–	–	0.0412	41	0.0077	63	0.0071	75	0.0759	50
37	意大利	0.1905	12	0.0769	21	0.0692	33	0.1969	27	0.1674	27	0.1661	30
38	牙买加	0.1478	14	0.0866	18	0.2209	13	0.4364	7	0.2530	16	0.5122	5
39	日本	0.0810	20	0.0298	31	0.0292	45	0.0292	56	0.0370	53	0.1239	36
40	哈萨克斯坦	+	+	+	+	+	+	0.3364	15	0.2645	14	0.1530	33
41	肯尼亚	0.0731	22	0.5984	3	0.2389	11	0.2452	23	0.1878	22	0.1840	25
42	韩国	+	+	+	+	0.2349	12	0.2454	22	0.0436	52	0.1108	39
43	朝鲜	0.1632	13	0.3491	8	0.1861	16	0.1882	29	0.1655	28	0.2224	21

续表

DMU	国家（地区）	洛杉矶（1984 年）		汉城（1988 年）		巴塞罗那（1992 年）		亚特兰大（1996 年）		悉尼（2000 年）		雅典（2004 年）	
		效率	排序	效率	排序	效率	排序	效率	排序	效率	排序	效率	排序
44	科威特	−	−	−	−	−	−	−	−	0.0161	71	−	−
45	吉尔吉斯斯坦	+	+	+	+	+	+	−	−	0.0258	63	+	+
46	拉脱维亚	+	+	+	+	0.1390	22	0.0617	48	0.2438	19	0.2503	16
47	立陶宛	+	+	+	+	0.1257	28	0.0150	61	0.2943	13	0.2379	17
48	墨西哥	0.0366	27	0.0045	38	0.0035	50	0.0020	64	0.0210	69	0.0133	59
49	摩尔多瓦	+	+	+	+	+	+	0.0986	45	0.0968	43	+	+
50	摩洛哥	0.0851	19	0.0785	20	0.0528	37	0.0119	62	0.0322	56	0.1185	38
51	莫桑比克	−	−	−	−	−	−	0.0205	60	0.0995	42	−	−
52	荷兰	0.2030	11	0.0708	23	0.1338	25	0.2080	26	0.3832	9	0.2256	20
53	新西兰	0.7433	2	0.3747	7	0.3438	5	0.4734	6	0.1228	35	0.3514	12
54	尼日利亚	0.0073	36	−	−	0.0317	43	0.1132	42	0.0197	70	0.0033	61
55	挪威	0.0404	26	0.1913	10	0.3073	6	0.2987	19	0.3269	10	0.3395	13
56	波兰	+	+	0.1642	13	0.1317	27	0.2469	21	0.1696	25	0.1021	41
57	葡萄牙	0.0709	23	0.0445	26	−	−	0.0586	49	0.0103	72	0.0343	56
58	卡塔尔	−	−	−	−	0.1089	29	−	−	0.0248	65	−	−
59	罗马尼亚	0.9245	1	0.4357	6	0.3066	7	0.3919	11	0.6037	2	0.4635	9
60	俄罗斯	+	+	0.5474	4	0.5282	3	0.5412	4	0.5361	5	0.5380	4
61	沙特阿拉伯	−	−	−	−	−	−	−	−	0.0103	73	−	−
62	斯洛伐克	+	+	+	+	+	+	0.1470	36	0.1736	24	0.2746	14
63	斯洛文尼亚	+	+	+	+	0.0565	36	0.1323	39	0.3232	12	0.0988	43
64	南非	+	+	+	+	0.0125	48	0.0953	46	0.0215	68	0.0532	52
65	西班牙	0.0324	30	0.0225	33	0.1730	18	0.1190	41	0.0615	49	0.1026	40
66	斯里兰卡	−	−	−	−	−	−	−	−	0.0071	76	−	−
67	瑞典	0.2915	6	0.0561	25	0.1821	17	0.1812	31	0.2338	20	0.2108	22
68	瑞士	0.0954	17	0.0283	32	0.0508	38	0.3258	16	0.1372	33	0.0807	48
69	马其顿	+	+	+	+	+	+	−	−	0.0270	59	+	+
70	泰国	0.0079	35	0.0039	40	0.0024	52	0.0273	58	0.0264	61	0.1002	42
71	特立尼达和多巴哥	−	−	−	−	−	−	0.0668	47	0.1060	40	0.0233	58
72	土耳其	0.0068	37	0.0424	27	0.0448	39	0.1078	43	0.0567	51	0.0886	47

续表

DMU	国家（地区）	洛杉矶（1984 年）		汉城（1988 年）		巴塞罗那（1992 年）		亚特兰大（1996 年）		悉尼（2000 年）		雅典（2004 年）	
		效率	排序	效率	排序	效率	排序	效率	排序	效率	排序	效率	排序
73	乌克兰	+	+	+	+	+	+	0.5142	5	0.2546	15	0.4771	8
74	乌拉圭	−	−	−	−	−	−	−	−	0.0347	55	−	−
75	美国	0.3148	5	0.2034	9	0.1362	24	0.2166	25	0.1454	32	0.1787	26
76	乌兹别克斯坦	+	+	+	+	+	+	0.0337	55	0.0926	44	0.2289	18
77	越南	+	+	−	−	−	−	−	−	0.0088	74		
78	塞尔维亚	0.2786	7	0.1735	12			0.1300	40	0.1178	36	0.0511	53

注："−"表示未获得奖牌；"+"表示未参加奥运会。

　　一些国家在 1984～2004 年六届奥运会上都有奖牌斩获，但有些国家在奥运会上只是偶尔获得奖牌。通过表 9.4 的结果可以看出，有些国家，如古巴和匈牙利，一直表现出较高水准并且每届的效率值都有所进步；而有些国家，如澳大利亚和挪威，则表现出了衰退的趋势；其他有些国家，如爱尔兰和瑞士，表现很不稳定，在有几届奥运会上得到较高的效率值，但在其他几届奥运会上的效率值则较低；而有些国家，如印度和波兰，则总是只能获得较低的效率值。这些结果的作用在于可以对各参赛国的表现进行客观的评价和持续监测，例如，一个参赛国在奥运会上的表现逐渐下降，则该国需要增加体育开支的绝对量或者相对量，这是因为这里的效率是相对的概念，一个国家在增加体育开支的同时，其他国家（包括作为参考基准的国家）也可能增加更多的体育开支。

9.4.2　参考基准分析

　　正如 9.2 节所说的，虽然传统的 CCR 模型也可以为非有效单元提供参考基准，但存在局限性，其中最大的问题在于非有效单元与其参考基准之间可能存在天然的不同点（Doyle and Green，1994）。为了给表现较差的参赛国提供适合的参考基准作为改进的目标，首先，通过计算交叉效率矩阵中列与列之间的相关系数可以发现对应单元之间在被其他单元评价时所具有的相似性，如果两个决策单元之间存在很高的正相关系数，则说明这两个决策单元在输入输出方面具有天然的相似性，也就意味着它们在运用其他单元的最优权重进行评价时十分相似。因此，利用这些相关系数作为似然矩阵中的元素并进行聚类分析，就可以将天然相似的决策单元聚到同一类中。同一类中具有最高交叉效率值的决策单元可以作为类中其他单元改进的目标和参考基准。

需要说明的是，这里采用的聚类技术是层次聚类法（Hierarchical Cluster Analysis），最终通过平均连接法（Average Linkage Method）来得到各类，图 9.1 列出了通过以上方法得到的 2004 年雅典奥运会的聚类结果（注：此处 $\alpha = \beta = 2$）。

图 9.1 显示总共有 A、B、C、D、E 和 F 六类，每类中表现最优的单元将被类中其他单元用作改进的参考基准。如类 C，拥有最高平均交叉效率（0.2289）的 DMU 76（乌兹别克斯坦）将被同类中的 DMU 16（中国）、DMU 24（埃塞俄比亚）和 DMU 41（肯尼亚）视作改进基准。这些参赛国应该对照乌兹别克斯坦来确定改进途径，从而使自身更加具有竞争力。

很明显地，如类 B 的有些类，用作基准的国家自身表现并不好，但是类中的其他国家依然应该以此国家为基准进行改进，因为效率改进是一个循序渐进的过程，需要在实质改进之前先达到一个可以实现的目标。所以在类 B 中，虽然用作参考基准的 DMU 62（斯洛伐克）表现不太好，但是类中其他单元还是应该比照 DMU 62（斯洛伐克）对自身进行改进。对于其他年份的奥运会也可以进行相同的解释。

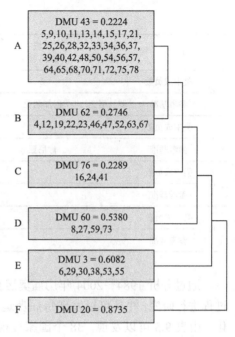

图 9.1　2004 年雅典奥运会的聚类结果

表 9.5　1984～2004 年六届奥运会的聚类和参考基准结果

	类	洛杉矶 （1984 年）	汉城 （1988 年）	巴塞罗那 （1992 年）	亚特兰大 （1996 年）	悉尼 （2000 年）	雅典 （2004 年）
A	类中成员数	23	26	24	25	36	4
	参考基准	比利时	澳大利亚	美国	塞尔维亚	塞尔维亚	乌兹别克斯坦
B	类中成员数	3	4	14	14	4	11
	参考基准	加拿大	美国	德国	德国	波兰	斯洛伐克
C	类中成员数	8	1	5	8	15	34
	参考基准	美国	新西兰	新西兰	罗马尼亚	丹麦	朝鲜
D	类中成员数	1	3	5	2	4	5
	参考基准	中国	挪威	保加利亚	埃塞俄比亚	哈萨克斯坦	俄罗斯

类		洛杉矶 (1984 年)	汉城 (1988 年)	巴塞罗那 (1992 年)	亚特兰大 (1996 年)	悉尼 (2000 年)	雅典 (2004 年)
E	类中成员数	2	2	1	12	2	7
	参考基准	罗马尼亚	保加利亚	俄罗斯	匈牙利	埃塞俄比亚	澳大利亚
F	类中成员数		5	2	2	9	1
	参考基准		肯尼亚	古巴	俄罗斯	荷兰	古巴
G	类中成员数				2	2	
	参考基准				古巴	澳大利亚	
H	类中成员数					6	
	参考基准					古巴	

通过分析 1984~2004 年历届奥运会的聚类结果，我们可以对参考基准的演变过程进行研究，并且可以发现每届奥运会中无效单元的参考基准都会发生很大变化。由表 9.5 可以发现，38 个国家被视作参考基准，其中 22 个是不同的，因此，表现差的参赛国在不同的奥运会上利用不同的参考基准进行改进。对于一个国家来说，参考基准变化越厉害，说明该国家确定一个适宜参考基准的难度越大。从管理的角度来看，表现差的参赛国可以利用不同时期基准国家的组合来改进其效率，动态的参考基准也说明了由于基准国家自身可能会发生变化，所以新的更加有效和适宜的参考基准会不断出现。

9.5 改进的博弈交叉效率评价方法

与 9.3 节相同的符号定义，本节在介绍改进的博弈交叉效率评价方法之前，首先介绍规模收益可变的 DEA 模型（Banker et al.，1984）：

$$
\begin{cases}
\max \sum_{r=1}^{3} \mu_{rd} y_{rd} - u_0^d \\
\text{s.t.} \ \sum_{i=1}^{2} \omega_{id} x_{ij} - \sum_{r=1}^{3} \mu_{rd} y_{rj} + u_0^d \geq 0, \quad j = 1, 2, \cdots, n \\
\sum_{i=1}^{2} \omega_{id} x_{id} = 1 \\
\omega_{id} \geq 0, \quad i = 1, 2 \\
\mu_{rd} \geq 0, \quad r = 1, 2, 3 \\
u_0^d \text{符号任意}
\end{cases}
\tag{9.5}
$$

对于每个被评价单元 DMU_d $(d = 1, 2, \cdots, n)$，通过求解模型（9.5），我们可以得到一组对应的最优权重 $(\omega_{1d}^*, \omega_{2d}^*, \mu_{1d}^*, \mu_{2d}^*, \mu_{3d}^*, u_0^{d*})$，利用该 n 组最优权重，可以定义 DMU_j $(j = 1, 2, \cdots, n)$的 d-交叉效率为

$$E_{dj} = \frac{\mu_{1d}^* y_{1j} + \mu_{2d}^* y_{2j} + \mu_{3d}^* y_{3j} - u_0^{d*}}{\omega_{1d}^* x_{1j} + \omega_{2d}^* x_{2j}}, \quad d, j = 1, 2, \cdots, n \qquad (9.6)$$

所有 E_{dj} $(d = 1, 2, \cdots, n)$的平均值，即

$$\bar{E}_j = \frac{1}{n} \sum_{d=1}^n E_{dj} \qquad (9.7)$$

可以用来定义 DMU_j 的交叉效率值。

值得注意的是，通过式（9.6）和式（9.7）计算得到的交叉效率值可能是负值。表 9.6 给出了一个简单算例，该算例中有五个决策单元、两个输入和一个输出。

表 9.6　简单算例

DMU	输入 1	输入 2	输出	VRS 效率值	交叉效率值
A	2	2	2	1	−68.622
B	1	4	4	1	−31.042
C	4	1	6	1	−20.647
D	3	2	1	0.8571	−67.955
E	4	6	8	1	0.6924

表 9.6 中最后两列分别列出了 VRS 效率值和由式（9.6）定义的交叉效率值，可以看出 4 个决策单元（A、B、C 和 D）的 VRS 交叉效率值都是负值。对于 DMU_j，VRS 交叉效率值为负值的原因是 $\sum_{r=1}^3 \mu_{rd} y_{rj} - u_0^d < 0$ 可能成立，即某些 DMU_j 在利用被评价单元 DMU_d 最优权重时会产生负的效率比值。一般来说，无论选择何组权重，我们总希望所得到的输出输入效率比值都是正值。因此，在计算奥运会参赛国交叉效率时，我们需要在 VRS DEA 模型（9.5）中加入约束条件 $\sum_{r=1}^3 \mu_{rd} y_{rj} - u_0^d \geq 0$，这样就可以保证得到的 VRS 效率值和 VRS 交叉效率值都是非负的。

据此，我们提出以下改进的规模收益可变 DEA 模型：

$$
\begin{cases}
\max \displaystyle\sum_{r=1}^{3} \mu_{rd} y_{rd} - u_0^d \\[2mm]
\text{s.t.} \ \displaystyle\sum_{i=1}^{2} \omega_{id} x_{ij} - \sum_{r=1}^{3} \mu_{rd} y_{rj} + u_0^d \geqslant 0, \quad j=1,2,\cdots,n \\[2mm]
\displaystyle\sum_{r=1}^{3} \mu_{rd} y_{rj} - u_0^d \geqslant 0, \quad j=1,2,\cdots,n \\[2mm]
\displaystyle\sum_{i=1}^{2} \omega_{id} x_{id} = 1 \\[2mm]
\mu_{1d} - \alpha \mu_{2d} \geqslant 0 \\[1mm]
\mu_{2d} - \beta \mu_{3d} \geqslant 0 \\[1mm]
\omega_{id} \geqslant 0, \quad i=1,2 \\[1mm]
\mu_{rd} \geqslant 0, \quad r=1,2,3 \\[1mm]
u_0^d\ \text{符号任意}
\end{cases}
\tag{9.8}
$$

在模型（9.8）中，我们仍然考虑了两组可行域限制条件 $\mu_{1d} - \alpha\mu_{2d} \geqslant 0$ 和 $\mu_{2d} - \beta\mu_{3d} \geqslant 0$，其目的在于反映三种奖牌之间所存在的相对重要性关系，如 $\alpha = \beta = 2$ 表示金牌权重至少是银牌权重的两倍，并且银牌权重至少是铜牌权重的两倍（Lozano et al.，2002）。

与 Liang 等（2008）分析的一样，在本章中，我们将从非合作博弈的视角来研究各决策单元，正如前面所说的，在许多 DEA 应用问题中，决策单元之间存在着一定的竞争因素，所以每个决策单元在选择自己一组权重的时候，需要考虑该组权重对其他决策单元效率值的影响。传统的考虑规模收益可变的 DEA 模型（9.5）或其改进模型（9.8）只是考虑了在所有决策单元效率不超过 1 的情况下来选择一组最优权重；交叉效率则更进了一步，每个决策单元的最终效率值不仅与自身的最优权重有关，而且考虑了其他决策单元的最优权重，但如果从非合作博弈的视角来看，交叉效率评价方法依然存在弊端。

在 Liang 等（2008）的研究中，他们认为各决策单元之间存在着竞争关系，从而在每个"参与人"之间存在着一个博弈，并且通过该博弈可以确定每个决策单元最终的效率值。假设在一个博弈中，参与人 DMU_d 的效率值被设定为 γ_d，则其他参与人 DMU_j 会在 DMU_d 效率值（γ_d）不被降低的情况下来最大化其效率值。我们定义 DMU_j（相对于 DMU_d）的博弈 d-交叉效率值为

$$
\gamma_{dj} = \frac{\displaystyle\sum_{r=1}^{3} \mu_{rj}^d y_{rj} - u_{0j}^d}{\displaystyle\sum_{i=1}^{2} \omega_{ij}^d x_{ij}}, \quad d=1,2,\cdots,n
\tag{9.9}
$$

式中，μ_{rj}^d、ω_{ij}^d 和 u_{0j}^d 是模型（9.8）的可行权重；下标 dj 表示 DMU_j 只允许在不

损害 DMU$_d$ 效率值的情况下选择权重。这样的定义方式允许决策单元选择一组对于所有决策单元都是最优的权重，基于这样的考虑，我们可以通过非合作博弈模型来确定最终的交叉效率。

为了计算定义（9.9）中的博弈 d-交叉效率，对于每个决策单元 DMU$_j$，我们可以考虑以下的数学规划问题：

$$
\begin{cases}
\max \displaystyle\sum_{r=1}^{3}\mu_{rj}^{d}y_{rd}-u_{0j}^{d} \\[2mm]
\text{s.t.}\ \displaystyle\sum_{i=1}^{2}\omega_{ij}^{d}x_{ij}-\sum_{r=1}^{3}\mu_{rj}^{d}y_{rj}+u_{0j}^{d}\geqslant 0,\quad j=1,2,\cdots,n \\[2mm]
\displaystyle\sum_{r=1}^{3}\mu_{rj}^{d}y_{rj}-u_{0j}^{d}\geqslant 0,\quad j=1,2,\cdots,n \\[2mm]
\gamma_{d}\times\displaystyle\sum_{i=1}^{2}\omega_{ij}^{d}x_{id}-\sum_{r=1}^{3}\mu_{rj}^{d}y_{rd}+u_{0j}^{d}\leqslant 0 \\[2mm]
\displaystyle\sum_{i=1}^{2}\omega_{ij}^{d}x_{id}=1 \\[2mm]
\mu_{1j}^{d}-\alpha\mu_{2j}^{d}\geqslant 0 \\[1mm]
\mu_{2j}^{d}-\beta\mu_{3j}^{d}\geqslant 0 \\[1mm]
\omega_{ij}^{d}\geqslant 0,\quad i=1,2 \\[1mm]
\mu_{rj}^{d}\geqslant 0,\quad r=1,2,3 \\[1mm]
u_{0j}^{d}\text{符号任意}
\end{cases}
\tag{9.10}
$$

式中，$\gamma_{d}<1$ 是一个参数（如可以用来表示由式（9.7）定义的 DMU$_d$ 的传统平均交叉效率值）。在此，我们定义模型（9.10）为 DEA 博弈 d-交叉效率模型，需要注意的是，模型（9.10）是在 DMU$_d$ 的效率值不低于给定值（γ_{d}）的情况下最大化 DMU$_j$ 的效率值，因此，可以说 DMU$_j$ 的效率值的确定过程被多加了一个限制条件，即 DMU$_d$ 的效率值不低于其传统的平均交叉效率。

基于 Liang 等（2008）的研究，我们有以下定义。

定义 9.1　设 $(\mu_{rj}^{d*}(\gamma_{d}),u_{0j}^{d*})$ 是模型（9.10）的最优解，对于每个 DMU$_j$，$\gamma_{j}=\dfrac{1}{n}\displaystyle\sum_{d=1}^{n}\left(\sum_{r=1}^{3}\mu_{rj}^{d*}(\gamma_{d})y_{rj}-u_{0j}^{d*}(\gamma_{d})\right)$ 被称为其平均博弈交叉效率。

Liang 等（2008）设计了一个算法来确定 DMU$_j$ 的最终平均博弈交叉效率值，具体算法如下。

第一步：求解模型（9.8），确定一组由式（9.7）确定的传统平均交叉效率值，令 $t=1$ 和 $\gamma_{d}=\gamma_{d}^{1}=\overline{E}_{d}$。

第二步：求解模型（9.10），令 $\gamma_j^2 = \dfrac{1}{n}\sum_{d=1}^{n}\left(\sum_{r=1}^{3}\mu_{rj}^{d*}(\gamma_d^1)y_{rj} - u_{0j}^{d*}(\gamma_d^1)\right)$，并得到一般形式为

$$\gamma_j^{t+1} = \frac{1}{n}\sum_{d=1}^{n}\left(\sum_{r=1}^{3}\mu_{rj}^{d*}(\gamma_d^t)y_{rj} - u_{0j}^{d*}(\gamma_d^t)\right) \tag{9.11}$$

式中，$\mu_{rj}^{d*}(\gamma_d^t)$ 和 $u_{0j}^{d*}(\gamma_d^t)$ 表示 $\gamma_d = \gamma_d^t$ 时，模型（9.10）中 μ_{rj}^d 和 u_{0j}^d 的最优值。

第三步：如果存在某些 j，使得 $|\gamma_j^{t+1} - \gamma_j^t| \geqslant \varepsilon$ 成立，其中 ε 是一个小的特定正值，则令 $\gamma_d = \gamma_d^{t+1}$ 并返回第二步；如果对于所有 j，$|\gamma_j^{t+1} - \gamma_j^t| < \varepsilon$ 均成立，则停止，γ_j^{t+1} 就是最终的平均博弈交叉效率值。

在 Liang 等（2008）的研究中，上述算法已经被证明是收敛的，并且由上述算法确定的博弈交叉效率值是 DEA 博弈的纳什均衡解，因此得到的博弈交叉效率值是唯一的，从而基于博弈交叉效率评价方法的结果和决策是可靠的。

9.6　基于博弈交叉效率评价方法的奥运会参赛国效率结果分析

在本节中，我们将利用 9.5 节中提出的考虑规模收益可变的博弈交叉效率评价方法，对 1984~2004 年六届夏季奥运会中的参赛国进行效率评价。

在计算过程中，我们利用传统平均交叉效率值作为起点，并令 $\varepsilon = 0.0001$。由于式（9.7）中的交叉效率经常是不唯一的，所以我们需要在计算传统交叉效率的过程中引入二次目标，不同的二次目标表示不同的选择策略，如侵略性策略和仁慈性策略。侵略性策略是指，在最大化被评价单元效率的同时，尽可能使其他决策单元的平均交叉效率值最小（Sexton et al.，1986）；我们也可以采用仁慈性策略，即在最大化被评价单元效率的同时，尽可能使其他决策单元的平均交叉效率值最大（Doyle and Green，1994）。另外，在计算交叉效率的过程中，我们定义没有施加任何二次目标的策略为任意性策略。

表 9.7　2004 年雅典奥运会中各参赛国的 VRS 效率、交叉效率和博弈交叉效率值

DMU	国家（地区）	博弈交叉效率	模型（9.8）效率	交叉效率		
				侵略性	任意性	仁慈性
1	澳大利亚	0.6569	1	0.3955	0.437	0.4726
2	奥地利	0.2328	0.3744	0.1548	0.1636	0.1769
3	阿塞拜疆	0.7221	1	0.4189	0.4456	0.5053
4	巴哈马	0.608	1	0.4753	0.4871	0.5241

续表

DMU	国家（地区）	博弈交叉效率	模型（9.8）效率	交叉效率		
				侵略性	任意性	仁慈性
5	白俄罗斯	0.6652	0.7278	0.4086	0.4365	0.4786
6	比利时	0.1184	0.183	0.077	0.0801	0.0879
7	巴西	0.1312	0.243	0.0792	0.0886	0.0996
8	英国	0.1598	0.2011	0.0999	0.1103	0.118
9	保加利亚	0.5518	0.6363	0.3412	0.3602	0.3925
10	喀麦隆	0.5108	0.8334	0.2894	0.3099	0.3569
11	加拿大	0.1282	0.171	0.084	0.0900	0.0968
12	智利	0.2285	0.259	0.1457	0.1532	0.1653
13	中国	0.2783	1	0.0783	0.1125	0.1402
14	哥伦比亚	0.2017	0.3564	0.101	0.1096	0.1326
15	克罗地亚	0.394	0.5346	0.2755	0.2899	0.3132
16	古巴	0.985	1	0.6471	0.7152	0.7596
17	捷克	0.2389	0.2997	0.16	0.1704	0.1846
18	丹麦	0.216	0.3574	0.1414	0.1495	0.1622
19	爱沙尼亚	0.611	1	0.3319	0.3539	0.4017
20	埃塞俄比亚	0.442	1	0.2746	0.3151	0.3317
21	芬兰	0.1549	0.2534	0.0879	0.094	0.1063
22	法国	0.1789	0.22	0.1116	0.124	0.1324
23	格鲁吉亚	0.9683	1	0.6821	0.712	0.7585
24	德国	0.2033	0.2385	0.1188	0.1336	0.1441
25	希腊	0.4508	0.6741	0.2906	0.3146	0.3378
26	匈牙利	0.6806	0.9468	0.4272	0.4688	0.503
27	印度	0.0372	0.1698	0.0144	0.0174	0.0215
28	印度尼西亚	0.1093	0.2476	0.0601	0.0675	0.0771
29	伊朗	0.1772	0.2953	0.1197	0.1266	0.1406
30	以色列	0.1962	0.3036	0.1255	0.1305	0.1437
31	意大利	0.1931	0.2351	0.1184	0.1313	0.1408
32	牙买加	0.7988	1	0.6185	0.6445	0.68
33	日本	0.1434	0.1561	0.0822	0.0929	0.1011
34	哈萨克斯坦	0.3671	0.4336	0.2284	0.2441	0.2704
35	肯尼亚	0.5312	0.9995	0.3317	0.3642	0.4142
36	朝鲜	0.5469	0.9642	0.3153	0.3483	0.4088

续表

DMU	国家（地区）	博弈交叉效率	模型（9.8）效率	交叉效率		
				侵略性	任意性	仁慈性
37	韩国	0.2654	0.2825	0.16	0.1785	0.1922
38	拉脱维亚	0.6445	0.9281	0.3944	0.4286	0.4767
39	立陶宛	0.4923	0.6811	0.3372	0.3534	0.3843
40	墨西哥	0.0801	0.1297	0.0436	0.0476	0.0561
41	摩洛哥	0.3116	0.4948	0.2054	0.2181	0.2417
42	荷兰	0.2884	0.4484	0.1733	0.1883	0.2043
43	新西兰	0.422	0.6966	0.2883	0.3053	0.3288
44	尼日利亚	0.1782	0.4246	0.0826	0.0934	0.113
45	挪威	0.415	0.7916	0.2307	0.246	0.2764
46	波兰	0.1786	0.22	0.1172	0.1249	0.1355
47	葡萄牙	0.1622	0.2379	0.0877	0.0945	0.1082
48	罗马尼亚	0.599	0.7457	0.3597	0.401	0.4367
49	俄罗斯	0.6236	1	0.3144	0.3691	0.4224
50	斯洛伐克	0.4158	0.5524	0.3085	0.3223	0.3423
51	斯洛文尼亚	0.3618	0.5933	0.197	0.2111	0.2394
52	南非	0.1513	0.2126	0.0944	0.1006	0.113
53	西班牙	0.1483	0.1804	0.0882	0.0973	0.1058
54	瑞典	0.2628	0.4446	0.1688	0.1799	0.1957
55	瑞士	0.1304	0.2045	0.0907	0.0951	0.103
56	泰国	0.2028	0.3319	0.1343	0.144	0.1596
57	特立尼达和多巴哥	0.5541	0.982	0.2585	0.2721	0.3206
58	土耳其	0.1643	0.2546	0.1053	0.1131	0.1259
59	乌克兰	0.6195	1	0.3715	0.4195	0.4678
60	美国	0.2146	0.2897	0.1034	0.1201	0.1351
61	乌兹别克斯坦	0.5679	1	0.4054	0.4342	0.4772
62	塞尔维亚	0.4127	0.5061	0.2088	0.2254	0.263

　　为了说明博弈交叉效率评价方法的稳定性和收敛性，我们分别利用任意性、侵略性和仁慈性交叉效率值作为起点（γ_d^1），三种不同策略下的交叉效率值最终均收敛于相同的博弈交叉效率值，所得到的博弈交叉效率值如表 9.7 中第三列所示。图 9.2 所示为 2004 雅典奥运会主办国希腊博弈交叉效率的收敛过程。

　　图 9.3 表明通过 11 次迭代计算，1984～2004 年六届奥运会的五个主办国通过

所提出的算法均达到了博弈交叉效率值，可以看出，当 t 取偶数时，博弈交叉效率值是减小的；当 t 取奇数时，博弈交叉效率值是增加的。

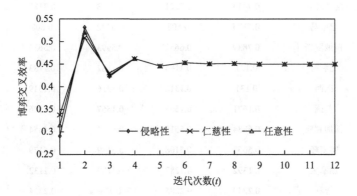

图 9.2　雅典奥运会中希腊博弈交叉效率的求解过程

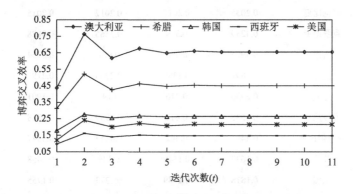

图 9.3　5 个奥运会主办国博弈交叉效率的求解过程

需要指出的是，在计算表 9.7 的结果时，我们令 $\alpha = \beta = 2$。和 Lozano 等（2002）的分析一样，我们对 2004 年雅典奥运会中各参赛国的博弈交叉效率值与 α 和 β 的取值进行灵敏度分析，具体的分析结果如表 9.8 所示。随着 α 和 β 值的增大，模型中的输出权重可行域呈减小趋势，因此传统的效率值会逐渐变小，但是我们可以发现，博弈交叉效率值对参数值的变化并不是很敏感，即 α 和 β 的取值并不会太影响博弈交叉效率值。

表 9.8　博弈交叉效率灵敏度分析结果

DMU	国家（地区）	$\alpha = \beta = 1$	$\alpha = \beta = 2$	$\alpha = \beta = 3$	$\alpha = \beta = 4$	$\alpha = \beta = 5$
1	澳大利亚	0.6688	0.6569	0.6486	0.6397	0.6315
2	奥地利	0.256	0.2328	0.214	0.2034	0.1963

续表

DMU	国家（地区）	$\alpha = \beta = 1$	$\alpha = \beta = 2$	$\alpha = \beta = 3$	$\alpha = \beta = 4$	$\alpha = \beta = 5$
3	阿塞拜疆	0.7414	0.7221	0.7183	0.7187	0.7205
4	巴哈马	0.6175	0.608	0.6072	0.608	0.6086
5	白俄罗斯	0.7839	0.6652	0.5993	0.5632	0.5414
6	比利时	0.121	0.1184	0.1182	0.1183	0.1185
7	巴西	0.131	0.1312	0.1316	0.1319	0.1322
8	英国	0.1671	0.1598	0.1557	0.1526	0.1502
9	保加利亚	0.6884	0.5518	0.5044	0.4854	0.4772
10	喀麦隆	0.5053	0.5108	0.5149	0.5179	0.5204
11	加拿大	0.1392	0.1282	0.1189	0.1132	0.1094
12	智利	0.2249	0.2285	0.231	0.2324	0.2332
13	中国	0.2754	0.2783	0.2781	0.2776	0.2771
14	哥伦比亚	0.2035	0.2017	0.2012	0.2015	0.2019
15	克罗地亚	0.4239	0.394	0.3865	0.3828	0.3807
16	古巴	0.9905	0.985	0.981	0.9754	0.9699
17	捷克	0.2891	0.2389	0.2233	0.2196	0.2176
18	丹麦	0.2936	0.216	0.197	0.1901	0.1881
19	爱沙尼亚	0.6535	0.611	0.5939	0.5858	0.581
20	埃塞俄比亚	0.4494	0.442	0.4367	0.4347	0.4339
21	芬兰	0.1637	0.1549	0.149	0.1458	0.1439
22	法国	0.1818	0.1789	0.1773	0.1755	0.174
23	格鲁吉亚	0.9687	0.9683	0.9685	0.9683	0.9684
24	德国	0.2153	0.2033	0.1963	0.1913	0.1875
25	希腊	0.4607	0.4508	0.4401	0.4321	0.4256
26	匈牙利	0.6809	0.6806	0.6775	0.6736	0.6689
27	印度	0.0369	0.0372	0.0373	0.0373	0.0374
28	印度尼西亚	0.11	0.1093	0.1092	0.1092	0.1094
29	伊朗	0.1828	0.1772	0.1748	0.1738	0.1734
30	以色列	0.1955	0.1962	0.1973	0.1982	0.1988
31	意大利	0.2026	0.1931	0.1877	0.1837	0.1807
32	牙买加	0.8114	0.7988	0.7972	0.7983	0.7991
33	日本	0.1425	0.1434	0.1436	0.1432	0.1427
34	哈萨克斯坦	0.4186	0.3671	0.3416	0.3361	0.3334
35	肯尼亚	0.5586	0.5312	0.5002	0.4952	0.4929

DMU	国家（地区）	$\alpha=\beta=1$	$\alpha=\beta=2$	$\alpha=\beta=3$	$\alpha=\beta=4$	$\alpha=\beta=5$
36	韩国	0.5852	0.5469	0.5364	0.532	0.53
37	朝鲜	0.2858	0.2654	0.2539	0.2463	0.2409
38	拉脱维亚	0.7055	0.6445	0.6074	0.5902	0.5799
39	立陶宛	0.5059	0.4923	0.4845	0.4805	0.478
40	墨西哥	0.083	0.0801	0.0789	0.0785	0.0782
41	摩洛哥	0.3099	0.3116	0.3134	0.3146	0.3158
42	荷兰	0.345	0.2884	0.2586	0.2401	0.2277
43	新西兰	0.4244	0.422	0.4187	0.416	0.4132
44	尼日利亚	0.179	0.1782	0.1781	0.1783	0.1786
45	挪威	0.4069	0.415	0.4173	0.4147	0.4155
46	波兰	0.1896	0.1786	0.1737	0.1718	0.1711
47	葡萄牙	0.1692	0.1622	0.16	0.159	0.1584
48	罗马尼亚	0.5973	0.599	0.5996	0.5988	0.5985
49	俄罗斯	0.6406	0.6236	0.6163	0.6103	0.6055
50	斯洛伐克	0.4312	0.4158	0.4032	0.3967	0.3925
51	斯洛文尼亚	0.4459	0.3618	0.3433	0.3366	0.3328
52	南非	0.1648	0.1513	0.1487	0.1475	0.1471
53	西班牙	0.1787	0.1483	0.1311	0.1205	0.1135
54	瑞典	0.2608	0.2628	0.2635	0.2634	0.2627
55	瑞士	0.154	0.1304	0.1225	0.1206	0.1196
56	泰国	0.2092	0.2028	0.2025	0.2029	0.2035
57	特立尼达和多巴哥	0.5668	0.5541	0.5504	0.5492	0.5491
58	土耳其	0.1729	0.1643	0.1596	0.1575	0.1565
59	乌克兰	0.6241	0.6195	0.6193	0.6195	0.6206
60	美国	0.226	0.2146	0.208	0.2035	0.2003
61	乌兹别克斯坦	0.5714	0.5679	0.5682	0.5694	0.5709
62	塞尔维亚	0.4191	0.4127	0.4101	0.4087	0.4082

为了对表 9.8 中不同 α 和 β 值下的排序结果进行一致性检验，我们利用 SPSS 数学软件中的 Spearman 相关性检验，结果如表 9.9 所示。通过检验结果可以清楚地发现存在很高的一致性，如 $\alpha=\beta=4$ 下的排序结果与 $\alpha=\beta=5$ 下的排序结果之间存在最高的一致性系数 0.999，最低的一致性系数（$\alpha=\beta=1$ 下的排序结果与 $\alpha=\beta=5$ 下的排序结果之间）也达到了 0.977。另外，所有排序结果相互独立

的假设检验值为 0.0000，也就是说，独立性假设应该被拒绝。因此，我们可以说，不同 α 和 β 值下的排序结果是显著相关的，换句话说，α 和 β 值的选择不会太影响最终的排序结果。

表 9.9　不同 α 和 β 值下的排序结果之间的 Spearman 相关系数

	$\alpha=\beta=1$	$\alpha=\beta=2$	$\alpha=\beta=3$	$\alpha=\beta=4$	$\alpha=\beta=5$
$\alpha=\beta=1$	1	0.992 (0.0000)	0.984 (0.0000)	0.980 (0.0000)	0.977 (0.0000)
$\alpha=\beta=2$		1	0.996 (0.0000)	0.994 (0.0000)	0.992 (0.0000)
$\alpha=\beta=3$			1	0.999 (0.0000)	0.998 (0.0000)
$\alpha=\beta=4$				1	0.999 (0.0000)
$\alpha=\beta=5$					1

注：括号中的 p 值表示独立性相关系数。

　　表 9.10 列出了利用博弈交叉效率评价方法得到的 1984～2004 年六届奥运会中各参赛国的效率值演变过程。表中，"+"表示该国家（地区）没有参加当届奥运会；"−"表示该参赛国在当届奥运会没有得到奖牌。

表 9.10　1984～2004 年奥运会各参赛国的博弈交叉效率值

DMU	国家（地区）	洛杉矶（1984 年）	汉城（1988 年）	巴塞罗那（1992 年）	亚特兰大（1996 年）	悉尼（2000 年）	雅典（2004 年）
1	阿尔及利亚	0.2457	−	0.2883	0.2325	0.1819	−
2	亚美尼亚	+	+	+	0.9652	0.898	−
3	澳大利亚	0.2805	0.1885	0.3057	0.4803	0.6594	0.6569
4	奥地利	0.2238	0.2169	0.1303	0.0994	0.171	0.2328
5	阿塞拜疆	+	+	+	0.6049	0.7178	0.7221
6	巴哈马	−	−	0.6169	0.5827	0.5777	0.608
7	巴巴多斯	−	−	−	−	0.5799	−
8	白俄罗斯	+	+	−	0.6212	0.7881	0.6652
9	比利时	0.2016	0.1598	0.1139	0.1662	0.1161	0.1184
10	巴西	0.1462	0.124	0.0875	0.0916	0.066	0.1312
11	英国	0.1887	0.1233	0.0928	0.0785	0.1577	0.1598
12	保加利亚	+	0.9755	0.8424	0.8997	0.8644	0.5518
13	喀麦隆	0.5661	−	−	−	0.4127	0.5108

续表

DMU	国家（地区）	洛杉矶（1984 年）	汉城（1988 年）	巴塞罗那（1992 年）	亚特兰大（1996 年）	悉尼（2000 年）	雅典（2004 年）
14	加拿大	0.3678	0.1261	0.1645	0.1848	0.1126	0.1282
15	智利	–	0.4451	–	–	0.1556	0.2285
16	中国	0.2697	0.2135	0.2168	0.2593	0.1691	0.2783
17	哥伦比亚	0.2671	0.3447	0.2624	–	0.1373	0.2017
18	哥斯达黎加	–	0.7362	–	0.4353	0.3806	–
19	克罗地亚	+	+	0.5743	0.3536	0.4262	0.394
20	古巴	+	+	1	0.9899	0.9792	0.985
21	捷克	+	0.4095	0.4446	0.3833	0.3152	0.2389
22	丹麦	0.2558	0.3196	0.1957	0.4656	0.2261	0.216
23	爱沙尼亚	+	+	0.8341	0.6798	0.7133	0.611
24	埃塞俄比亚	+	+	0.4493	0.4599	0.452	0.442
25	芬兰	0.3901	0.2887	0.2253	0.2015	0.2254	0.1549
26	法国	0.1532	0.11	0.1123	0.2262	0.1931	0.1789
27	格鲁吉亚	+	+	+	0.6061	0.772	0.9683
28	德国	0.2462	0.4872	0.2559	0.2529	0.1843	0.2033
29	希腊	0.2402	0.2194	0.2105	0.3224	0.34	0.4508
30	匈牙利	+	0.8678	0.8195	0.6656	0.6705	0.6806
31	冰岛	0.4654	–	–	–	0.2498	–
32	印度	–	–	–	0.0421	0.039	0.0372
33	印度尼西亚	–	0.2282	0.1329	0.0882	0.0951	0.1093
34	伊朗	+	0.2387	0.1849	0.1279	0.1698	0.1772
35	爱尔兰	0.3706	–	0.2869	0.5182	0.1539	–
36	以色列	–	–	0.2002	0.1311	0.1363	0.1962
37	意大利	0.2434	0.1209	0.0944	0.2189	0.1973	0.1931
38	牙买加	0.9825	0.9407	0.9527	0.7292	0.7301	0.7988
39	日本	0.1062	0.0568	0.0472	0.0418	0.0513	0.1434
40	哈萨克斯坦	+	+	+	0.5227	0.5084	0.3671
41	肯尼亚	0.6399	0.8147	0.5872	0.5668	0.471	0.5312
42	韩国	+		0.592	0.5095	0.3355	0.5469
43	朝鲜	0.2941	0.3986	0.2115	0.236	0.2025	0.2654
44	科威特	–	–	–	–	0.2293	–
45	吉尔吉斯斯坦	+	+	+	–	0.8371	+
46	拉脱维亚	+	+	0.7729	0.5682	0.683	0.6445

DMU	国家（地区）	洛杉矶（1984 年）	汉城（1988 年）	巴塞罗那（1992 年）	亚特兰大（1996 年）	悉尼（2000 年）	雅典（2004 年）
47	立陶宛	+	+	0.6933	0.445	0.6604	0.4923
48	墨西哥	0.1494	0.1647	0.1017	0.0573	0.0599	0.0801
49	摩尔多瓦	+	+	+	0.8173	0.9204	+
50	摩洛哥	0.5258	0.5164	0.3719	0.1751	0.1978	0.3116
51	莫桑比克	−	−	−	0.5631	0.5617	−
52	荷兰	0.2754	0.1689	0.1836	0.258	0.4485	0.2884
53	新西兰	0.7122	0.5593	0.4622	0.5445	0.2491	0.422
54	尼日利亚	0.1714	−	0.2331	0.2632	0.1533	0.1782
55	挪威	0.2139	0.3872	0.346	0.3291	0.3434	0.415
56	波兰	+	0.3493	0.2605	0.3091	0.2449	0.1786
57	葡萄牙	0.3876	0.2922	−	0.1445	0.1473	0.1622
58	卡塔尔	−	−	0.414	−	0.2079	−
59	罗马尼亚	0.9907	0.5643	0.548	0.5721	0.7675	0.599
60	俄罗斯	+	0.4819	0.5243	0.5989	0.5947	0.6236
61	沙特阿拉伯	−	−	−	−	0.1085	−
62	斯洛伐克	+	+	+	0.3443	0.463	0.4158
63	斯洛文尼亚	+	+	0.47	0.3623	0.5493	0.3618
64	南非	+	+	0.1743	0.1691	0.1075	0.1513
65	西班牙	0.1542	0.1209	0.2077	0.1457	0.1074	0.1483
66	斯里兰卡	−	−	−	−	0.2424	−
67	瑞典	0.3416	0.1945	0.221	0.21647	0.2764	0.2628
68	瑞士	0.2082	0.1895	0.1228	0.3643	0.1982	0.1304
69	马其顿	+	+	+	−	0.773	+
70	泰国	0.2387	0.2693	0.1776	0.0939	0.11	0.2028
71	特立尼达和多巴哥	−	−	−	0.5818	0.537	0.5541
72	土耳其	0.2117	0.245	0.1655	0.1784	0.1322	0.1643
73	乌克兰	+	+	+	0.6068	0.4575	0.6195
74	乌拉圭	−	−	−	−	0.3534	−
75	美国	0.3233	0.1959	0.1397	0.2444	0.165	0.2146
76	乌兹别克斯坦	+	+	+	0.2997	0.3347	0.5679
77	越南	+	+	−	−	0.184	−
78	塞尔维亚	0.4652	0.3758	−	0.3334	0.4221	0.4127

注："−"表示未获得奖牌；"+"表示未参加奥运会。

一些国家在 1984～2004 年六届奥运会上都收获了奖牌，而有些国家在奥运会上只是偶尔获得奖牌。通过表 9.10 的结果可以看出，有些国家，如古巴和匈牙利，一直表现出较高水准而且每届的效率值都有所进步；而有些国家，如澳大利亚和挪威，则表现出了衰退的趋势。其他有些国家，如爱尔兰和瑞士，表现很不稳定，在有几届奥运会上得到较高的效率值，但在其他届奥运会上的效率值则较低；有些国家，如印度，则总是只能获得较低的效率值。这些结果的作用在于对各参赛国的表现进行客观的评价和持续监测，例如，一个参赛国在奥运会上的表现逐渐下降，则利用分析结果可以建议该国增加体育开支。

和 Lozano 等（2002）分析的一样，博弈交叉效率结果也可用来检验主办国的表现是否优于其效率的历史平均值，即是否存在"东道主效应"。表 9.11 列出了承办 1984～2004 年六届奥运会五个主办国的历次效率值，其中粗体数字表示当届奥运会中主办国的效率值。我们可以很容易发现，所有当届奥运会中主办国的表现均优于其历史效率平均值，所以"东道主效应"很明显。

表 9.11　各主办国的效率值

国家	洛杉矶（1984 年）	汉城（1988 年）	巴塞罗那（1992 年）	亚特兰大（1996 年）	悉尼（2000 年）	雅典（2004 年）	平均值
澳大利亚	0.2805	0.1885	0.3057	0.4803	**0.6594**	0.6569	0.4286
希腊	0.2402	0.2194	0.2105	0.3224	0.34	**0.4508**	0.2972
韩国	0.2941	**0.3986**	0.2115	0.236	0.2025	0.2654	0.268
西班牙	0.1542	0.1209	**0.2077**	0.1457	0.1074	0.1483	0.1474
美国	**0.3233**	0.1959	0.1397	**0.2444**	0.165	0.2146	0.2138

最后，我们将本章结果与 Lozano 等（2002）中的结果进行比较，表 9.12 列出了 2000 年悉尼奥运中 Lozano 等（2002）结果与博弈交叉效率结果的差异，表中的最后一列给出了这两种方法之间的排序差异。

表 9.12　悉尼奥运会中 Lozano 等（2002）结果与博弈交叉效率结果的差异

DMU	国家（地区）	Lozano 等（2002）效率值	排序	博弈交叉效率值*	排序	排序差异
1	阿尔及利亚	0.101	53	0.1819	55	−2
2	亚美尼亚	0.333	35	0.898	3	32
3	澳大利亚	1（23）	4	0.6594	16	−12
4	奥地利	0.216	44	0.171	56	−12
5	阿塞拜疆	0.554	20	0.7178	11	9
6	巴哈马	1（27）	3	0.5777	19	−16
7	巴巴多斯	1（11）	6	0.5799	18	−12
8	白俄罗斯	0.431	28	0.7881	6	22

续表

DMU	国家（地区）	Lozano 等（2002）效率值	排序	博弈交叉效率值*	排序	排序差异
9	比利时	0.09	59	0.1161	68	−9
10	巴西	0.084	61	0.066	75	−14
11	英国	0.522	22	0.1577	60	−38
12	保加利亚	0.663	16	0.8644	4	12
13	喀麦隆	0.091	58	0.4127	31	27
14	加拿大	0.188	46	0.1126	69	−23
15	智利	0.012	77	0.1556	61	16
16	中国	0.86	11	0.1691	58	−47
17	哥伦比亚	0.063	66	0.1373	65	1
18	哥斯达黎加	0.074	63	0.3806	32	31
19	克罗地亚	0.186	47	0.4262	29	18
20	古巴	1（58）	1	0.9792	1	0
21	捷克	0.247	40	0.3152	38	2
22	丹麦	0.371	33	0.2261	45	−12
23	爱沙尼亚	1（3）	8	0.7133	12	−4
24	埃塞俄比亚	0.517	23	0.452	27	−4
25	芬兰	0.336	34	0.2254	46	−12
26	法国	0.617	18	0.1931	52	−34
27	格鲁吉亚	0.182	48	0.772	8	40
28	德国	1（23）	4	0.1843	53	−49
29	希腊	0.403	31	0.34	35	−4
30	匈牙利	0.78	14	0.6705	14	0
31	冰岛	0.513	24	0.2498	40	−16
32	印度	0.005	78	0.039	78	0
33	印度尼西亚	0.096	56	0.0951	74	−18
34	伊朗	0.175	49	0.1698	57	−8
35	爱尔兰	0.071	64	0.1539	62	2
36	以色列	0.022	75	0.1363	66	9
37	意大利	0.621	17	0.1973	51	−34
38	牙买加	0.563	19	0.7301	10	9
39	日本	0.209	45	0.0513	77	−32
40	哈萨克斯坦	0.284	39	0.5084	23	16
41	肯尼亚	0.217	43	0.471	24	19

续表

DMU	国家（地区）	Lozano 等（2002）效率值	排序	博弈交叉效率值*	排序	排序差异
42	韩国	0.037	71	0.3355	36	35
43	朝鲜	0.413	30	0.2025	48	−18
44	科威特	0.059	69	0.2293	44	25
45	吉尔吉斯斯坦	0.244	41	0.8371	5	36
46	拉脱维亚	0.533	21	0.683	13	8
47	立陶宛	0.489	25	0.6604	15	10
48	墨西哥	0.061	68	0.0599	76	−8
49	摩尔多瓦	1（6）	7	0.9204	2	5
50	摩洛哥	0.071	64	0.1978	50	14
51	莫桑比克	0.323	36	0.5617	20	16
52	荷兰	0.822	13	0.4485	28	−15
53	新西兰	0.228	42	0.2491	41	1
54	尼日利亚	0.079	62	0.1533	63	−1
55	挪威	0.778	15	0.3434	34	−19
56	波兰	0.372	32	0.2449	42	−10
57	葡萄牙	0.028	73	0.1473	64	9
58	卡塔尔	0.148	52	0.2079	47	5
59	罗马尼亚	0.883	10	0.7675	9	1
60	俄罗斯	1（34）	2	0.5947	17	−15
61	沙特阿拉伯	0.03	72	0.1085	71	1
62	斯洛伐克	0.313	37	0.463	25	12
63	斯洛文尼亚	0.848	12	0.5493	21	−9
64	南非	0.063	66	0.1075	72	−6
65	西班牙	0.162	50	0.1074	73	−23
66	斯里兰卡	0.013	76	0.2424	43	33
67	瑞典	0.418	29	0.2764	39	−10
68	瑞士	0.303	38	0.1982	49	−11
69	马其顿	0.089	60	0.773	7	53
70	泰国	0.053	70	0.11	70	0
71	特立尼达和多巴哥	0.462	27	0.537	22	5
72	土耳其	0.152	51	0.1322	67	−16
73	乌克兰	0.463	26	0.4575	26	0

续表

DMU	国家（地区）	Lozano 等（2002）效率值	排序	博弈交叉效率值*	排序	排序差异
74	乌拉圭	0.1	55	0.3534	33	22
75	美国	1（3）	8	0.165	59	−51
76	乌兹别克斯坦	0.101	53	0.3347	37	16
77	越南	0.028	73	0.184	54	19
78	塞尔维亚	0.096	56	0.4221	30	26

* $\alpha = \beta = 2$

9.7　本 章 小 结

在本章中，我们首先利用交叉效率评价方法对 1984～2004 年六届奥运会中的参赛国进行评价。研究中考虑了两种输入（人均 GDP 和人口数）以及三种输出（金牌数、银牌数、铜牌数），并且在模型中考虑了输出权重限制从而使实证结果更加有效。通过计算平均交叉效率值，我们对所有参赛国进行了充分排序，并且通过利用聚类分析技术为表现差的参赛国提供了更加适宜的改进基准。然后，我们利用一种新的 DEA 方法（博弈交叉效率方法）对 1984～2004 年六届奥运会中的参赛国进行评价。通过考虑参赛国之间存在的竞争关系，我们对 Lozano 等（2002）的研究进行了拓展，博弈交叉效率方法和传统交叉效率评价方法不同，并不存在由 DEA 权重不唯一导致的交叉效率不唯一的问题，并且通过算法得到的解（博弈交叉效率值）是纳什均衡解，从而不受 DEA 模型多重最优解的影响，并且最终的分析结果将更加可靠并对决策者更加有益。

值得指出的是，本章中的模型假设所有参赛国的权重限制条件是一样的，而实际上，不同的国家对于输出权重可能会有不同的限制条件，即不同的国家可能对金、银、铜三种奖牌权重间的数量关系有不同的定义，如何将这种情况加入我们的模型中是一个值得研究的方向。

参 考 文 献

Adler N, Golany B. 2001. Evaluation of deregulated airline networks using data envelopment analysis combined with principal component analysis with an application to Western Europe[J]. European Journal of Operational Research, 132（2）：260-273.

Banker R D, Charnes A, Cooper W W. 1984. Some models for estimating technical and scale inefficiencies in data envelopment analysis[J]. Management Science, 30（9）：1078-1092.

Charnes A, Cooper W W, Rhodes E. 1978. Measuring the efficiency of decision making units[J]. European Journal of Operational Research, 2（6）：429-444.

Charnes A, Clark C T, Cooper W W, et al. 1983. A developmental study of data envelopment analysis in measuring the efficiency of maintenance units in the US air forces[R]. Austin: Texas University at Austin Center for Cybernetic Studies.

Churilov L, Flitman A. 2006. Towards fair ranking of Olympics achievements: The case of Sydney 2000[J]. Computers & Operations Research, 33 (7): 2057-2082.

Cook W D, Zhu J. 2008. CAR-DEA: Context-dependent assurance regions in DEA[J]. Operations Research, 56 (1): 69-78.

Doyle J R, Green R H. 1995. Cross-evaluation in DEA: Improving discrimination among DMUs[J]. INFOR: Information Systems and Operational Research, 33 (3): 205-222.

Doyle J, Green R. 1994. Efficiency and cross-efficiency in DEA: Derivations, meanings and uses[J]. Journal of the Operational Research Society, 45 (5): 567-578.

Green R H, Doyle J R, Cook W D. 1996. Preference voting and project ranking using DEA and cross-evaluation[J]. European Journal of Operational Research, 90 (3): 461-472.

Hai H L. 2007. Using vote-ranking and cross-evaluation methods to assess the performance of nations at the Olympics[J]. WSEAS Transactions on Systems, 6 (6): 1196-1198.

Li Y, Liang L, Chen Y, et al. 2008. Models for measuring and benchmarking Olympics achievements[J]. Omega, 36 (6): 933-940.

Liang L, Wu J, Cook W D, et al. 2008. The DEA game cross-efficiency model and its Nash equilibrium[J]. Operations Research, 56 (5): 1278-1288.

Lins M P E, Gomes E G, De Mello J C C B S, et al. 2003. Olympic ranking based on a zero sum gains DEA model[J]. European Journal of Operational Research, 148 (2): 312-322.

Lozano S, Villa G, Guerrero F, et al. 2002. Measuring the performance of nations at the Summer Olympics using data envelopment analysis[J]. Journal of the Operational Research Society, 53 (5): 501-511.

Oral M, Kettani O, Lang P. 1991. A methodology for collective evaluation and selection of industrial R&D projects[J]. Management Science, 37 (7): 871-885.

Roll Y, Golany B. 1993. Alternate methods of treating factor weights in DEA[J]. Omega, 21 (1): 99-109.

Sexton T R, Silkman R H, Hogan A J. 1986. Data envelopment analysis: Critique and extensions[J]. New Directions for Program Evaluation, (32): 73-105.

Thanassoulis E. 1996. A data envelopment analysis approach to clustering operating units for resource allocation purposes[J]. Omega, 24 (4): 463-476.

Wu J, Liang L, Chen Y. 2009. DEA game cross-efficiency approach to Olympic rankings[J]. Omega, 37 (4): 909-918.

Wu J, Liang L, Wu D, et al. 2008. Olympics ranking and benchmarking based on cross efficiency evaluation method and cluster analysis: The case of Sydney 2000[J]. International Journal of Enterprise Network Management, 2 (4): 377-392.

Wu J, Liang L, Yang F. 2009. Achievement and benchmarking of countries at the Summer Olympics using cross efficiency evaluation method[J]. European Journal of Operational Research, 197 (2): 722-730.

第四部分　交叉效率集结方法篇

第 10 章 基于熵的交叉效率集结方法

10.1 引　　言

现有关于交叉效率的研究主要集中在权重选择问题上，很少有关注交叉效率集结问题的研究（Wang and Chin，2011）。传统的交叉效率的集结是采取平均值的方法，即采用相同的权重对被评价决策单元不同交叉效率值加权集结得到最终的评价结果。该处理方式已被广泛应用在许多实际问题中，但是存在诸多缺陷，如最终的平均交叉效率值不是帕累托最优；最终的平均效率值和权重之间没有关联性，从而无法清楚地为决策者提供令其改善业绩的方案（Despotis，2002；吴杰，2008）。本章将从多属性决策概念出发，提出基于距离熵的交叉效率集结模型。该模型既能够与经典 DEA 交叉效率模型保持理论一致性，又能够从不同的角度保证决策单元的优劣可比性。

10.2　问 题 描 述

通过 Sexton 等（1986）提出的交叉效率方法，可以得到所有决策单元的传统交叉效率值。如表 10.1 所示，矩阵中的元素 E_{dj} 是 DMU_j 利用 DMU_d 的权重所获得的效率值，对角线上的元素表示 DMU_d 进行自评的效率值，可以通过 CCR 模型直接求得。对于 DMU_j，所有 E_{dj} 的平均值，即 $\bar{E}_j = \dfrac{1}{n} \sum_{d=1}^{n} E_{dj} (j = 1, 2, \cdots, n)$ 表示 DMU_j 的交叉效率值。

表 10.1　传统交叉效率矩阵

评价单元	被评价单元				
	1	2	3	⋯	n
1	E_{11}	E_{12}	E_{13}	⋯	E_{1n}
2	E_{21}	E_{22}	E_{23}	⋯	E_{2n}
3	E_{31}	E_{32}	E_{33}	⋯	E_{3n}
⋮	⋮	⋮	⋮		⋮
n	E_{n1}	E_{n2}	E_{n3}	⋯	E_{nn}
平均交叉效率	$\bar{E}_1$	$\bar{E}_2$	$\bar{E}_3$	⋯	$\bar{E}_n$

　　尽管现有文献均指出可以采用这种思路集结交叉效率值并对决策单元进行优劣排序，但事实上这种思路并未对交叉效率值与权重的联系给出较有说服力的论证（苏航，2013）。正是由于缺乏理性解释，一些学者对这种交叉效率评价值的处理方式提出了质疑，认为平均化方案并非帕累托最优解，而且平均权重不能反映出不同的交叉效率值之间的重要度（Wu et al.，2008，2009；Wang and Chin，2011；Wu，2009）。本章将从多属性决策概念出发，从全局最优的角度提出不同的交叉效率集结模型放松平均假设性的弊端。

10.3　考虑 Shannon 熵的交叉效率集结方法

　　熵（Entropy）原本是热力学的概念，但自从数学家 Shannon 将其引进通信工程并进而形成信息论后，熵在工程技术、管理科学乃至社会经济等领域得到广泛的应用（Shannon，1948）。熵是对系统状态不确定性的一种度量，熵值越大，系统状态的不确定性也就越大。本节将信息熵引入交叉效率方法中，具体来说就是通过建立距离熵模型求解交叉效率值的集结权重，这组权重尽量使他评效率熵值与自评效率熵值之间的距离尽可能小。它们之间的距离越小，意味着自评和互评之间的不确定性也越小，那么这组评价值也越接近真实值。

10.3.1　定义交叉效率熵值

　　定义 10.1　将表 10.1 中的交叉效率矩阵标准化之后，DMU_j 的交叉效率 E_{ij} 的熵值可定义为

$$h_{ij} = -D_{ij} \ln D_{ij} \tag{10.1}$$

式中，$D_{ij} = E_{ij} \Big/ \sum_{i=1}^{n} E_{ij}$。

　　性质 10.1　交叉效率熵值 h_{ij} 为正数。因为 $0 < D_{ij} \leqslant 1$，所以 $h_{ij} = -D_{ij} \ln D_{ij} > 0$。

　　性质 10.2　E_{ij} 的熵值具有可加性。决策单元 DMU_j 的熵值等于它的自评和他评熵值之和，即 $H_j = \sum_{i=1}^{n} h_{ij} = -\sum_{i=1}^{n} D_{ij} \ln D_{ij}$。

　　性质 10.3　DMU_j 可能存在最大熵值。如果 DMU_j 的自评和他评效率值全部相等，即 $D_{ij} = \dfrac{1}{n}$，那么它的最大熵值就会存在，为

$$H_j(D_{1j}, \cdots, D_{nj}) = -\sum_{i=1}^{n} D_{ij} \ln D_{ij} \leqslant H_j\left(\frac{1}{n}, \cdots, \frac{1}{n}\right) = \ln n \tag{10.2}$$

10.3.2　基于距离熵的交叉效率集结模型

定义 10.2　对于 DMU$_j$，它的他评效率与自评效率值的距离熵函数为

$$b_{ij} = h_{ij} - h_{jj}, \quad j = 1,2,\cdots,n \tag{10.3}$$

式中，h_{ij} 是 DMU$_j$ 的他评效率熵值；h_{jj} 是 DMU$_j$ 的自评效率熵值。

定义 10.3　对于 DMU$_j$，整个决策单元的距离熵函数为

$$\begin{cases} \min z_j = \sum_{i=1}^{n} (b_{ij}\lambda_i)^2 = \sum_{i=1}^{n} (h_{ij} - h_{jj})^2 \lambda_i^2 \\ \text{s.t.} \quad \sum_{i=1}^{n} \lambda_i = 1 \\ \qquad \lambda_i > 0, \quad i = 1,2,\cdots,n \end{cases} \tag{10.4}$$

z_j 越小，则意味着自评和他评效率值一致性越大。

所有决策单元的熵函数则可用如下多目标模型表示：

$$\begin{cases} \min z_1 = \sum_{i=1}^{n} (b_{i1}\lambda_i)^2 = \sum_{i=1}^{n} (h_{i1} - h_{11})^2 \lambda_i^2 \\ \min z_2 = \sum_{i=1}^{n} (b_{i2}\lambda_i)^2 = \sum_{i=1}^{n} (h_{i2} - h_{22})^2 \lambda_i^2 \\ \qquad\qquad\qquad \vdots \\ \min z_n = \sum_{i=1}^{n} (b_{in}\lambda_i)^2 = \sum_{i=1}^{n} (h_{in} - h_{nn})^2 \lambda_i^2 \\ \text{s.t.} \quad \sum_{i=1}^{n} \lambda_i = 1 \\ \qquad \lambda_i > 0, \quad i = 1,2,\cdots,n \end{cases} \tag{10.5}$$

模型（10.5）是非线性模型，存在求解困难，故采用线性加权法将其转化为线性模型（10.6），如下：

$$\begin{cases} \min Z = \sum_{j=1}^{n}\sum_{i=1}^{n} b_{ij}^2 \lambda_i^2 = \sum_{j=1}^{n}\sum_{i=1}^{n} (h_{ij} - h_{jj})^2 \lambda_i^2 \\ \text{s.t.} \quad \sum_{i=1}^{n} \lambda_i = 1 \\ \qquad \lambda_i > 0, \quad i = 1,2,\cdots,n \end{cases} \tag{10.6}$$

定理 10.1　对每个决策单元 DMU，它的集结权重为

$$\lambda_i = \frac{\left(\sum\limits_{j=1}^{n}(b_{ij})^2\right)^{-1}}{\sum\limits_{i=1}^{n}\left(\sum\limits_{j=1}^{n}(b_{ij})^2\right)^{-1}} \tag{10.7}$$

证明　模型（10.6）的拉格朗日函数构建为 $L = \sum\limits_{j=1}^{n}\sum\limits_{i=1}^{n}(b_{ij})^2\lambda_i^2 + \xi\left(\sum\limits_{i=1}^{n}\lambda_i - 1\right)$，

其 Hessian 矩阵为

$$\boldsymbol{H} = \begin{bmatrix} \dfrac{\partial_L^2}{\partial^2\lambda_1} & \dfrac{\partial_L^2}{\partial\lambda_1\partial\lambda_2} & \cdots & \dfrac{\partial_L^2}{\partial\lambda_1\partial\lambda_n} \\ \dfrac{\partial_L^2}{\partial\lambda_2\partial\lambda_1} & \dfrac{\partial_L^2}{\partial^2\lambda_2} & \cdots & \dfrac{\partial_L^2}{\partial\lambda_2\partial\lambda_n} \\ \vdots & \vdots & & \vdots \\ \dfrac{\partial_L^2}{\partial\lambda_n\partial_{\lambda_1}} & \dfrac{\partial_L^2}{\partial\lambda_n\partial\lambda_2} & \cdots & \dfrac{\partial_L^2}{\partial^2\lambda_n} \end{bmatrix}$$

式中，存在 $\dfrac{\partial_L^2}{\partial\lambda_i\partial\lambda_j} = 0, i \neq j$，$\dfrac{\partial_L^2}{\partial^2\lambda_i} = 2\sum\limits_{j=1}^{n}b_{ij}^2 > 0$，则根据黑塞（Hesse）定理得知

模型一定存在最小目标值。

令 $\dfrac{\partial L}{\partial \xi} = 0$，有 $\sum\limits_{j=1}^{q}\lambda_i = 1$（*）。令 $\dfrac{\partial L}{\partial\lambda_i} = 0$ 并结合（*），可以求得 $\xi = \dfrac{1}{2\sum\limits_{i=1}^{n}\dfrac{1}{\sum\limits_{j=1}^{n}(b_{ij})^2}}$

和 $\lambda_i = \dfrac{1}{\left(\sum\limits_{i=1}^{n}\dfrac{1}{\sum\limits_{j=1}^{n}(b_{ij})^2}\right)\left(\sum\limits_{j=1}^{n}(b_{ij})^2\right)}$，定理得证。

定理 10.2　模型（10.6）的约束条件为非空凸集。

证明　令 S 是模型的约束条件，显然它是非空的。现假设模型存在两组解集 $(\lambda_1', \cdots, \lambda_n')$ 和 $(\lambda_1'', \cdots, \lambda_n'') \in S$。对于任意 $\beta \in [0,1]$，都存在 $\beta\lambda_i' + (1-\beta)\lambda_i'' \in S$，故 S 是凸集。

定理 10.3　模型的目标函数 $Z = \sum\limits_{j=1}^{n}\sum\limits_{i=1}^{n}b_{ij}^2\lambda_i^2$ 在可行域内为凹函数。

证明　S 是 n 维欧氏空间 R 上的某一开凸集，目标函数 Z 在 R 上具有二阶连

续偏导数，并且它的 Hessian 矩阵在 R 上处处正定（见定理 10.1 证明），所以目标函数是凹函数。

定理 10.4　λ_i^* 是模型（10.6）的全局最优解。

证明　定理 10.2 已经证明 S 是非空凸集，定理 10.3 证明了模型的目标函数 $Z = \sum_{j=1}^{n} \sum_{i=1}^{n} b_{ij}^2 \lambda_i^2$ 是凹函数，则该模型为凸线性规划模型，而 λ_i^* 必然为该模型的全局最优解。

在求得模型（10.6）的权重 λ 之后，再用这组权重去集结所有的交叉效率值 $E_j^{\mathrm{cross}} = \sum_{i=1}^{n} \lambda_i E_{ij}, j = 1, 2, \cdots, n$。

10.4　实例说明

本节将采用两个实例验证和说明所提出的距离熵集结模型的有效性。

10.4.1　柔性制造系统

如表 10.2 所示，每个柔性制造系统有两个投入和四个产出（Shang and Sueyoshi，1995）。投入分别为年运营总成本（10^5 万美元）和厂房面积（10^3 平方英尺）。产出分别是利润提高率（%）、次品减少量（10 个）、工作延缓减少率（%）和产量增长率（%）。

表 10.2　柔性制造系统的数据

DMU	X_1	X_2	Y_1	Y_2	Y_3	Y_4
1	17.02	5.0	42	45.3	14.2	30.1
2	16.46	4.5	39	40.1	13.0	29.8
3	11.76	6.0	26	39.6	13.8	24.5
4	10.52	4.0	22	36.0	11.3	25.0
5	9.50	3.8	21	34.2	12.0	20.4
6	4.79	5.4	10	20.1	5.0	16.5
7	6.21	6.2	14	26.5	7.0	19.7
8	11.12	6.0	25	35.9	9.0	24.7
9	3.67	8.0	4	17.4	0.1	18.1
10	8.93	7.0	16	34.3	6.5	20.6
11	17.74	7.1	43	45.6	14.0	31.1
12	14.85	6.2	27	38.7	13.8	25.4

通过求解 CCR 模型和交叉效率模型，所有被评价单元的交叉效率矩阵如表 10.3 所示，表中对角线上的效率值是每个柔性制造系统的自评效率值。然后通过本节提出距离熵集结模型，所有单元的集结权重为

$\lambda_1 = 0.00741$, $\quad \lambda_2 = 0.006169$, $\quad \lambda_3 = 0.044615$, $\quad \lambda_4 = 0.012161$, $\quad \lambda_5 = 0.006663$

$\lambda_6 = 0.061969$, $\quad \lambda_7 = 0.051863$, $\quad \lambda_8 = 0.31489$, $\quad \lambda_9 = 0.011322$, $\quad \lambda_{10} = 0.103538$

$\lambda_{11} = 0.147678$, $\quad \lambda_{12} = 0.231722$

表 10.3　柔性制造系统交叉效率矩阵

评价 DMU	被评价 DMU											
	1	2	3	4	5	6	7	8	9	10	11	12
1	1.00	1.00	0.69	0.83	0.85	0.37	0.43	0.63	0.14	0.43	0.79	0.65
2	0.98	1.00	0.62	0.78	0.78	0.32	0.37	0.57	0.13	0.36	0.74	0.60
3	1.00	0.96	0.98	0.93	1.00	0.93	1.00	0.93	0.42	0.76	0.98	0.80
4	0.96	0.98	0.78	1.00	0.99	0.50	0.55	0.68	0.26	0.49	0.75	0.74
5	0.88	0.88	0.77	0.92	1.00	0.40	0.46	0.57	0.09	0.40	0.67	0.72
6	0.71	0.70	0.84	0.88	0.89	1.00	0.99	0.77	0.89	0.73	0.68	0.69
7	0.68	0.66	0.87	0.88	0.93	0.99	1.00	0.75	0.78	0.75	0.65	0.70
8	1.00	0.98	0.95	1.00	1.00	0.96	1.00	0.96	0.75	0.83	0.95	0.79
9	0.47	0.47	0.54	0.59	0.56	0.79	0.75	0.55	1.00	0.56	0.46	0.44
10	0.76	0.70	0.90	0.96	1.00	0.95	1.00	0.86	0.85	0.95	0.71	0.72
11	1.00	0.97	0.92	0.90	0.93	0.95	1.00	0.94	0.67	0.78	0.98	0.76
12	1.00	0.98	0.95	1.00	1.00	0.97	1.00	0.95	0.72	0.80	0.95	0.80

再用这些权重集结所有的交叉效率值，得到的最终的评价结果如表 10.4 所示。

表 10.4　柔性制造系统最终效率评价结果

DMU	CCR	排序	距离熵模型	排序
1	1	1	0.9335	5
2	1	1	0.9084	7
3	0.9824	9	0.9202	6
4	1	1	0.9559	3
5	1	1	0.9713	2
6	1	1	0.9440	4
7	1	1	0.9795	1
8	0.9614	10	0.9057	8
9	1	1	0.7233	12

DMU	CCR	排序	距离熵模型	排序
10	0.9536	11	0.7993	10
11	0.9831	8	0.8880	9
12	0.8012	12	0.7642	11

　　表 10.4 分别列出了所有决策单元的 CCR 和交叉效率距离熵模型的结果。在自评 CCR 模型评价下，有 7 个决策单元是 CCR 有效的，不能再对这些有效单元进一步进行排序。通过本章提出来的模型求得的结果，可以发现所有的决策单元得到了完全排序，并且本节提出的模型在求解集结权重时不需要加主观权重限制约束条件，因此求得的结果比较客观，更容易被所有决策单元所接受。

10.4.2　机器人评价与选择

　　现有 27 个机器人需要被评价及选择，每个机器人通过 4 个指标描述其特性（Khouja，1995）。4 个指标分别为机器人成本（万美元）、重复性（mm）、负载量（kg）和速度（m/s），其中前两个指标为逆向指标，即希望越小越好，故在此视为投入要素。后两个指标为正向指标，视为产出要素。所有机器人的指标属性数据如表 10.5 所示。

表 10.5　机器人指标属性数据

机器人	投入		产出	
	成本	重复性	负载量	速度
1	7.2	0.15	60	1.35
2	4.8	0.05	6	1.1
3	5	1.27	45	1.27
4	7.2	0.025	1.5	0.66
5	9.6	0.25	50	0.05
6	1.07	0.1	1	0.3
7	1.76	0.1	5	1
8	3.2	0.1	15	1
9	6.72	0.2	10	1.11
10	2.4	0.05	6	1
11	2.88	0.5	30	0.9
12	6.9	1	13.6	0.15
13	3.2	0.05	10	1.2

续表

机器人	投入		产出	
	成本	重复性	负载量	速度
14	4	0.05	30	1.2
15	3.68	1	47	1
16	6.88	1	80	1
17	8	2	15	2
18	6.3	0.2	10	1
19	0.94	0.05	10	0.3
20	0.16	2	1.5	0.8
21	2.81	2	27	1.7
22	3.8	0.05	0.9	1
23	1.25	0.1	2.5	0.5
24	1.37	0.1	2.5	0.5
25	3.63	0.2	10	1
26	5.3	1.27	70	1.25
27	4	2.03	205	0.75

通过求解传统交叉效率模型，得到所有机器人的交叉效率值，再通过熵权集结模型，所有单元的集结权重为

$\lambda_1 = 0.017923$,　$\lambda_2 = 0.01375$,　$\lambda_3 = 0.061554$,　$\lambda_4 = 0.013568$,　$\lambda_5 = 0.017979$

$\lambda_6 = 0.035855$,　$\lambda_7 = 0.025599$,　$\lambda_8 = 0.059852$,　$\lambda_9 = 0.039825$,　$\lambda_{10} = 0.028891$

$\lambda_{11} = 0.062115$,　$\lambda_{12} = 0.019426$,　$\lambda_{13} = 0.015019$,　$\lambda_{14} = 0.013723$,　$\lambda_{15} = 0.061554$

$\lambda_{16} = 0.019426$,　$\lambda_{17} = 0.061554$,　$\lambda_{18} = 0.039825$,　$\lambda_{19} = 0.050204$,　$\lambda_{20} = 0.009654$

$\lambda_{21} = 0.061554$,　$\lambda_{22} = 0.01375$,　$\lambda_{23} = 0.061554$,　$\lambda_{24} = 0.061554$,　$\lambda_{25} = 0.059852$

$\lambda_{26} = 0.062115$,　$\lambda_{27} = 0.012328$

再用这些权重集结所有的交叉效率值，得到的最终的评价结果如表 10.6 所示。表 10.6 中第 2 列是所有机器人的 CCR 效率值，可以发现有 9 个机器人是 CCR 有效的，很难再进一步区分排序。表中第 4 列是 Wang 和 Chin（2011）提出来的 Ordered Weighted Averaging（OWA）集结方法求得的结果。该方法的不足就是首先要人为确定一个集结度，然而集结度取值不同，得到的集结权重也不同，导致最终的效率和排序结果也不同（这里我们将集结度取值为 0.8）。本节所提出来的方法可以有效避免这个问题，并且只产生一组唯一的集结权重。与 Wang 和 Chin 的方法结果相比，本节提出来的方法得到的结果已经明显发生了改变，例如，在 Wang 和 Chin（2011）的模型中，DMU$_4$ 的效率值是 0.4723，排在第 21 名。但是本节的模型对 DMU$_4$ 评价的效率值为 0.2139，排在第 25 名，其他机器人的情况类似。

表 10.6　机器人评价结果

DMU	CCR	排序	OWA 模型	排序	距离熵模型	排序
1	1	1	0.8684	7	0.6175	8
2	0.9038	10	0.6678	12	0.4656	18
3	0.5289	22	0.5033	20	0.4027	20
4	1	1	0.4723	21	0.2139	25
5	0.5924	19	0.4009	23	0.1964	26
6	0.4824	23	0.4578	22	0.3741	21
7	1	1	1	1	0.8732	1
8	0.7825	13	0.7595	9	0.6436	7
9	0.3814	25	0.3632	25	0.308	22
10	1	1	0.9251	6	0.7735	5
11	0.6713	15	0.6655	13	0.5531	10
12	0.1024	27	0.095	27	0.0692	27
13	1	1	0.945	5	0.7598	6
14	1	1	0.9983	3	0.8268	2
15	0.6125	17	0.5899	16	0.4747	14
16	0.6035	18	0.572	18	0.427	19
17	0.4045	24	0.3651	24	0.2723	24
18	0.3652	26	0.3513	26	0.2984	23
19	1	1	0.975	4	0.7798	4
20	1	1	0.7639	8	0.4794	13
21	0.8515	11	0.7141	10	0.4938	12
22	0.8289	12	0.6521	14	0.469	16
23	0.6943	14	0.6805	11	0.5718	9
24	0.6361	16	0.6271	15	0.5324	11
25	0.5533	21	0.5438	19	0.4687	17
26	0.5810	20	0.5752	17	0.4716	15
27	1	1	0.9996	2	0.7931	3

10.5　本 章 小 结

本章针对交叉效率集结方法使用平均值方案导致的弊端，提出距离熵集结模型来消除交叉效率的平均假设性。具体来说就是，通过建立熵权模型求解交叉效率值的集结权重，得到的权重使他评效率熵值与自评效率熵值之间的距离尽可能小。本章还证明了这组权重是距离熵模型的全局最优解。最后通过两个不同的实例验证了该方法的有效性。

参 考 文 献

苏航. 2013. DEA 交叉效率评价模型研究[D]. 长春：吉林大学.

吴杰. 2008. 数据包络分析（DEA）的交叉效率研究——基于博弈理论的效率评估方法[D]. 合肥：中国科学技术大学.

Despotis D K. 2002. Improving the discriminating power of DEA：Focus on globally efficient units[J]. Journal of the Operational Research Society, 53（3）：314-323.

Khouja M. 1995. The use of data envelopment analysis for technology selection[J]. Computers & Industrial Engineering, 28（1）：123-132.

Sexton T R，Silkman R H，Hogan A J. 1986. Data envelopment analysis：Critique and extensions[J]. New Directions for Program Evaluation,（32）：73-105.

Shang J，Sueyoshi T. 1995. A unified framework for the selection of a flexible manufacturing system[J]. European Journal of Operational Research，85（2）：297-315.

Shannon C E. 1948. The mathematical theory of communication[J]. The Bell System Technical Journal，27：379-423.

Wang Y M，Chin K S. 2011. The use of OWA operator weights for cross-efficiency aggregation[J]. Omega，39（5）：493-503.

Wu D D. 2009. Performance evaluation：An integrated method using data envelopment analysis and fuzzy preference relations[J]. European Journal of Operational Research，194（1）：227-235.

Wu J，Liang L，Zha Y. 2008. Determination of the weights of ultimate cross efficiency based on the solution of nucleolus in cooperative game[J]. Systems Engineering-Theory & Practice，28（5）：92-97.

Wu J，Liang L，Zha Y，et al. 2009. Determination of cross-efficiency under the principle of rank priority in cross-evaluation[J]. Expert Systems with Applications，36（3）：4826-4829.

第 11 章 基于改进 TOPSIS 的交叉效率集结方法

11.1 引　　言

逼近理想解的排序方法（Technique for Order Preference by Similarity to Ideal Solution，TOPSIS）首次由 Hwang 和 Yoon（1981）提出。该方法是一种有效的多属性决策方法之一，已经被广泛运用于各种实际问题（Wang and Lee，2007；Cheng，2008；Wang and Chen，2008；Gu and Song，2009）。TOPSIS 法的主要原理是借助虚拟正理想解和虚拟负理想解对所有的被评价方案排序，即首先计算出待评价方案与虚拟正理想解和虚拟负理想解的距离，然后进行综合比较。如果某待评价方案既靠近虚拟正理想解又远离虚拟负理想解，那么该方案排序就比较靠前。本章针对平均交叉效率方法在评估排序时所存在的局限性，提出一种基于改进 TOPSIS 的交叉效率排序方法，通过构造优化模型直接计算出客观权重。这种方法可以充分利用数据本身的信息，反映各个被评价单元之间的差距，具有直观、可靠、真实的优点，故评价结果更符合客观实际。

11.2 改进 TOPSIS 的交叉效率排序方法

11.2.1 传统的 TOPSIS

设有 p 个方案 $A_1, A_2, \cdots, A_p$，每个方案有 q 个不同的决策属性，其中 f_{ij} 是方案 A_i 的第 j 个属性值，则 p 个方案和 $p \times q$ 个属性值构成的决策矩阵为

$$
\begin{array}{c}
\quad\quad C_1 \quad\ C_2 \quad \cdots \quad C_q \\
\begin{array}{c}
A_1 \\
A_2 \\
\vdots \\
A_p
\end{array}
\begin{bmatrix}
f_{11} & f_{12} & \cdots & f_{1q} \\
f_{21} & f_{22} & \cdots & f_{2q} \\
\vdots & \vdots & & \vdots \\
f_{p1} & f_{p2} & \cdots & f_{pq}
\end{bmatrix}
\end{array}
$$

利用 TOPSIS 法确定方案排序的步骤如下所述。

（1）用向量规范化的方法求得规范化后的矩阵。

定义 $\boldsymbol{H} = (h_{ij})_{p \times q}$ 是 $\boldsymbol{F} = (f_{ij})_{p \times q}$ 的规范化矩阵，其中

$$h_{ij} = \frac{f_{ij}}{\sqrt{\sum_{i=1}^{p}(f_{ij})^2}}, \quad i=1,2,\cdots,p; j=1,2,\cdots,q \tag{11.1}$$

（2）构造加权规范化矩阵。

定义 $V=(v_{ij})_{p \times q}$ 是 $H=(h_{ij})_{p \times q}$ 的加权规范化矩阵，其中

$$v_{ij} = \lambda_j h_{ij}, \quad i=1,2,\cdots,p; j=1,2,\cdots,q \tag{11.2}$$

（3）确定矩阵的正、负理想解：

$$\begin{cases} A^* = \{v_1^*, v_2^*, \cdots, v_p^*\} = \{(\max_i v_{ij} \mid j \in \Omega_b),(\min_i v_{ij} \mid j \in \Omega_c)\} \\ A^- = \{v_1^-, v_2^-, \cdots, v_p^-\} = \{(\min_i v_{ij} \mid j \in \Omega_b),(\max_i v_{ij} \mid j \in \Omega_c)\} \end{cases} \tag{11.3}$$

式中，A^* 为正理想解；A^- 为负理想解；Ω_b 代表正指标属性；Ω_c 代表负指标属性。

（4）计算各方案到正、负理想解的欧氏距离。

各待评价方案 A_i 到正、负理想解距离公式分别为

$$\begin{cases} \beta_i^* = \sqrt{\sum_{j=1}^{n}(v_{ij}-v_j^*)^2}, \quad i=1,2,\cdots,p \\ \beta_i^- = \sqrt{\sum_{j=1}^{n}(v_{ij}-v_j^-)^2}, \quad i=1,2,\cdots,p \end{cases} \tag{11.4}$$

（5）计算与理想解相对贴近度。

定义 φ_i 为方案 A_i 到理想解的贴近度，计算公式为

$$\varphi_i = \frac{\beta_i^-}{\beta_i^* + \beta_i^-}, \quad i=1,2,\cdots,p \tag{11.5}$$

（6）根据相对贴近度的大小对方案进行排序。

按贴近度由大到小排列方案的优劣次序，贴近度 φ_i 越大，表明待评价方案 A_i 离负理想解越远，离正理想解越近，则表现越好。

11.2.2　改进的 TOPSIS

传统的理想解法需要确定属性的主观权重，存在主观因素造成的偏见。然而改进的 TOPSIS 法可以有效弥补这个缺陷（彭勇行和赵新泉，2000）。改进的方法通过构造优化模型和利用其他优化条件可以将主观赋权变为客观赋权。改进的 TOPSIS 法包括以下步骤。

（1）用向量规范化的方法求得决策矩阵（如式（11.1）所示）。

（2）确定矩阵的正理想解：

$$A^* = \{h_j^*\} = \{h_1^*, h_2^*, \cdots, h_q^*\} = \begin{cases} \max_{1 \leqslant i \leqslant p} h_{ij}, & j \in \Omega_b \\ \min_{1 \leqslant i \leqslant p} h_{ij}, & j \in \Omega_c \end{cases} \tag{11.6}$$

式中，Ω_b 代表正指标属性；Ω_c 代表负指标属性。

（3）构造优化模型求解权重指标。

构造优化模型为

$$\begin{cases} \min Z = \displaystyle\sum_{i=1}^{p}\sum_{j=1}^{q}(h_{ij} - h_j^*)^2 \lambda_j^2 \\ \text{s.t.} \quad \displaystyle\sum_{j=1}^{q} \lambda_j = 1 \\ \lambda_j > 0, \quad j = 1, 2, \cdots, q \end{cases} \tag{11.7}$$

构造模型（11.7）的 Lagrange 函数为

$$L = \sum_{i=1}^{p}\sum_{j=1}^{q}(h_{ij} - h_j^*)^2 \lambda_j^2 + \xi \left(\sum_{j=1}^{q} \lambda_j - 1 \right) \tag{11.8}$$

令 $\dfrac{\partial L}{\partial \lambda_j} = 0$，解得

$$\lambda_j = \cfrac{1}{\left(\displaystyle\sum_{j=1}^{q} \cfrac{1}{\displaystyle\sum_{i=1}^{p}(h_{ij} - h_j^*)^2} \right) \left(\displaystyle\sum_{i=1}^{p}(h_{ij} - h_j^*)^2 \right)} \tag{11.9}$$

（4）构造加权规范化矩阵：

$$v_{ij} = \lambda_j h_{ij}, \quad i = 1, 2, \cdots, p; j = 1, 2, \cdots, q \tag{11.10}$$

（5）计算各方案到理想解的平方距离：

$$T_i = \sum_{j=1}^{q}(v_{ij} - v_j^*)^2 = \sum_{j=1}^{q}(h_{ij} - h_j^*)^2 \lambda_j^2 \tag{11.11}$$

式中，T_i 越小表明待评价方案 A_i 离理想解越近，则方案越优。

11.2.3　基于改进 TOPSIS 的交叉效率排序方法

本小节着重说明如何应用上述方法确定最终的交叉效率。首先，在计算出 DEA 交叉效率矩阵之后，将矩阵转置如下：

$$\begin{bmatrix} f_{11} & f_{12} & f_{13} & \cdots & f_{1n} \\ f_{21} & f_{22} & f_{23} & \cdots & f_{2n} \\ f_{31} & f_{32} & f_{33} & \cdots & f_{3n} \\ \vdots & \vdots & \vdots & & \vdots \\ f_{n1} & f_{n2} & f_{n3} & \cdots & f_{nn} \end{bmatrix} = \begin{bmatrix} E_{11} & E_{12} & E_{13} & \cdots & E_{1n} \\ E_{21} & E_{22} & E_{23} & \cdots & E_{2n} \\ E_{31} & E_{32} & E_{33} & \cdots & E_{3n} \\ \vdots & \vdots & \vdots & & \vdots \\ E_{n1} & E_{n2} & E_{n3} & \cdots & E_{nn} \end{bmatrix}^{\mathrm{T}}$$

再根据式（11.1）将转置矩阵规范化。显然，交叉效率值 E_{dj} 越大，则对应的决策单元 DMU_j 就越好，所以可根据式（11.12）确定理想解：

$$A^* = \{h_j^*\} = \{h_1^*, h_2^*, \cdots, h_n^*\} = \{\max_{1 \le i \le n} h_{ij}, j \in \Omega_b\} \tag{11.12}$$

然后根据式（11.1）、式（11.6）～式（11.11）求出属性权重，最后可得到距离的平方 T_i。很明显，T_i 越小，表明 DMU_j 到理想解的距离越短，则这个决策单元就越好。

11.3　算例分析

表 11.1 中有 5 个 DMU，每个 DMU 有 3 种输入（X_1、X_2 和 X_3）和 2 种输出（Y_1 和 Y_2）。通过求解 CCR 模型和交叉效率模型确定所有决策单元的交叉效率矩阵，如表 11.2 所示。

表 11.1　5 个 DMU 的投入、产出数据

DMU	X_1	X_2	X_3	Y_1	Y_2
1	7	7	7	4	4
2	5	9	7	7	7
3	4	6	5	5	7
4	5	9	8	6	2
5	6	8	5	3	6

表 11.2　5 个 DMU 的交叉效率矩阵

DMU	1	2	3	4	5
1	0.6578	0.9333	1.0000	0.8000	0.4500
2	0.4478	1.0000	0.9965	0.7323	0.4643
3	0.3710	0.7489	1.0000	0.2092	0.6402
4	0.4587	1.0000	0.9313	0.8571	0.3817
5	0.4082	0.7143	1.000	0.1786	0.8571

根据 11.2.3 节的定义，得到转置后的交叉效率的规范化矩阵：

$$\begin{bmatrix} 0.613963 & 0.417958 & 0.346276 & 0.428131 & 0.380997 \\ 0.470063 & 0.503657 & 0.377189 & 0.503657 & 0.359762 \\ 0.453594 & 0.452006 & 0.453594 & 0.422432 & 0.453594 \\ 0.567598 & 0.519565 & 0.148427 & 0.608110 & 0.126716 \\ 0.344300 & 0.355241 & 0.489824 & 0.292043 & 0.655777 \end{bmatrix}$$

根据式（11.11），得到理想解为

$$(0.613962, 0.519564, 0.489824, 0.608110, 0.655777)$$

通过式（11.9）得到的交叉效率集结权重为

$$\lambda_1 = 0.17813$$
$$\lambda_2 = 0.51268$$
$$\lambda_3 = 0.14294$$
$$\lambda_4 = 0.12160$$
$$\lambda_5 = 0.04469$$

通过式（11.12），每个 DMU 到理想解的平方距离有

$$T_1 = 0.003764$$
$$T_2 = 0.001319$$
$$T_3 = 0.002634$$
$$T_4 = 0.003008$$
$$T_5 = 0.010882$$

最后得到各 DMU 的排序为 $DMU_2 \succ DMU_3 \succ DMU_4 \succ DMU_1 \succ DMU_5$。

针对平均交叉效率假设性条件，改进的 TOPSIS 法可以给交叉效率值赋予客观权重，从而使所有的 DMU 更能接受这样的评价结果。

11.4　本 章 小 结

针对交叉效率评价方法对每个决策单元的自评和他评采用平均值方案所导致的弊端，本节将 TOPSIS 法引入交叉效率中放松其平均化假设。该方法含义明确、概念清楚，最终的排序结果充分利用了交叉效率矩阵的全部信息。本节的主要目的是提出一种合理、公正、客观的交叉效率集结方法，所用的算例只是为进一步演示和说明该方法的优越性和可行性，如何将该方法应用到实际问题中值得进一步研究。

参 考 文 献

彭勇行，赵新泉. 2000. 管理决策分析[M]. 北京：科学出版社.

Cheng C B. 2008. Solving a sealed-bid reverse auction problem by multiple-criterion decision-making methods[J]. Computers & Mathematics with Applications，56（12）：3261-3274.

Gu H，Song B F. 2009. Study on effectiveness evaluation of weapon systems based on grey relational analysis and TOPSIS[J]. Journal of Systems Engineering and Electronics，20（1）：106-111.

Hwang C L，Yoon K. 1981. Multi-objective Decision Making Methods and Application[M]. New York：Springer-Verlag.

Wang J Q，Chen X H. 2008. Multi-criteria linguistic interval group decision-making approach[J]. Journal of Systems Engineering and Electronics，19（5）：934-938.

Wang Y J，Lee H S. 2007. Generalizing TOPSIS for fuzzy multiple-criteria group decision-making[J]. Computers & Mathematics with Applications，53（11）：1762-1772.

第 12 章　基于 Shapley 值的交叉效率集结方法

12.1　引　　言

针对最终平均交叉效率值对决策单元进行评价时所存在的诸多缺陷，本章在结合合作博弈理论基础上，放松确定最终交叉效率值的平均化假设，把需要作评价的各个决策单元作为合作博弈的局中人，定义了各子联盟的特征函数值，通过计算该合作博弈中各决策单元的 Shapley 值，从而得到各决策单元在最终评价中的权重。最后通过一个算例说明该方法的有效性。

12.2　交叉效率集结对策描述

12.2.1　基本模型

由式（3.2），定义交叉效率矩阵 $\boldsymbol{E} = (E_{dj}) \in \mathbf{R}_+^{n \times n}$，其中，$E_{dj}$ 表示 DMU$_j$ 利用 DMU$_d$ 的权重所获得的交叉效率。假设每个 DMU 拥有选择一组非负权重 $w^j = (w_1^j, w_2^j, \cdots, w_n^j)$ 的权利，并且定义 DMU$_j$ 对于所有得分的相对得分为

$$\frac{\sum_{d=1}^{n} w_d^j E_{dj}}{\sum_{d=1}^{n} w_d^j \left(\sum_{p=1}^{n} E_{dp} \right)} \tag{12.1}$$

式中，分母表示所有 DMU 采用 DMU$_j$ 选择的权重所得到的整体得分；分子代表 DMU$_j$ 的得分。DMU$_j$ 希望通过选择最有利的权重来最大化以上的比值，从而得到以下的规划：

$$\begin{cases} \max_{w^j} \dfrac{\sum_{d=1}^{n} w_d^j E_{dj}}{\sum_{d=1}^{n} w_d^j \left(\sum_{p=1}^{n} E_{dp} \right)} \\ \text{s.t.} \quad w_d^j \geqslant 0, \quad \forall d \end{cases} \tag{12.2}$$

不失一般性，对交叉效率矩阵实行行单位化，即 $\sum_{p=1}^{n} E_{dp} = 1$，为了达到这个目的，

让行中各元素 $(E_{d1}, E_{d2}, \cdots, E_{dn})$ 除以 $\sum\limits_{p=1}^{n} E_{dp}$ ，从而得到行中各元素 $(E'_{d1}, E'_{d2}, \cdots, E'_{dn})$ ，

而规划（12.2）不受单位化转换的影响，因此，利用 Charnes-Cooper 变换，规划（12.2）能用以下线性规划问题表示：

$$\begin{cases} C(j) = \max \sum_{d=1}^{n} w_d^j E'_{dj} \\ \text{s.t.} \ \sum_{d=1}^{n} w_d^j = 1 \\ w_d^j \geqslant 0, \quad \forall d \end{cases} \tag{12.3}$$

12.2.2 联盟博弈及其性质

设联盟 S 是局中人集 $N = \{1, 2, \cdots, n\}$ 的一个子集，记

$$E_d(S) = \sum_{j \in S} E'_{dj}, \quad d = 1, 2, \cdots, n \tag{12.4}$$

该联盟的目的在于获得最大效率得分，记 S 的特征函数值 $C(S)$ 为此最大效率得分，则 $C(S)$ 是下列线性规划问题的最大值：

$$\begin{cases} C(S) = \max \sum_{d=1}^{n} w_d E_d(S) \\ \text{s.t.} \ \sum_{d=1}^{n} w_d = 1 \\ w_d \geqslant 0, \quad d = 1, 2, \cdots, n \end{cases} \tag{12.5}$$

易知 $C(\varnothing) = 0$ ，因此 $C(S)$ 定义了联盟 S 的一个特征函数，并且定义该博弈为 (N, C) 。

定理 12.1 特征函数 C 满足次可加性，即对于任何的 $S \subset N$ 和 $T \subset N$ ，并且 $S \cap T = \varnothing$ ，有 $C(S \cup T) \leqslant C(S) + C(T)$ 。

证明 对下标进行重新编号，设 $S = \{1, 2, \cdots, h\}, T = \{h+1, h+2, \cdots, k\}$ 并且 $S \cup T = \{1, 2, \cdots, k\}$ 。因此有

$$C(S \cup T) = \max_d \sum_{j=1}^{k} E'_{dj} \leqslant \max_d \sum_{j=1}^{h} E'_{dj} + \max_d \sum_{j=h+1}^{k} E'_{dj} = C(S) + C(T)$$

并且易得以下定理。

定理 12.2 $C(N) = 1$ 。

由于博弈 (N, C) 不满足联盟博弈的超可加性条件，考虑博弈 (N, C) 的对立面，即将式（12.3）中的最大化问题变为最小化问题：

$$
\begin{cases}
D(j) = \min \sum_{d=1}^{n} w_d^j E_{dj}' \\
\text{s.t.} \quad \sum_{i=1}^{n} w_d^j = 1 \\
\quad w_d^j \geqslant 0, \quad \forall d
\end{cases}
\tag{12.6}
$$

最优值 $D(j)$ 保证了博弈局中人 j 所能期望的最小分配额。和最大化博弈情形一样，对于联盟 $S \subset N$，定义：

$$
\begin{cases}
D(S) = \min \sum_{d=1}^{n} w_d E_d(S) \\
\text{s.t.} \quad \sum_{d=1}^{n} w_d = 1 \\
\quad w_d \geqslant 0, \quad d = 1, 2, \cdots, n
\end{cases}
\tag{12.7}
$$

显然 $D(N) = 1$。

博弈 (N, D) 是满足超可加性的，即对于任何的 $S \subset N$ 和 $T \subset N$，并且 $S \cap T = \varnothing$，有 $D(S \cup T) \geqslant D(S) + D(T)$。并且在博弈 (N, C) 和 (N, D) 之间，有以下定理。

定理 12.3 $D(S) + C(N \setminus S) = 1, \forall S \subsetneqq N$。其中，$N \setminus S$ 表示局中人集 N 中联盟 S 的补集。

证明 对下标重新编号，设 $S = \{1, 2, \cdots, h\}, N = \{1, 2, \cdots, n\}$，则 $N \setminus S = \{h+1, h+2, \cdots, n\}$。因此有

$$
D(S) + C(N \setminus S) = \min_d \sum_{j=1}^{h} E_{dj}' + \max_d \sum_{d=h+1}^{n} E_{dj}' = \min_d \left(\sum_{d=1}^{n} E_{dj}' - \sum_{d=h+1}^{n} E_{dj}' \right) + \max_d \sum_{d=h+1}^{n} E_{dj}'
$$

$$
= \min_d \left(1 - \sum_{d=h+1}^{n} E_{dj}' \right) + \max_d \sum_{d=h+1}^{n} E_{dj}' = 1 - \max_d \sum_{d=h+1}^{n} E_{dj}' + \max_d \sum_{d=h+1}^{n} E_{dj}' = 1
$$

因此有以下引理。

引理 12.1 博弈 (N, C) 和 (N, D) 是对偶博弈（Dual Game）。

12.2.3　联盟博弈的解及其 Shapley 值

联盟博弈有多种解的定义，如核子（Nucleolus）和 Shapley 值等，都是给所有 n 个局中人的支付方案。在本节中我们通过 Shapley 值来定义联盟博弈的解，Shapley 值实质是按照各参与者的"平均"贡献大小来分配支付，是从三个公理（有效性公理、对称性公理与可加性公理）出发得到的。虽然 Shapley 值的定义不是从转归出发，但是可以证明 Shapley 值必是转归，并且 Shapley 值的定义在概念上比核心更具有抽象性。

定义博弈 (N,D) 中局中人 i 的 Shapley 值 $\phi_i(D)$ 为

$$\phi_i(D) = \sum_{S:i\in S\subset N} \frac{(s-1)!(n-s)!}{n!}\{D(S) - D(S\setminus\{i\})\} \tag{12.8}$$

式中，s 是联盟 S 中的成员数。

定义 12.1　称 $\phi(D) = (\phi_1(D),\phi_2(D),\cdots,\phi_n(D))$ 为合作博弈 (N,D) 的 Shapley 值。

定理 12.4　博弈 (N,C) 和 (N,D) 具有相同的 Shapley 值。

证明　由引理 12.1 可知，博弈 (N,C) 和 (N,D) 是对偶博弈，因此博弈 (N,C) 和 (N,D) 具有相同的 Shapley 值。因此要求解博弈 (N,C) 的 Shapley 值，我们可以通过求解博弈 (N,D) 的 Shapley 值来获得。

定义 12.2　将所得到的 Shapley 值进行归一化处理，得到合作博弈分析方法确定的交叉效率最终权系数向量 $(l_1,l_2,\cdots,l_n)$，其中 $l_i = \dfrac{\phi_i(D)}{D(N)} \Big/ \sum\limits_{j=1}^{n} \dfrac{\phi_j(D)}{D(N)} = \phi_i(D) \Big/ \sum\limits_{j=1}^{n} \phi_j(D)$，

$i = 1,2,\cdots,n$。它们满足 $\sum\limits_{i=1}^{n} l_i = 1, l_i \geqslant 0, i = 1,2,\cdots,n$。

设最终求得的权系数向量为 $(l_1,l_2,\cdots,l_n)$，则 DMU_j 的最终交叉效率值为

$$E_j = \sum_{d=1}^{n} l_d E_{dj}, \quad j = 1,2,\cdots,n \tag{12.9}$$

12.3　最终交叉效率集结方法计算步骤

（1）求解 CCR 模型（3.1），按照式（3.2）确定交叉效率矩阵，并且对交叉效率矩阵进行行单位化；

（2）根据式（12.7）计算各种联盟合作的特征函数；

（3）根据式（12.8）计算各 DMU 所获得的平均分配，即 Shapley 值；

（4）根据定义 12.2，对各 DMU 所获得的平均分配进行归一化处理，即得到确定最终交叉效率的系数，最终通过式（12.9）求得各单元的最终交叉效率值。

12.4　算　　例

以表 12.1 中的数据来说明上述方法，在表 12.1 中有 5 个 DMU，每个 DMU 有 3 种输入 X_1、X_2、X_3 和 2 种输出 Y_1、Y_2。求解 CCR 模型（3.1），按照式（3.2）确定交叉效率矩阵如表 12.2 所示，从而得到各 DMU 的传统平均交叉效率值为

$E_1 = 0.8437$，$E_2 = 0.8535$，$E_3 = 0.8691$，$E_4 = 0.8417$，$E_5 = 0.8745$

根据传统平均交叉效率值得到各 DMU 的排序为 $E_5 \succ E_3 \succ E_2 \succ E_1 \succ E_4$。

对交叉效率矩阵进行行单位化处理，得到归一化后的交叉效率矩阵如表 12.3 所示。

表 12.1　各 DMU 的输入和输出值

	X_1	X_2	X_3	Y_1	Y_2
DMU$_1$	7	8	7	6	6
DMU$_2$	6	9	9	7	6
DMU$_3$	7	6	7	5	7
DMU$_4$	6	9	7	7	5
DMU$_5$	6	8	7	5	7

表 12.2　交叉效率矩阵

	DMU$_1$	DMU$_2$	DMU$_3$	DMU$_4$	DMU$_5$
DMU$_1$	1	0.8931	0.9158	0.9669	0.9008
DMU$_2$	0.8166	1	0.7403	0.9968	0.7997
DMU$_3$	0.7369	0.6704	1	0.5746	0.8882
DMU$_4$	0.8761	0.9424	0.7564	1	0.7837
DMU$_5$	0.7888	0.7618	0.9328	0.6704	1

表 12.3　进行行单位化处理后的交叉效率矩阵

	DMU$_1$	DMU$_2$	DMU$_3$	DMU$_4$	DMU$_5$	行元素和
DMU$_1$	0.2138	0.1910	0.1958	0.2068	0.1926	1
DMU$_2$	0.1876	0.2297	0.1701	0.2290	0.1837	1
DMU$_3$	0.1904	0.1732	0.2584	0.1485	0.2295	1
DMU$_4$	0.2010	0.2162	0.1735	0.2294	0.1798	1
DMU$_5$	0.1899	0.1834	0.2246	0.1614	0.2407	1

根据式（12.7）计算各种联盟合作的特征函数，由于有 5 个 DMU，所以需要计算 $2^5 - 1 = 31$ 个特征函数值，限于篇幅，计算结果不一一列出。根据式（12.8）计算各 DMU 所获得的平均分配，即 Shapley 值为

$$\phi_1(D) = 0.09547, \quad \phi_2(D) = 0.04149, \quad \phi_3(D) = 0.07037, \quad \phi_4(D) = 0.12215, \quad \phi_5(D) = 0.08543$$

根据定义 12.2，对各 DMU 所获得的平均分配进行归一化处理，即得到确定最终交叉效率的权系数向量 $l = (l_1, l_2, l_3, l_4, l_5)$，其中，$l_i = \phi_i(D) \Big/ \sum_{j=1}^{n} \phi_j(D)$, $i = 1, 2, \cdots, 5$。所以，

$$l = (l_1, l_2, l_3, l_4, l_5) = (0.2301, 0.1, 0.1696, 0.2944, 0.2059)$$

从而可以确定各 DMU 的最终交叉效率为

$$E_1 = 0.8571，E_2 = 0.8535，E_3 = 0.8691，E_4 = 0.8521，E_5 = 0.8745$$

根据此交叉效率值得到各 DMU 的排序为 $E_5 \succ E_3 \succ E_1 \succ E_2 \succ E_4$。

各 DMU 的最终交叉效率值是在放松平均化假设，通过所有决策单元之间的合作博弈而得到的，与传统的平均交叉效率值相比，DMU$_2$、DMU$_3$ 和 DMU$_5$ 的效率值没有变化，而 DMU$_1$ 和 DMU$_4$ 的效率值得到了一定的提高，从整体的角度来看，在其他决策单元效率值没有受损的情况下，部分决策单元效率值得到提高，因此采用本章方法确定的交叉效率值较之传统平均交叉效率值是帕累托改进的，从而所有的 DMU 更能接受这样的最终交叉效率评价结果。

比较各 DMU 通过上述两种交叉效率值得到的排序，由于 DMU$_1$ 的效率值得到了提高，而 DMU$_2$ 的效率值没有变化，因此 DMU$_1$ 和 DMU$_2$ 的位置在两种排序结果中发生了变化，发生这种变化的主要原因是最终的权系数结果中 DMU$_2$ 所占的权重最小（只有 0.1），从而在最终的交叉效率值确定中处于劣势。当然，由于该算例的目的只是演示本章所提出的方法，并且决策单元数目较少，因此按照两种效率值得到的排序结果差异不大。随着决策单元数目的增多，如某些大型的实际项目，通过两种交叉效率值得到的排序结果必然会有明显的不同。限于篇幅和计算复杂度等问题，本节对复杂情形的算例或实例不做介绍。

12.5　本章小结

本章针对交叉效率评价方法在评价过程中由最终的平均化假设所导致的弊端，放松最终确定效率值的平均化假设，结合合作博弈理论，把需要评价的各个决策单元作为合作博弈的局中人，通过合作博弈中的 Shapley 值来得到各个 DMU 在最终评价中的权重。该方法具有概念清楚、含义明确的特点，最终的算例表明了结果是令人满意的。当然，Shapley 值作为联盟博弈的一种解，是确定最终交叉效率的一种选择，利用联盟博弈中其他类型的解来确定最终交叉效率的权系数也是值得研究的方向!

参 考 文 献

Wu J，Liang L，Yang F. 2009. Determination of the weights for the ultimate cross efficiency using Shapley value in cooperative game[J]. Expert Systems with Applications，36（1）：872-876.

第13章 基于核子解的交叉效率集结方法

13.1 引　　言

Shapley 值作为联盟博弈的一种解，是确定最终交叉效率的一种方式，利用联盟博弈中其他类型的解来确定最终交叉效率的权系数也是值得研究的方向。本章将通过合作博弈中的核子解来确定最终的交叉效率权系数。

13.2　联盟博弈的解及其核子

联盟博弈有多种解的定义，包括核心（Core）、稳定集（Stable Set）、Shapley 值（Shapley Value）、谈判集（Bargaining Set）、核（Kernel）以及核子（Nucleolus）等。把核心中的分配作为合作博弈的解，一个致命的缺陷是核心经常为空；而关于稳定集的计算和存在性的判别，至今尚无一种通用的方法。而 Shapley 值、谈判集以及核的共同缺点是不能保证唯一性。

核子是 Schmeidler 提出的合作博弈又一解的概念，它是对核心的扩展，关于核子的存在性和唯一性有如下定理：任何合作博弈的核子必非空，且只由一点组成，并且在核心非空的情况下，核子必是其中的一个核心。因此在本节中我们通过核子来定义联盟博弈的解。

核子与字典序有关。设 u,w 是两个 m 维向量，如果 u,w 不同，且在第一个不相同的分量中，u 的分量比 w 的小，则我们说 u 按字典序小于 w，并记为 $u < w$。

对于合作博弈 (N,C)，设 $z = (z_1, z_2, \cdots, z_n)$ 是它的一个分配，联盟 S 关于 z 的超出值为

$$e(S,z) = C(S) - \sum_{j \in S} z_j \qquad (13.1)$$

$e(S,z)$ 可看成 S 对分配 z 的满意程度，$e(S,z)$ 越大，S 对分配 z 就越不满意。现将所有联盟的超出值都列举出来，并按从大到小的顺序排列，这样就得到一个向量，记为 $\theta(z)$：

$$\theta(z) = (\theta_1(z), \theta_2(z), \cdots, \theta_{2^n-1}(z)) = (e(S_1,z), e(S_2,z), \cdots, e(S_{2^n-1},z)) \qquad (13.2)$$

$$e(S_1,z) \geqslant e(S_2,z) \geqslant \cdots \geqslant e(S_{2^n-1},z)$$

定义博弈 (N,C) 的全体分配方案为 Z，则合作博弈 (N,C) 的核子 $\mu(Z)$ 就是使 $\theta(z)$ 按字典序达到最小的那种分配的全体，即

$$\mu(Z) = \{z \in Z \mid \theta(z) \leqslant \theta(y), \forall y \in Z\} \tag{13.3}$$

按照这个定义，在核子中，优先考虑最不满意的联盟，选择的分配要使这种联盟的不满意程度达到最小；在此基础上，再考虑次不满意的联盟，所选分配要使其不满意程度尽可能小。

13.3　联盟博弈核子解的计算方法

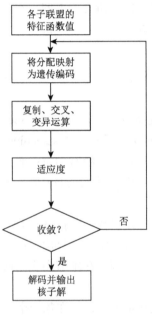

图 13.1　核子计算流程

核子的计算可通过求一系列线性规划来完成，不过这种方法虽然在理论上是可行的，但真正实现这一算法将相当费时，其计算复杂度为 $O(4^n)$，所以当 n 稍大时，这近乎无法实现。现代优化算法的兴起为解决这类大型优化问题提供了可能，本章采用遗传算法求解联盟博弈 (N,C) 的核子解，图 13.1 为算法的流程示意图。

遗传算法是应用较广的一种启发式优化算法，其特点是群体多点搜索，不依赖于梯度信息，不要求目标函数连续，可有效求解复杂的优化问题。遗传算法的基本思想是基于达尔文的进化论，按个体适应度的大小重复地进行复制、交叉和变异来实现群体内个体结构的重组，将性能良好的解结构遗传下去，提高后代的适应能力，从而进化到最优或次优解。

染色体编码是应用遗传算法时要解决的首要问题，它把一个问题的可行解从其解空间转换到遗传算法所能处理的搜索空间。一般而言，二进制码或格雷码具有简单易行、便于实现交叉和变异运算等优点，但对于多维连续函数的优化问题，这两种编码方式均存在搜索空间与映射误差之间的矛盾，因而本章采用了浮点编码方式，将分配直接映射为染色体编码。

根据核子的定义，核子 $\mu(Z)$ 就是使 $\theta(z)$ 按字典序达到最小的那种分配全体，因而在构造适应度函数时我们将 $\theta(z)$ 中的最大值作为遗传算法的优化目标，以使其达到最小：

$$\begin{cases} \min_{z} \max_{i} \theta_i(z), & i = 1, 2, \cdots, 2^n - 1 \\ z_1 + z_2 + \cdots + z_n = 1 \end{cases} \tag{13.4}$$

并且算法以染色体群的平均 Hamming 距离作为其收敛依据，Hamming 距离 d_H 即两个染色体各个对应位置取值不同的个数：

$$d_H = \sum_{i=1}^{l}(a_i \otimes b_i) \qquad (13.5)$$

式中，l 为染色体的长度；符号 "$\otimes$" 表示两染色体对应位的 "异或"。

13.4 算　例

现以表 13.1 中的数据来说明上述方法，在表 13.1 中有 5 个 DMU，每个 DMU 有 3 种输入 X_1、X_2、X_3 和 2 种输出 Y_1、Y_2。求解 CCR 模型（3.1），按照式（3.2）确定交叉效率矩阵如表 13.2 所示，对交叉效率矩阵进行行单位化处理，得到归一化后的交叉效率矩阵如表 13.3 所示。

表 13.1　各 DMU 的输入和输出值

	X_1	X_2	X_3	Y_1	Y_2
DMU$_1$	7	7	7	4	4
DMU$_2$	5	9	7	7	7
DMU$_3$	4	6	5	5	7
DMU$_4$	5	9	8	6	2
DMU$_5$	6	8	5	3	6

表 13.2　交叉效率矩阵

	DMU$_1$	DMU$_2$	DMU$_3$	DMU$_4$	DMU$_5$
DMU$_1$	0.6857	0.9333	1.0000	0.8000	0.4500
DMU$_2$	0.4478	1.0000	0.9965	0.7323	0.4643
DMU$_3$	0.3710	0.7489	1.0000	0.2092	0.6402
DMU$_4$	0.4587	1.0000	0.9313	0.8571	0.3817
DMU$_5$	0.4082	0.7143	1.0000	0.1786	0.8571

表 13.3　进行行单位化处理后的交叉效率矩阵

	DMU$_1$	DMU$_2$	DMU$_3$	DMU$_4$	DMU$_5$	行元素和
DMU$_1$	0.17723	0.24123	0.25846	0.20677	0.11631	1
DMU$_2$	0.12299	0.27466	0.27370	0.20113	0.12752	1
DMU$_3$	0.12494	0.25221	0.33680	0.07045	0.21560	1
DMU$_4$	0.12641	0.27557	0.25664	0.23619	0.10519	1
DMU$_5$	0.12925	0.22617	0.31664	0.05655	0.27139	1

　　根据式（13.5）计算各种子联盟的特征函数值，由于有 5 个 DMU，所以需要计算 $2^5-1=31$ 个特征函数值，限于篇幅，计算结果不一一列出。值得提出的是，随着 DMU 数目的增多，特征函数值的计算复杂度也在不断增大，但是现代优化算法的兴起为解决这类问题提供了可能，如王成山和吉兴全（2003）采用遗传算法设计出了特征函数值的计算模块。

　　在得到各子联盟的特征函数值后，就可以利用遗传算法进行核子计算，算法经 12 次迭代后收敛，最终得到的核子解为（0.12641，0.22617，0.31664，0.17107，0.15971），各 DMU 的分配和等于 1，因而满足群体合理性条件，并且，各 DMU 的分配均小于各自的特征函数值（0.17723，0.27466，0.33680，0.23619，0.27139），因而也满足个体合理性条件。通过求得的核子解就可以确定各 DMU 的最终交叉效率为

$$E_1=0.44910，\quad E_2=0.86643，\quad E_3=0.98746，\quad E_4=0.50814，\quad E_5=0.56679$$

　　各 DMU 的最终交叉效率值是在放松平均化假设，通过所有决策单元之间的合作博弈而得到的，与传统的平均交叉效率相比，所有的 DMU 更能接受这样的最终交叉效率评价结果。

13.5　本 章 小 结

　　本章在分析各种联盟博弈解优劣的基础上，选择核子作为联盟博弈的解，从而确定各 DMU 在最终评价中的权重。并且我们通过遗传算法求解出该博弈的核子解，从而解决了计算复杂度过大的问题。该方法概念清楚、含义明确，最后的算例说明了该方法的有效性。

参 考 文 献

王成山，吉兴全. 2003. 输电网合作投资的费用分摊方法[J]. 电力系统自动化，（10）：22-26，44.

吴杰，梁樑，查迎春. 2008. 基于核子解的最终交叉效率权系数确定方法[J]. 系统工程理论与实践，（5）：92-97.

第五部分　其他多维视角交叉效率研究篇

第 14 章 基于排序优先原则的交叉效率评价

14.1 引　　言

目前的大多数 DEA 交叉效率的二次目标模型考虑的都是每个决策单元的效率值，而完全忽视了各个决策单元的排名，在某些实际问题中，如 R&D 项目的择优选择问题、带偏好的投票问题等，得到最好的排名比最大化个人效率得分更加重要。基于这样的考虑，本章提出集中考虑排序优先的二次目标交叉效率评价方法，并在此基础上确定最终的交叉效率值。

14.2 基于排序优先的交叉效率评价方法

本节将按照以下四步来说明所提出的方法。

第一步：求解传统的 CCR 模型，确定每个决策单元的 CCR 效率值 $E_{dd}(d = 1,2,\cdots,n)$。

第二步：每个决策单元的 CCR 效率值确定后，就可以通过排序优先的二级目标来确定最优权重，相应的混合整数规划问题如下：

$$
\begin{cases}
I_d = \min \sum_{j=1}^{n} z_j^d \\[2mm]
\text{s.t.} \quad \sum_{r=1}^{s} \mu_{rd} y_{rj} - \sum_{i=1}^{m} \omega_{id} x_{ij} \leqslant 0, \quad j=1,2,\cdots,n \\[2mm]
\sum_{i=1}^{m} \omega_i x_{id} = 1 \\[2mm]
\sum_{r=1}^{s} \mu_{rd} y_{rd} = E_{dd} \\[2mm]
\dfrac{\sum_{r=1}^{s} \mu_{rd} y_{rj}}{\sum_{i=1}^{m} \omega_{id} x_{ij}} + h_j^d = \dfrac{\sum_{r=1}^{s} \mu_{rd} y_{rd}}{\sum_{i=1}^{m} \omega_{id} x_{id}} = E_{dd}, \quad j=1,2,\cdots,n \\[2mm]
0 \leqslant h_j^d + Mz_j^d < M + \epsilon, \quad j=1,2,\cdots,n \\[2mm]
z_j^d \in \{0,1\}, \quad j=1,2,\cdots,n
\end{cases}
\tag{14.1}
$$

$$
\begin{cases}
\omega_{id} \geqslant 0, \quad i = 1, 2, \cdots, m \\
\mu_r \geqslant 0, \quad r = 1, 2, \cdots, s \\
h_j^d \text{ 无约束}, \quad j = 1, 2, \cdots, n
\end{cases}
$$

式中，M 是一个足够大的正数；ϵ 是比任何正数都小的非阿基米德数。

模型（14.1）的含义如下：第一，前三组约束条件保证了被评价单元 DMU_d 的自评效率为 CCR 效率值；第二，第四组约束条件对 DMU_d 与其他 DMU 的效率值进行比较，$h_j^d > 0$ 意味着在权重 $(\omega_{1d}, \cdots, \omega_{md}, \mu_{1d}, \cdots, \mu_{sd})$ 下 DMU_d 的效率值比 DMU_j 的效率值大，$h_j^d < 0$ 则意味着 DMU_d 的效率值比 DMU_j 效率值小；第三，观察第五组和第六组约束条件可以发现，当 $h_j^d \geqslant 0$ 时，$z_j^d = 0$；当 $h_j^d < 0$ 时，$z_j^d = 1$。由于目标函数是最小化 $\sum_{j=1}^{n} z_j^d$，并且 $z_j^d \in \{0,1\}$，所以模型（14.1）所确定的最优权重将尽可能多地使 $z_j^{d*} = 0$ 成立。换句话说，模型（14.1）的目的就是选择一组权重使 $h_j^d < 0$ 成立的次数尽可能少，而这个次数正是 DMU_d 的排名。

在模型（14.1）中，第四组约束条件等价于以下的等式约束条件：$\sum_{r=1}^{s} \mu_{rd} y_{rj}$ $+ h_j^d \sum_{i=1}^{m} \omega_{id} x_{ij} = E_{dd} \sum_{i=1}^{m} \omega_{id} x_{ij}, j = 1, 2, \cdots, n$，进而上述模型（14.1）可以写为

$$
\begin{cases}
I_d = \min \sum_{j=1}^{n} z_j^d \\
\text{s.t.} \ \sum_{r=1}^{s} \mu_{rd} y_{rj} - \sum_{i=1}^{m} \omega_{id} x_{ij} \leqslant 0, \quad j = 1, 2, \cdots, n \\
\sum_{i=1}^{m} \omega_i x_{id} = 1 \\
\sum_{r=1}^{s} \mu_{rd} y_{rd} = E_{dd} \\
\sum_{r=1}^{s} \mu_{rd} y_{rj} + h_j^d \sum_{i=1}^{m} \omega_{id} x_{ij} = E_{dd} \sum_{i=1}^{m} \omega_{id} x_{ij}, \quad j = 1, 2, \cdots, n \\
0 \leqslant h_j^d + M z_j^d < M + \epsilon, \quad j = 1, 2, \cdots, n \\
z_j^d \in \{0,1\}, \quad j = 1, 2, \cdots, n \\
\omega_{id} \geqslant 0, \quad i = 1, 2, \cdots, m \\
\mu_r \geqslant 0, \quad r = 1, 2, \cdots, s \\
h_j^d \text{ 无约束}, \quad j = 1, 2, \cdots, n
\end{cases}
\tag{14.2}
$$

我们可以发现 DMU_d 和 DMU_j 的效率值都处于区间[0, 1]中，所以表示 DMU_d

和 DMU$_j$ 效率值差距的参数 h_j^d 处于区间$[-1, 1]$，即我们可以确定 h_j^d 的上限和下限。所以模型（14.2）中 h_j^d 可以被看作一个参数，然后运用线性规划方法来进行求解。在计算过程中，首先设定 h_j^d 的初始值为其上限，即 $h_j^d(0)=1$，并求解相应的线性规划问题，然后按照公式 $h_j^d=1-\delta\times t$ 对 h_j^d 进行逐步减小，其中 δ 为一个小的正数。根据每个组合 $\left(h_1^d(t^1),\cdots,h_n^d(t^n),t^j=1,2,\cdots,\dfrac{2}{\delta},j=1,2,\cdots,n\right)$，求解相应的线性规划问题（14.2），并且将最优目标函数值及其相应的权重分别记为 I_d^* 和 $(\omega_{1d}^*,\cdots,\omega_{md}^*,\mu_{1d}^*,\cdots,\mu_{sd}^*)$。

实际上，在模型（14.1）和模型（14.2）中，依然可能存在有多重解的情况，针对这个问题，我们需要增加一个额外的标准来对所有满足模型（14.1）和模型（14.2）的权重进行筛选，该额外标准与 Doyle 和 Green（1994）中的侵略性策略相似。具体说明请见第三步。

第三步：如果求解模型（14.2）后依然存在多重解的情况，我们将选择一组权重来最小化其他 $n-1$ 个决策单元的交叉效率，即

$$
\left\{
\begin{array}{l}
\min \displaystyle\sum_{j=1,j\neq d}^{n}\left(\sum_{r=1}^{s}\mu_{rd}y_{rj}-\sum_{i=1}^{m}\omega_{id}x_{ij}\right) \\[3mm]
\text{s.t.} \ \displaystyle\sum_{r=1}^{s}\mu_{rd}y_{rj}-\sum_{i=1}^{m}\omega_{id}x_{ij}\leqslant 0,\quad j=1,2,\cdots,n \\[3mm]
\displaystyle\sum_{i=1}^{m}\omega_i x_{id}=1 \\[3mm]
\displaystyle\sum_{r=1}^{s}\mu_{rd}y_{rd}=E_{dd} \\[3mm]
\displaystyle\sum_{r=1}^{s}\mu_{rd}y_{rj}+h_j^d\sum_{i=1}^{m}\omega_{id}x_{ij}=E_{dd}\sum_{i=1}^{m}\omega_{id}x_{ij},\quad j=1,2,\cdots,n \\[3mm]
0\leqslant h_j^d+Mz_j^d<M+\epsilon,\quad j=1,2,\cdots,n \\[3mm]
\displaystyle\sum_{j=1}^{n}z_j^d=I_d^* \\[3mm]
z_j^d\in\{0,1\},\quad j=1,2,\cdots,n \\[2mm]
\omega_{id}\geqslant 0,\quad i=1,2,\cdots,m \\[2mm]
\mu_r\geqslant 0,\quad r=1,2,\cdots,s \\[2mm]
h_j^d \ \text{无约束},\quad j=1,2,\cdots,n
\end{array}
\right.
\tag{14.3}
$$

式中，I_d^* 是模型（14.2）中的最优目标函数值。可以发现模型（14.2）中的条件在模型（14.3）中依然得到满足，只是模型（14.3）限定了模型（14.2）得到的最

优目标函数不变，即式子 $\sum_{j=1}^{n} z_j^d = I_d^*$ 成立，所以由模型（14.3）得到的最优解依然属于模型（14.2）中多重最优解的一组。

在模型（14.3）中，目标函数采用的是最小化效率比值分子与效率比值分母之差的总和，而不是最小化交叉效率值之和，其主要目的是防止出现后者的非线性规划问题，进而给计算带来麻烦。

第四步：在上述模型（14.2）和模型（14.3）中，当被评价单元 DMU_d 发生变化时（即约束中的 $x_{id}, i = 1, 2, \cdots, m$；$y_{rd}, r = 1, 2, \cdots, s$；$E_d^{\text{CCR}}$ 和 I_d^* 发生变化），得到不同的最优值 ω_{id}^* 和 μ_{rd}^*，从而得到 n 组最优权重向量 $W_d^* = (\omega_{1d}^*, \cdots, \omega_{md}^*, \mu_{1d}^*, \cdots, \mu_{sd}^*)$，$d = 1, 2, \cdots, n$。$\text{DMU}_j (j = 1, 2, \cdots, n)$ 利用 W_d^* 的交叉效率可通过式（14.4）得到：

$$E_j(W_d^*) = \frac{\sum_{r=1}^{s} \mu_{rd}^* y_{rj}}{\sum_{i=1}^{m} \omega_{id}^* x_{ij}}, \quad d = 1, 2, \cdots, n \tag{14.4}$$

对于 $\text{DMU}_j (j = 1, 2, \cdots, n)$，所有 $E_j(W_d^*), d = 1, 2, \cdots, n$ 的平均值，即

$$\bar{E}_j = \frac{1}{n} \sum_{d=1}^{n} E_j(W_d^*), \quad j = 1, 2, \cdots, n \tag{14.5}$$

被称为 $\text{DMU}_j (j = 1, 2, \cdots, n)$ 的新交叉效率值。

14.3　带偏好投票问题实例

为了说明上述所提方法，本节将以一个带偏好投票问题实例来对该方法进行演示。

为了对处于带偏好投票环境的候选人进行排序，Cook 和 Kress（1990）提出了一种基于 DEA 的方法。在该方法中，允许每个候选人对自己所得的名次（如第一位、第二位等）选择最优的一组权重，然后综合每个名次的得分最终对各候选人进行排序。Green 等（1996）针对相同的问题，提出利用交叉效率来最大化候选人之间的差异，并对候选人进行评价和排序。但是正如我们在前面所分析的，对于带偏好的投票问题等，得到最好的排名比最大化个人效率得分更加重要，因此，我们认为利用本章所提出的方法来对各候选人进行排序将更加适宜。

Green 等（1996）考虑了一个 20 个投票人的案例，每个投票人对 6 个候选人进行第一位至第四位的排序，投票结果如表 14.1 所示。例如，候选人 a 得到了 3 个第一位、3 个第二位、4 个第三位和 3 个第四位的投票。表 14.1 中的数据被看作四个输出，并且我们假设每个候选人（决策单元）只有一个输入且为 1。

表 14.1　候选人 a～f 的得票结果

候选人	得票数			
	1	2	3	4
a	3	3	4	3
b	4	5	5	2
c	6	2	3	2
d	6	2	2	6
e	0	4	3	4
f	1	4	3	3

下列用于 Cook 和 Kress（1990）中的权重约束也将会出现在本章的模型中（注：下列权重约束中数学符号的含义请见 Cook 和 Kress（1990）的研究，在此不做赘述）：

$$\begin{cases} w_{ij} \geqslant 0, \quad w_{ij} - w_{ij+1} \geqslant d(j,\delta), \quad j=1,2,\cdots,k-1 \\ d(\cdot,\delta) = \delta \end{cases} \quad (14.6)$$

这些附加条件意味着第 j 位的投票权重要比第 $j+1$ 位的投票权重大一些。

当 $d(j,\tau)=0$ 时，各权重之间存在如下的弱序：$w_{i1} \geqslant w_{i2} \geqslant w_{i3} \geqslant w_{i4}$。求解模型（14.1）（$\delta = 0.0001$），我们可以得到如表 14.2 所示的最优值 I_d^*，并且在确定 I_d^* 后，我们可以得到如表 14.3 所示的模型（14.3）的最优权重。因此最终的交叉效率结果和各候选人的排序（见表 14.4）如下所示：

$$d(0.97227) > b(0.97223) > a(0.78035) > e(0.77704) > f(0.74733) > c(0.71104)$$

表 14.2　h_j^d 和 $I_d^*(d=1,2,\cdots,n)$ 的结果（$\delta = 0.0001$）

候选人	h_1^d	h_2^d	h_3^d	h_4^d	h_5^d	h_6^d	I_d^*
a	0	0.1875	−0.125	0.1875	0.0536	0	2
b	−0.2059	0	−0.4118	0	0	−0.0882	4
c	−0.1842	0	0	0	−0.5789	−0.5	4
d	−0.1154	0	−0.3846	0	0	−0.1154	4
e	0	0.2292	0	0.2292	0	0	1
f	0	0.2292	0	0.2292	0	0	1

表 14.3　模型（14.3）的最优权重

权重	候选人					
	a	b	c	d	e	f
ω_1	1	1	1	1	1	1
μ_1	0.0335	0.0147	0.1053	0	0.0573	0.0573
μ_2	0.1027	0.1471	0	0.0769	0.1146	0.1146
μ_3	0.0357	0	0.1053	0.0769	0	0
μ_4	0.0871	0.1029	0.0263	0.1154	0.0573	0.0573

表 14.4　效率结果（$\delta = 0.0001$）

候选人	CCR 效率	排序	侵略性交叉效率	排序	仁慈性交叉效率	排序	新模型得到的交叉效率	排序
a	0.8125	4	0.684	4	0.8	4	0.78035	3
b	1	1	0.889	2	1	1	0.97223	2
c	1	1	0.840	3	0.922	3	0.71104	6
d	1	1	0.889	1	1	1	0.97227	1
e	0.6875	5	0.402	6	0.633	6	0.77704	4
f	0.6875	5	0.479	5	0.653	5	0.74733	5

从表 14.4 中的结果可以看出，最终的排序与 Green 等（1996）通过侵略性策略和仁慈性策略得到的排序结果完全不同，这也在一定程度上说明了追求最优排序和最大化个人效率值之间的差异。

14.4　本 章 小 结

本章考虑到实际问题中存在的追求最优排序的目标，提出了基于排序优先原则的交叉效率确定方法，最后通过带偏好投票问题实例对提出的方法进行了演示，并与已有方法进行了比较，说明了追求最优排序和已有方法中的最大化个人效率值之间的差异。

参 考 文 献

Anderson T R，Hollingsworth K，Inman L. 2002. The fixed weighting nature of a cross-evaluation model[J]. Journal of Productivity Analysis，17（3）：249-255.

Becker R A，Chakrabarti S K. 2005. Satisficing behavior，Brouwer's fixed point theorem and Nash equilibrium[J]. Economic Theory，26（1）：63-83.

Brouwer L E J. 1911. Beweis der invarianz der dimensionzahl[J]. Mathematics. Annal，70：161-165.

Charnes A，Cooper W W，Lewin A Y，et al. 1994. Data Envelopment Analysis: Theory，Methodology，and Applications[M]. Boston: Kluwer.

Charnes A，Cooper W W，Rhodes E. 1978. Measuring the efficiency of decision making units[J]. European Journal of Operational Research，2（6）：429-444.

Cook W D，Kress M. 1990. A data envelopment model for aggregating preference rankings[J]. Management Science，36（11）：1302-1310.

Debreu G. 1952. A social equilibrium existence theorem[J]. Proceedings of the National Academy of Sciences，38（10）：886-893.

Despotis D K. 2002. Improving the discriminating power of DEA: Focus on globally efficient units[J]. Journal of the Operational Research Society，53（3）：314-323.

Doyle J，Green R. 1994. Efficiency and cross-efficiency in DEA: Derivations，meanings and uses[J]. Journal of the Operational Research Society，45（5）：567-578.

Glicksberg I L. 1952. A further generalization of the Kakutani fixed point theorem，with application to Nash equilibrium points[J]. Proceedings of the American Mathematical Society，3（1）：170-174.

Green R H，Doyle J R，Cook W D. 1996. Preference voting and project ranking using DEA and cross-evaluation[J]. European Journal of Operational Research，90（3）：461-472.

Oral M，Kettani O，Lang P. 1991. A methodology for collective evaluation and selection of industrial R&D projects[J]. Management Science，37（7）：871-885.

Sexton T R，Silkman R H，Hogan A J. 1986. Data envelopment analysis: Critique and extensions[J]. New Directions for Program Evaluation，（32）：73-105.

Thompson R G，Langemeier L N，Lee C T，et al. 1990. The role of multiplier bounds in efficiency analysis with application to Kansas farming[J]. Journal of Econometrics，46（1/2）：93-108.

第15章 基于满意度的 DEA 交叉效率评价

15.1 引　言

目前有关 DEA 交叉效率评价的研究主要集中于解决最优权重不唯一性问题。很少有研究考虑到了 DMU 对于 DEA 交叉效率评价结果的接受意愿和满意度。为了解决这一问题，首先，本章提出了一个 DMU 对于其他 DMU 的最优权重满意度的概念。其次，基于满意度的概念，本书提出了一种新的交叉效率评价方法，该方法包含一个 max-min 模型和两个算法。其中，max-min 模型和算法 15.1 可为每个 DMU 选择一组能最大化所有 DMU 满意度的最优权重。此外，算法 15.2 可用于保证所选择最优权重的唯一性。最后，本章的方法被应用于现实的技术选择应用之中。

15.2 满　意　度

本节引入一个 DMU 相对于其他 DMU 的最优权重满意度的概念。对于每个 DMU_d，CCR 模型所选择的最优权重可能不唯一。它的最优权重集合可定义为如下的集合 WS_d：

$$
\begin{aligned}
\mathrm{WS}_d = \{(U_d, W_d) \,|\, & W_d \cdot X_d = 1 \\
& U_d \cdot Y_d - E_d^* \times W_d \cdot X_d = 0 \\
& U_d \cdot Y_j - W_d \cdot X_j \leqslant 0, \forall j \\
& U_d, W_d \geqslant 0\}
\end{aligned}
\tag{15.1}
$$

基于 $\mathrm{DMU}_d(\forall d)$ 的最优权重集合 WS_d，可计算 $\mathrm{DMU}_k(k \neq d, \forall k)$ 相对于其最大和最小的交叉效率，这里分别定义为 $E_{d,k}^{\max}$ 和 $E_{d,k}^{\min}$。最大和最小交叉效率值可通过模型（15.2）和模型（15.3）计算得到：

$$
\begin{cases}
E_{dk}^{\max} = \max U_d \cdot Y_k \\
\mathrm{s.t.} \quad W_d \cdot X_k = 1 \\
\qquad U_d \cdot Y_d - E_d^* \times W_d \cdot X_d = 0 \\
\qquad U_d \cdot Y_j - W_d \cdot X_j \leqslant 0, \quad \forall j \\
\qquad U_d, W_d \geqslant 0
\end{cases}
\tag{15.2}
$$

和

$$
\begin{cases}
E_{dk}^{\min} = \min U_d Y_k \\
\text{s.t.} \quad W_d \cdot X_k = 1 \\
\quad U_d \cdot Y_d - E_d^* \times W_d \cdot X_d = 0 \\
\quad U_d \cdot Y_j - W_d \cdot X_j \leqslant 0, \quad \forall j \\
\quad U_d, W_d \geqslant 0
\end{cases}
\tag{15.3}
$$

在模型（15.2）和模型（15.3）中，本章将约束 $W_d X_d = 1$ 替代为约束 $W_d X_k = 1$ 以避免等比例解。这不会影响最优权重的选择，因为最优权重只是反映 DMU 给不同投入、产出指标所附权重的相对大小（Charnes and Cooper，1962）。基于模型（15.2）和模型（15.3）的计算结果，最优权重可能集合 WS_d 可等价表示为如下的集合 $\mathrm{WS}_d^{\mathrm{trans}}$。

$$
\begin{cases}
\mathrm{WS}_d^{\mathrm{trans}} = \{(U_d, W_d) \mid U_d \cdot Y_d - E_d^* \times W_d \cdot X_d = 0 \\
\text{s.t.} \qquad W_d \cdot X_d = 1 \\
\qquad U_d \cdot Y_j - W_d \cdot X_j \leqslant 0, \forall j \\
\qquad U_d \cdot Y_j - E_{dj}^{\max} \times W_d \cdot X_j + s_{dj} = 0, \forall j, j \neq d \\
\qquad U_d \cdot Y_j - E_{dj}^{\min} \times W_d \cdot X_j - \varphi_{dj} = 0, \forall j, j \neq d \\
\qquad U_d, W_d \geqslant 0 \\
\qquad s_{dj}, \varphi_{dj} \geqslant 0, \forall j\}
\end{cases}
\tag{15.4}
$$

值得注意的是，在式（15.4）中，约束 $U_d \cdot Y_j - W_d \cdot X_j \leqslant 0, \forall j$ 是一个冗余的约束，因为存在约束 $U_d \cdot Y_j - E_{dj}^{\max} \times W_d \cdot X_j + s_{dj} = 0, \forall j, j \neq d$ 和 $U_d \cdot Y_d - E_d^* \times W_d \cdot X_d = 0$。但是，在此处先保留这个约束，因为在后续对 $\mathrm{WS}_d^{\mathrm{trans}}$ 的转换中，这个约束仍然需要。很容易看出 $\mathrm{WS}_d^{\mathrm{trans}}$ 和 WS_d 是等价的，因为任意 DMU_j 相对于 DMU_d 的交叉效率值都会在 $E_{d,j}^{\min}$ 和 $E_{d,j}^{\max}$ 之间。

当某 DMU_d 在 $\mathrm{WS}_d^{\mathrm{trans}}$ 中选择最优权重时，对于任意 DMU_j，都希望它相对于 DMU_d 的由最优权重所评价得到的交叉效率尽可能地靠近它相对于 DMU_d 的最大交叉效率（$E_{dj}^{\max}$），远离其相对于 DMU_d 的最小交叉效率（$E_{dj}^{\min}$）。基于这个结论，可给出如下的关于 DMU_j 对于 DMU_d 的一组最优权重的满意度的定义。

定义 15.1　DMU_j 对于 DMU_d 从其最优权重可能集合 $\mathrm{WS}_d^{\mathrm{trans}}$ 中所选择的一组最优权重 (U_d, W_d) 的满意度定义为

$$
\mathrm{SD}_{dj} = \frac{U_d \cdot Y_j / (W_d \cdot X_j) - E_{dj}^{\min}}{E_{dj}^{\max} - E_{dj}^{\min}}, \quad E_{dj}^{\max} \neq E_{dj}^{\min}, \forall j
\tag{15.5}
$$

很容易看出 $\mathrm{SD}_{dj} \in [0,1]$。而且，若 DMU_d 所选择的最优权重评价 DMU_j 所得的交

叉效率是其最大交叉效率 $E_{dj}^{\max}$ ，则有 $\mathrm{SD}_{dj}=1$ 。若 DMU_d 所选择的最优权重评价 DMU_j 所得的交叉效率是其最小交叉效率 $E_{dj}^{\min}$ ，则可得 $\mathrm{SD}_{dj}=0$ 。

需要指出，对于某些 DMU_j 和 DMU_d ，可能存在 $E_{dj}^{\max}=E_{dj}^{\min}$ 的情况。这说明无论 DMU_d 选择哪一组最优权重，DMU_j 相对于 DMU_d 的交叉效率不发生改变。对于任意这样的 DMU_j ，DMU_d 选择最优权重时，无须考虑该 DMU_j 相对于它的交叉效率值。

15.3　基于满意度的 max-min 权重选择模型

本节将给出一个 max-min 模型，用于每个 DMU 的最优权重选择。首先，给出如下定理。

定理 15.1　假设 (U_d,W_d) 为 DMU_d 从 $\mathrm{WS}_d^{\mathrm{trans}}$ 中选择出来的一组权重，则有

$$\mathrm{SD}_{dj}=\frac{U_d\cdot Y_j/(W_d\cdot X_j)-E_{dj}^{\min}}{E_{dj}^{\max}-E_{dj}^{\min}}=\frac{\varphi_{dj}}{s_{dj}+\varphi_{dj}},E_{dj}^{\max}\neq E_{dj}^{\min},\forall j\text{，其中，}\varphi_{dj}\text{ 和 }s_{dj}\text{ 是式（15.4）}$$

中的约束所定义的松弛变量。

证明　从式（15.4）的第一个和第二个约束组中可得出 $U_d\cdot Y_j-E_{dj}^{\max}\times W_d\cdot X_j+s_{dj}=0,\forall j,j\neq d$ 和 $U_d\cdot Y_j-E_{dj}^{\min}\times W_d\cdot X_j-\varphi_{dj}=0,\forall j,j\neq d$ 。通过对这两个式子进行变换可得到 $E_{dj}^{\max}=\dfrac{U_d\cdot Y_j+s_{dj}}{W_d\cdot X_j}$ (a) 和 $E_{dj}^{\min}=\dfrac{U_d\cdot Y_j-\varphi_{dj}}{W_d\cdot X_j}$ (b)。由定义 15.1，则有

$$\mathrm{SD}_{dj}=\frac{U_d\cdot Y_j/(W_d\cdot X_j)-E_{dj}^{\min}}{E_{dj}^{\max}-E_{dj}^{\min}},E_{dj}^{\max}\neq E_{dj}^{\min},\forall j\text{ (c)}\text{。故将式 (a) 和式 (b) 代入式 (c)，}$$

则有 $\mathrm{SD}_{dj}=\dfrac{\varphi_{dj}}{s_{dj}+\varphi_{dj}},E_{dj}^{\max}\neq E_{dj}^{\min},\forall j$ 。证毕。

从定理 15.1 中可以看出，DMU_j 相对于 DMU_d 的最优权重的满意度可简化表达为 $\mathrm{SD}_{dj}=\dfrac{\varphi_{dj}}{s_{dj}+\varphi_{dj}},E_{dj}^{\max}\neq E_{dj}^{\min},\forall j$ 。

本章提出在给每个 DMU 选择最优权重时，应当考虑提高所有其他 DMU 对于其最优权重的满意度。因此，当某 DMU 在进行最优权重选择时，它尽管不能让所有的 DMU 的满意度都为最高，即都为 1，但它可考虑尽可能最大化其他 DMU 相对于这组最优权重的满意度。此外，还需要考虑的是，所选择的最优权重不应当使得 DMU 之间的满意度的差距比较大。因为如果存在较大满意度的差距，会降低 DMU 接受评价结果的意愿，尤其是那些满意度较低的 DMU。因此，本章提出如下模型（15.6）为每个 DMU_d 进行最优权重选择：

$$
\begin{cases}
\max\limits_{(U_d,W_d)}\min\limits_{(E_{dj}^{\max}\neq E_{dj}^{\min},\forall j)}\dfrac{\varphi_{dj}}{s_{dj}+\varphi_{dj}} \\[2mm]
\text{s.t.}\quad U_d\cdot Y_j - E_{dj}^{\max}\times W_d\cdot X_j + s_{dj}=0,\forall j,j\neq d,E_{dj}^{\max}\neq E_{dj}^{\min} \\[1mm]
\qquad\ U_d\cdot Y_j - E_{dj}^{\min}\times W_d\cdot X_j - \varphi_{dj}=0,\forall j,j\neq d,E_{dj}^{\max}\neq E_{dj}^{\min} \\[1mm]
\qquad\ U_d\cdot Y_d - E_d^{*}\times W_d\cdot X_d = 0 \\[1mm]
\qquad\ W_d\cdot X_d = 1 \\[1mm]
\qquad\ U_d\cdot Y_j - W_d\cdot X_j \leqslant 0,\forall j \\[1mm]
\qquad\ U_d,W_d \geqslant 0 \\[1mm]
\qquad\ s_{dj},\varphi_{dj} \geqslant 0,\forall j,j\neq d,E_{dj}^{\max}\neq E_{dj}^{\min}
\end{cases}
\tag{15.6}
$$

在模型（15.6）中，第一个和第二个权重约束组保证了每个 $\mathrm{DMU}_j(\forall j,j\neq d$，$E_{dj}^{\max}\neq E_{dj}^{\min}$)相对于 DMU_d 的交叉效率在其相对于它的最大和最小交叉效率之间。第三个和第四个约束组保证了 DMU_d 的效率为其 CCR 效率，这也保证了所选择权重的最优性。从模型（15.6）可以看出，DMU_d 选择最优权重时，它最大化所有其他 DMU 当中最小的满意度并保证其自身的效率在最优的 CCR 效率值的水平。因此，模型（15.6）也可被看作在给 DMU_d 选择最优权重时，最大化所有 DMU 满意度的一个模型（Li et al.，2013）。

注意到模型（15.6）是一个多目标规划模型，它不能直接求解。因此，可令 $\mathrm{SD}_d=\min\limits_{(E_{dj}^{\max}\neq E_{dj}^{\min},\forall j)}\dfrac{\varphi_{dj}}{s_{dj}+\varphi_{dj}}$ ，则模型（15.6）可转化为如下的单目标模型（15.7）：

$$
\begin{cases}
\max \mathrm{SD}_d \\[1mm]
\text{s.t.}\quad U_d\cdot Y_j - E_{dj}^{\max}\times W_d\cdot X_j + s_{dj}=0,\forall j,j\neq d,E_{dj}^{\max}\neq E_{dj}^{\min} \\[1mm]
\qquad\ U_d\cdot Y_j - E_{dj}^{\min}\times W_d\cdot X_j - \varphi_{dj}=0,\forall j,j\neq d,E_{dj}^{\max}\neq E_{dj}^{\min} \\[1mm]
\qquad\ U_d\cdot Y_d - E_d^{*}\times W_d\cdot X_d = 0 \\[1mm]
\qquad\ W_d\cdot X_d = 1 \\[1mm]
\qquad\ U_d\cdot Y_j - W_d\cdot X_j \leqslant 0,\forall j \\[1mm]
\qquad\ \dfrac{\varphi_{dj}}{s_{dj}+\varphi_{dj}}\geqslant \mathrm{SD}_d,\forall j,j\neq d,E_{dj}^{\max}\neq E_{dj}^{\min} \\[1mm]
\qquad\ U_d,W_d \geqslant 0 \\[1mm]
\qquad\ s_{dj},\varphi_{dj} \geqslant 0,\forall j,j\neq d,E_{dj}^{\max}\neq E_{dj}^{\min}
\end{cases}
\tag{15.7}
$$

通过对每个 DMU_d 求解模型（15.7），则可给每个 DMU 选择一组能使得所有 DMU 的满意度最大化的最优权重。

15.4 算　　法

在本节中将提出两个算法。第一个算法用于线性求解模型（15.7），第二个算法则可保证最后每个 DMU 最优权重的唯一性。

15.4.1　线性求解模型的算法

可以发现，模型（15.7）仍不能直接求解，因为它是一个非线性模型。为了求解它，本章将给出算法 15.1，在给出算法之前，先给出如下的模型（15.8）：

$$
\begin{cases}
\min \beta_d \\
\text{s.t.} \ U_d \cdot Y_j - E_{dj}^{\max} \times W_d \cdot X_j + s_{dj} = 0, \forall j, j \neq d, E_{dj}^{\max} \neq E_{dj}^{\min} \\
\quad U_d \cdot Y_j - E_{dj}^{\min} \times W_d \cdot X_j - \varphi_{dj} = 0, \forall j, j \neq d, E_{dj}^{\max} \neq E_{dj}^{\min} \\
\quad U_d \cdot Y_d - E_d^* \times W_d \cdot X_d = 0 \\
\quad W_d \cdot X_d = 1 \\
\quad U_d \cdot Y_j - W_d \cdot X_j \leqslant 0, \forall j \\
\quad \varphi_{dj} - \text{SD}_d \times (s_{dj} + \varphi_{dj}) + \eta_{dj} = 0, \forall j, j \neq d, E_{dj}^{\max} \neq E_{dj}^{\min} \\
\quad \eta_{dj} \leqslant \beta_d, \forall j, j \neq d, E_{dj}^{\max} \neq E_{dj}^{\min} \\
\quad U_d, W_d \geqslant 0 \\
\quad s_{dj}, \varphi_{dj} \geqslant 0, \forall j, j \neq d, E_{dj}^{\max} \neq E_{dj}^{\min} \\
\quad \eta_{dj} \text{ 无约束}, \forall j, j \neq d, E_{dj}^{\max} \neq E_{dj}^{\min} \\
\quad \beta_d \text{ 无约束}
\end{cases}
\tag{15.8}
$$

基于模型（15.7）和（15.8），可得到如下的定理。根据这些定理，可使用二分法来找出模型（15.7）的最优解，在提出的算法中，每一步都需要求解模型（15.8）。

定理 15.2　假设模型（15.7）的最优目标函数值为 SD_d^*。令 SD_d' 为模型（15.8）中赋给变量 SD_d 的一个常数。求解模型（15.8）并得到最优目标函数值 β_d'。若有 $\beta_d' \leqslant 0$，则可得 $\text{SD}_d^* \geqslant \text{SD}_d'$，即 SD_d' 是 SD_d^* 的一个下界。

证明　令 $\text{SD}_d = \text{SD}_d'$，求解模型（15.8）得到的最优解为 $(U_d', W_d', s_{dj}', \varphi_{dj}', \eta_{dj}',$ $\beta_d', \forall j, j \neq d, E_{dj}^{\max} \neq E_{dj}^{\min})$。若有 $\beta_d' \leqslant 0$，从模型（15.8）的第七个约束组中可得出 $\eta_{dj} \leqslant 0, \forall j, j \neq d, E_{dj}^{\max} \neq E_{dj}^{\min}$。且从模型（15.8）的第六个约束组中可得 $\dfrac{\varphi_{dj}'}{s_{dj}' + \varphi_{dj}'} \geqslant$

$\mathrm{SD}'_d - \dfrac{\eta'_{dj}}{s'_{dj} + \varphi'_{dj}}, \forall j, j \neq d, E^{\max}_{dj} \neq E^{\min}_{dj}$ 。因为已经有 $s'_{dj} + \varphi'_{dj} > 0$ 和 $\eta'_{dj} \leqslant 0, \forall j, j \neq d$,

$E^{\max}_{dj} \neq E^{\min}_{dj}$ ，则可推导出 $\dfrac{\varphi'_{dj}}{s'_{dj} + \varphi'_{dj}} \geqslant \mathrm{SD}'_d - \dfrac{\eta'_{dj}}{s'_{dj} + \varphi'_{dj}} \geqslant \mathrm{SD}'_d, \forall j, j \neq d, E^{\max}_{dj} \neq E^{\min}_{dj}$ 。则

容易看出，$(U'_d, W'_d, s'_{dj}, \varphi'_{dj}, \eta'_{dj}, \beta'_d, \forall j, j \neq d, E^{\max}_{dj} \neq E^{\min}_{dj})$ 是模型（15.8）的一个可行

解，则有 $\mathrm{SD}^*_d \geqslant \mathrm{SD}'_d$ 。证毕。

定理 15.3　设模型（15.7）的最优目标函数值为 SD^*_d 。令 SD'_d 为模型（15.8）

中赋给变量 SD_d 的一个常数。求解模型（15.8）并得到最优目标函数值 β'_d 。若有

$\beta'_d > 0$ ，则可得 $\mathrm{SD}^*_d < \mathrm{SD}'_d$ ，即 SD'_d 是 SD^*_d 的一个上界。

证明　此定理可由反证法证明。假设 $\mathrm{SD}^*_d \geqslant \mathrm{SD}'_d$ 并假设 $(U^*_d, W^*_d, s^*_{dj}, \varphi^*_{dj}, \forall j,$

$j \neq d, E^{\max}_{dj} \neq E^{\min}_{dj})$ 为模型（15.8）的最优解。从模型（15.7）的第六个约束组中可

得到 $\dfrac{\varphi^*_{dj}}{s^*_{dj} + \varphi^*_{dj}} \geqslant \mathrm{SD}^*_d \geqslant \mathrm{SD}'_d, \forall j, j \neq d, E^{\max}_{dj} \neq E^{\min}_{dj}$ 。此时，可推出 $-\varphi^*_{dj} + \mathrm{SD}'^*_d(s^*_{dj} +$

$\varphi^*_{dj}) \leqslant 0, \forall j, j \neq d, E^{\max}_{dj} \neq E^{\min}_{dj}$ 。然后，可令 $\eta'_{dj} = -\varphi^*_{dj} + \mathrm{SD}'^*_d(s^*_{dj} + \varphi^*_{dj}) \leqslant 0, \forall j, j \neq d,$

$E^{\max}_{dj} \neq E^{\min}_{dj}$ ，　$\beta_d = \max\limits_{\forall j, j \neq d, E^{\max}_{dj} \neq E^{\min}_{dj}} \eta'_{dj} \leqslant 0$ 。则很容易看出 $(U^*_d, W^*_d, s^*_{dj}, \varphi^*_{dj}, \eta'_{dj}, \beta_d, \forall j,$

$j \neq d, E^{\max}_{dj} \neq E^{\min}_{dj})$ 是模型（15.8）在 $\mathrm{SD}_d = \mathrm{SD}'_d$ 情形下的一个可行解，则必有

$\beta'_d \leqslant \beta_d \leqslant 0$ 。这与 $\beta'_d > 0$ 相违背。所以有 $\mathrm{SD}^*_d < \mathrm{SD}'_d$ 。证毕。

从定理 15.2 和定理 15.3 中可以看出，通过求解模型（15.8）判断目标函数值，

就能判断在该模型中赋给 SD_d 的值为模型（15.7）最优目标函数值 SD^*_d 的上界或

者下界。基于此，现给出算法 15.1 求解模型（15.7）。可以看出 $\mathrm{SD}^*_d \in [0,1]$ 。算

法 15.1 的基本思想是在每个迭代中二分 SD^*_d 的可能区间，直到区间的距离足够小，

达到一定的精度时，算法停止，得到模型（15.7）的最优解。

算法 15.1

开始

步骤 1：令 $\mathrm{SD}^u_d = 1$ ，　$\mathrm{SD}^l_d = -0.001$ ，　$\mathrm{SD}'_d = \dfrac{\mathrm{SD}^u_d + \mathrm{SD}^l_d}{2}$ 。

步骤 2：令模型（15.8）中 $\mathrm{SD}_d = \mathrm{SD}'_d$ ，并求解模型（15.8）得到最优解 $(U'_d,$

$W'_d, s'_{dj}, \varphi'_{dj}, \eta'_{dj}, \beta'_d, \forall j, j \neq d, E^{\max}_{dj} \neq E^{\min}_{dj})$ 。若有 $\beta'_d \leqslant 0$ ，令 $\mathrm{SD}^l_d = \mathrm{SD}'_d$ ，$\mathrm{SD}^*_d = \mathrm{SD}'_d$ ，

$\mathrm{SD}'_d = \dfrac{\mathrm{SD}^u_d + \mathrm{SD}^l_d}{2}$ ，$(U^*_d, W^*_d, s^*_{dj}, \varphi^*_{dj}, \forall j, j \neq d, E^{\max}_{dj} \neq E^{\min}_{dj}) = (U'_d, W'_d, s'_{dj}, \varphi'_{dj}, \forall j, j \neq d,$

$E^{\max}_{dj} \neq E^{\min}_{dj})$ ，转向步骤 3。若有 $\beta'_d > 0$ ，令 $\mathrm{SD}^u_d = \mathrm{SD}'_d$ ，$\mathrm{SD}'_d = \dfrac{\mathrm{SD}^u_d + \mathrm{SD}^l_d}{2}$ 。

步骤 3：若有 $|\mathrm{SD}_d^u - \mathrm{SD}_d^l| < \epsilon$，算法停止，给出 $(U_d^*, W_d^*, s_{dj}^*, \varphi_{dj}^*, \forall j, j \neq d, E_{dj}^{\max} \neq E_{dj}^{\min})$ 为模型（15.7）的最优解。若 $|\mathrm{SD}_d^u - \mathrm{SD}_d^l| \geqslant \epsilon$，转向步骤 2。

结束

在算法 15.1 中，ϵ 是一个很小的正数，在本章中，将其定为 0.0001。可以看出，在算法中只有在得到 $\beta_d' \leqslant 0$ 时，才给模型（15.7）的最优解赋值。这是因为在 $\beta_d' \leqslant 0$ 时，$(U_d', W_d', s_{dj}', \varphi_{dj}', \forall j, j \neq d, E_{dj}^{\max} \neq E_{dj}^{\min})$ 才是模型（15.7）的一个可行解。但是在 $\beta_d' > 0$ 时，它不是模型（15.7）的可行解，尽管此时给出的 SD_d' 也更靠近于 SD_d^*，故不能将此时的解 $(U_d', W_d', s_{dj}', \varphi_{dj}', \forall j, j \neq d, E_{dj}^{\max} \neq E_{dj}^{\min})$ 赋值给模型（15.7）的最优解。还可以看出，在算法开始时，有假设 $\mathrm{SD}_d' = -0.001$，而非假设 $\mathrm{SD}_d' = 0$。这是由于，若假设 $\mathrm{SD}_d' = -0.001$（事实上假设 SD_d' 等于像 -0.001 的任意一个负数），在算法中至少有一轮迭代中必然出现 $\beta_d' \leqslant 0$，这保证了在算法停止之前，SD_d^* 和 $(\mathrm{SD}_d^*, U_d^*, W_d^*, s_{dj}^*, \varphi_{dj}^*, \forall j, j \neq d, E_{dj}^{\max} \neq E_{dj}^{\min})$ 一定能被赋值给最优解。

容易确定算法 15.1 的收敛性，因为该算法是定义在二分法的框架之下的。算法 15.1 可通过多次求解模型（15.8）并最终得到模型（15.7）的最优解。此外，还需要指出，算法 15.1 的收敛不会需要太多时间，例如，算法迭代 14 轮的情况下，所得到的最优目标函数的误差不会超过 $1/2^{14}$。

15.4.2　保证权重唯一性算法

尽管可通过算法 15.1 来求解模型（15.7），然而还是有可能出现模型（15.7）的最优解不唯一性的问题。故本小节提出算法 15.2 来保证得到唯一一组模型（15.7）的最优权重。

算法 15.2

开始

步骤 1：令 $t = 1$，用算法 15.1 求解模型（15.7）并得到最优解 $(\mathrm{SD}_d^{1*}, U_d^{1*}, W_d^{1*}, s_{dj}^{1*}, \varphi_{dj}^{1*}, \forall j, j \neq d, E_{dj}^{\max} \neq E_{dj}^{\min})$。计算 DMU 的满意度 $\mathrm{SD}_{dj}^1 = \dfrac{\varphi_{dj}^{1*}}{s_{dj}^{1*} + \varphi_{dj}^{1*}}, \forall j, j \neq d, E_{dj}^{\max} \neq E_{dj}^{\min}$。并将 DMU 区分为如下两组：

$$J_1 = \{j \mid \mathrm{SD}_{dj}^1 = \mathrm{SD}_d^*, \forall j, j \neq d, E_{dj}^{\max} \neq E_{dj}^{\min}\} \tag{15.9}$$

和

$$J_L = \{j \mid \mathrm{SD}_{dj}^1 > \mathrm{SD}_d^*, \forall j, j \neq d, E_{dj}^{\max} \neq E_{dj}^{\min}\} \tag{15.10}$$

定义 J_1 中 DMU 的数量为 n_1。若有 $n_1 = m + s - p - 1$，则算法停止。其中，p 表示 $J_{uc} = \{j \mid E_{dj}^{\max} = E_{dj}^{\min}, \forall j\}$ 中 DMU 的数量。

步骤 2：令 $t = t + 1$。求解如下模型（15.11）并得到最优解 $(\mathrm{SD}_d^{t*}, U_d^{t*}, W_d^{t*}, s_{dj}^{t*}, \varphi_{dj}^{t*}, \forall j, j \neq d, E_{dj}^{\max} \neq E_{dj}^{\min})$。

$$
\left\{
\begin{aligned}
&\max \mathrm{SD}_d \\
&\text{s.t.} \quad U_d \cdot Y_j - E_{dj}^{\max} \times W_d \cdot X_j + s_{dj} = 0, \forall j, j \neq d, E_{dj}^{\max} \neq E_{dj}^{\min} \\
&\qquad U_d \cdot Y_j - E_{dj}^{\min} \times W_d \cdot X_j - \varphi_{dj} = 0, \forall j, j \neq d, E_{dj}^{\max} \neq E_{dj}^{\min} \\
&\qquad U_d \cdot Y_d - E_d^* \times W_d \cdot X_d = 0 \\
&\qquad W_d \cdot X_d = 1 \\
&\qquad U_d \cdot Y_j - W_d \cdot X_j \leqslant 0, \forall j \\
&\qquad \frac{\varphi_{dj}}{s_{dj} + \varphi_{dj}} = \mathrm{SD}_d^{1*}, j \in J_1 \\
&\qquad \vdots \\
&\qquad \frac{\varphi_{dj}}{s_{dj} + \varphi_{dj}} = \mathrm{SD}_d^{t-1*}, j \in J_1 \\
&\qquad \frac{\varphi_{dj}}{s_{dj} + \varphi_{dj}} \geqslant \mathrm{SD}_d, j \in J_L \\
&\qquad U_d, W_d \geqslant 0 \\
&\qquad s_{dj}, \varphi_{dj} \geqslant 0, \forall j, j \neq d, E_{dj}^{\max} \neq E_{dj}^{\min}
\end{aligned}
\right. \tag{15.11}
$$

计算 DMU 的满意度 $\mathrm{SD}_{dj}^1 = \dfrac{\varphi_{dj}^{1*}}{s_{dj}^{1*} + \varphi_{dj}^{1*}}, j \in J_L$，并区分 DMU 为如下两组：

$$
J_T = \{j \mid \mathrm{SD}_{dj}^1 = \mathrm{SD}_d^*, J \in J_L\} \tag{15.12}
$$

和

$$
J_L = \{j \mid \mathrm{SD}_{dj}^1 > \mathrm{SD}_d^*, J \in J_L\} \tag{15.13}
$$

同理，定义 J_L 中 DMU 的数量为 n_t。若有 $\sum_{\tau=1}^{t} n_\tau = m + s - p - 1$，算法停止，否则，转至步骤 2。

结束

容易得模型（15.11）也可使用类似算法 15.1 的方法求解。当算法 15.2 停止时，所得到的解 $(\mathrm{SD}_d^{1*}, U_d^{t*}, W_d^{t*}, s_{dj}^{t*}, \varphi_{dj}^{t*}, \forall j, j \neq d, E_{dj}^{\max} \neq E_{dj}^{\min})$ 为模型（15.8）的唯一最优解（见引理 15.1 的证明）。这也保证了 DMU$_d$ 所选最优权重 (U_d^{t*}, W_d^{t*}) 的唯一性。

定理 15.4　在算法 15.2 中，若有 $n_1 = m + s - p - 1$，则 (U_d^{1*}, W_d^{1*}) 是 DMU$_d$ 的唯一最优权重。

证明　对于任意 DMU$_j \in J_{uc}$，有 $\dfrac{U_d^{1*} \cdot Y_j}{W_d^{1*} \cdot X_j} = E_{dj}$ (a)，其中，E_{dj} 表示由 CCR

模型求解得到的 DMU_j 相对于 DMU_d 的交叉效率。从模型（15.7）中还能得到等式 $W_d \cdot X_d = 1$(b)。从算法 15.2 的计算过程还能得到 $\mathrm{SD}_{dj}^1 = \dfrac{\varphi_{dj}^{1*}}{s_{dj}^{1*} + \varphi_{dj}^{1*}} = $

$\left(\dfrac{U_d^{1*} Y_j}{W_d^{1*} X_j} - E_{dj}^{\min} \right) \Big/ (E_{dj}^{\max} - E_{dj}^{\min}), j \in J_1$ (c)。从式 (a)、式 (b) 和式 (c) 中可得到 $p + n_1 + 1 = m + s$ 个等式，这些等式包含 $m + s$ 个变量 (U_d^{t*}, W_d^{t*})。由于投入、产出向量数据 $(X_j, Y_j), \forall j$ 之间线性独立不相关，因此，有 (U_d^{t*}, W_d^{t*}) 是 DMU_d 的唯一最优权重。从模型（15.7）的第一个和第二个约束组中还能得到，s_{dj}^{1*} 和 φ_{dj}^{1*} 也能被唯一计算为 $s_{dj}^{1*} = E_{dj}^{\max} \times W_{dj}^{1*} \cdot X_j - U_d^{1*} Y_j$ 和 $\varphi_{dj}^{1*} = -E_{dj}^{\min} \times W_{dj}^{1*} \cdot X_j + U_d^{1*} \cdot Y_j, \forall j, j \neq d, E_{dj}^{\max} \neq E_{dj}^{\min}$。因此，可得 $(\mathrm{SD}_d^{1*}, U_d^{1*}, W_d^{1*}, s_{dj}^{1*}, \varphi_{dj}^{1*}, \forall j, j \neq d, E_{dj}^{\max} \neq E_{dj}^{\min})$ 是模型（15.7）的唯一最优解，且最优权重 (U_d^{t*}, W_d^{t*}) 也是唯一的。证毕。

需要指出的是，在算法 15.2 的最后一轮可能会有 $n_t > m + s - p - 1 - \sum_{\tau=1}^{t-1} n_\tau$，尽管这种可能性非常小。在此情形下，我们可能会得到多组含有 $m + s$ 个等式的方程。这个时候选择不同的组合，会得到不同的最优权重。在这种情形下，本章提出始终选择能给剩余未确定交叉效率的 DMU 计算出最大的最小交叉效率的那组权重。

从定理 15.4 的证明中易得出如下的引理。

引理 15.1　在算法 15.2 中，若有 $\sum_{\tau=1}^{t} n_\tau = m + s - p - 1$，则 (U_d^{t*}, W_d^{t*}) 是 DMU_d 的唯一最优权重。

综上所述，算法 15.1 和算法 15.2 能用于求解模型（15.7）并为每一个 DMU 求得一组唯一最优权重。定义每个 DMU_d 的唯一最优权重为 (U_d^*, W_d^*)，针对每个 DMU_j，定义其相对于 DMU_d 的满意交叉效率为

$$E_{d,j}^{\mathrm{satis}} = \frac{U_d^* \cdot Y_j}{W_d^* \cdot X_j} \tag{15.14}$$

基于此，每个 DMU_j 的满意交叉效率值则可计算为

$$E_j^{\mathrm{satis}} = \frac{1}{n} \sum_{d=1}^{n} E_{d,j}^{\mathrm{satis}} \tag{15.15}$$

下面内容对本章提出方法的排序做进一步说明。DEA 交叉效率评价模式本身就有很好的区分和排名 DMU 的能力，由于本章的方法是在此评价模式下提出的，所以有理由相信本章的方法在实际的应用中能有效地区分并排名 DMU。若在一

些特殊的情况下，所提方法的评价结果中，存在两个或者两个以上的 DMU 有相同的满意交叉效率值。本章提出，使用每个 DMU 在选择权重时得到的最大化最小的满意度当作一个额外的排序参照。具体而言，对于任意两个 DMU，如果它们的满意交叉效率值相同，则它们当中得到的较大的最大化最小满意度的 DMU 排在前面。这一准则是合理的，因为若一个 DMU 能提供较大的最小满意度，则说明其他 DMU 对于该 DMU 所选择的最优权重的评价结果更满意。所以，将该 DMU 排在相同满意交叉效率值的 DMU 的前面，会被更多 DMU 所认可。

15.4.3　算例

本小节提供一个算例来说明所提出的方法，并进一步比较它与传统的仁慈性和侵略性交叉效率评价模型的相似性和不同之处。本算例来自于 Liang 等（2008）的研究，其包含 5 个 DMU，每个 DMU 有 3 个投入和 2 个产出。算例的具体数据参见第 2 章的表 2.1。

使用 CCR 模型、任意性交叉效率评价方法、仁慈性交叉效率评价模型（Doyle and Green，1994）、侵略性交叉效率评价模型（Doyle and Green，1994）以及本章提出的方法对 DMU 进行评价。评价和排序结果如表 15.1 所示。

表 15.1　评价和排序结果

DMU	CCR 效率	任意性交叉效率值	仁慈性交叉效率值	侵略性交叉效率值	满意交叉效率值
1	0.6857（4）	0.4743（5）	0.5616（5）	0.4473（5）	0.5529（5）
2	1.0000（1）	0.8793（2）	0.9295（2）	0.8895（2）	0.9143（2）
3	1.0000（1）	0.9856（1）	1.0000（1）	0.9571（1）	1.0000（1）
4	0.8571（3）	0.5554（3）	0.6671（3）	0.5843（3）	0.6453（3）
5	0.8571（3）	0.5587（4）	0.5871（4）	0.5186（4）	0.5829（4）

从表 15.1 的计算结果中可得出如下结论。第一，CCR 模型评价 DMU_2 和 DMU_3 为有效 DMU，它们的效率值都为 1 且不能被进一步区分；第二，本章提出方法评价所得到的效率和传统方法不同，但是这几种交叉效率评价方法所得到的排序结果都相同，这个结果应该是由算例比较小而导致的，在大多数情况下，不同方法不仅会得到不同的评价结果，排序结果也会有所不同；第三，可以看出本章的方法也是一种仁慈性交叉效率评价方法，从评价结果中可以看出，对于任意 DMU，本章所提方法评价所得效率高于由侵略性模型和任意性模型得到的评价结果；第四，与传统仁慈性模型（5.1）的评价结果相比较，本章所提方法的仁慈性

稍微弱一些，因为对于每个 DMU，本章方法所得到的交叉效率值要略小于由仁慈性模型评价所得的交叉效率值。但是，这也给决策者提供了更多的选择。

接下来，本章列出传统模型和本章方法所选择最优权重的满意度矩阵，如表 15.2 所示。在表 15.2 的子表格中，第 d 行第 j 列表示的是 DMU_j 对于 DMU_d 所选择的最优权重的满意度。"—"表示对于这样的 DMU_j，它相对于 DMU_d 的最大和最小交叉效率的值相等。从表 15.2 的结果中可以看出，首先，本章所提方法与侵略性模型和任意性方法相比，通常能选择出使其他 DMU 满意度更高的最优权重。例如，本章方法所得到的 DMU_3 对于 DMU_2 的最优权重的满意度为 1.000，然而，DMU_3 侵略性模型和任意性方法所选择的 DMU_2 的最优权重的满意度分别为 0.0000 和 0.9676，这都比本章方法所得的满意度低。另外，除了本章提出的方法，仁慈性模型也能选择出使 DMU 满意度较高的最优权重。这一点主要是由于两个模型在选择最优权重时，都有最大化其他 DMU 交叉效率的意图。但是在仁慈性模型所得结果中，DMU 的满意度之间存在比较大的差距。以 DMU_2 为例，它的最优权重的最大满意度为 1.000（DMU_1、DMU_3 和 DMU_5），而最小满意度却为 0.3750（DMU_4）。满意度之间的较大差距会给评价结果带来不公平感，这也会降低 DMU 对于评价结果的可接受性。与仁慈性模型的评价结果相比较，本章所提方法的评价结果所得的满意度之间的差距则小很多。还是以 DMU_2 为例，其最优权重所收获的最大和最小满意度分别为 1.0000（DMU_1 和 DMU_3）和 0.6299（DMU_4 和 DMU_5）。此外，还很容易从算法 15.2 的计算过程中看出，每个 DMU 最终所收获的满意度会组成帕累托最优解。这些性质会使得本章所提方法的评价结果更被所有的 DMU 所接受。

最后，表 15.3 中显示了不同模型所选的 DMU 的最优权重矩阵。为了方便对不同组的最优权重进行比较，对各组最优权重进行标准化处理以保证有

$$\sum_{r=1}^{s} u_{rd} + \sum_{i=1}^{m} w_{id} = 1 \text{。}$$

表 15.2　满意度矩阵

	本章提出的模型					侵略性模型				
DMU	1	2	3	4	5	DMU	1	2	3	4	5
1	—	—	—	—	—	1	—	—	—	—	—
2	1.0000	—	1.0000	0.6299	0.6299	2	0.0000	—	0.0000	1.0000	0.0000
3	0.5604	0.7710	—	0.6171	0.5604	3	0.0000	0.4000	—	0.0737	0.3333
4	1.0000	—	1.0000	—	1.0000	4	0.0000	—	0.0000	—	0.0000
5	—	—	—	—	—	5	—	—	—	—	—

续表

	仁慈性模型						任意性模型				
DMU	1	2	3	4	5	DMU	1	2	3	4	5
1	—	—	—	—	—	1	—	—	—	—	—
2	1.0000	—	1.0000	0.3750	1.0000	2	0.2426	—	0.9676	0.2717	0.4411
3	0.6818	1.0000	—	0.8421	0.4000	3	0.1237	0.2466	—	0.0451	0.4938
4	1.0000	—	1.0000	—	1.0000	4	0.3095	—	0.3591	—	0.3433
5	—	—	—	—	—	5	—	—	—	—	—

表 15.3　最优权重矩阵

	本章提出的模型						侵略性模型				
DMU	X_1	X_2	X_3	Y_1	Y_2	DMU	X_1	X_2	X_3	Y_1	Y_2
1	0.0000	0.4545	0.0000	0.5455	0.0000	1	0.0000	0.4545	0.0000	0.5455	0.0000
2	0.1101	0.1101	0.2798	0.5000	0.0000	2	0.4677	0.0431	0.0499	0.3525	0.0869
3	0.0000	0.0000	0.5198	0.3809	0.0992	3	0.3726	0.0901	0.1436	0.0031	0.3905
4	0.2500	0.2500	0.0000	0.5000	0.0000	4	0.4689	0.0858	0.0000	0.4453	0.0000
5	0.0000	0.0000	0.5833	0.0000	0.4167	5	0.0000	0.0000	0.5833	0.0000	0.4167

	仁慈性模型						任意性模型				
DMU	X_1	X_2	X_3	Y_1	Y_2	DMU	X_1	X_2	X_3	Y_1	Y_2
1	0.0000	0.4545	0.0000	0.5455	0.0000	1	0.0000	0.4545	0.0000	0.5455	0.0000
2	0.0000	0.0000	0.5000	0.5000	0.0000	2	0.4677	0.0431	0.0499	0.3525	0.0869
3	0.0000	0.0000	0.5000	0.5000	0.0000	3	0.3726	0.0901	0.1436	0.0031	0.3905
4	0.2500	0.2500	0.0000	0.5000	0.0000	4	0.4689	0.0858	0.0000	0.4453	0.0000
5	0.0000	0.0000	0.5833	0.0000	0.4167	5	0.0000	0.0000	0.5833	0.0000	0.4167

　　从表 15.3 的最优权重的结果中可得出如下结论。第一，仁慈性模型（包括本章的模型）通常会比侵略性模型和任意性模型选择更多的零权重。第二，尽管本章所提的模型和传统的仁慈性模型都采用仁慈性权重选择策略，但是本章的模型（15.8）所选择的最优权重中所含的零权重比传统的仁慈性模型的结果中要少。第三，本章所提出的方法保证了最优权重的唯一性，但是传统的模型并不能从理论上保证这一点。

15.5　技术选择应用

Khouja（1995）首先提出将 DEA 应用于技术选择中，他使用 CCR 模型来确定所有的 DEA 有效的技术（表现最好的技术），并进一步结合多准则决策的方法从这些有效的技术中选择出最好的一个。Baker 和 Talluri（1997）指出了 Khouja（1995）所使用的方法中的一些不足，并进一步建议使用 DEA 交叉效率评价方法来进行技术选择，他们选择使用的交叉效率模型是 Doyle 和 Green（1994）的侵略性交叉效率评价模型。此外，Karsak 和 Ahiska（2005）还提出使用公共权重评价的方法来选择最优权重。这一研究进一步被 Amin 等（2006）以及 Karsak 和 Ahiska（2005）进行拓展。在本节中，所提出的方法则被应用于一个现实的案例中，某公司想要引入企业资源计划（Enterprise Resource Planning，ERP）系统来对企业的物流、资金流和信息流进行规范化管理。为了引进该系统，公司需要购买一个服务器支持该系统的运行。

15.5.1　案例背景

很多研究表明，信息系统能通过提升组织运行效率和促进组织创新以增强组织绩效（Dewett and Jones，2001；Kwak et al.，2011）。而 ERP 系统正是企业最常使用的信息系统之一，因为它能有效地帮助企业整合物流、资金流和信息流（Yurong and Houcun，2000；Wei et al.，2005）。创先实业有限责任公司是坐落于安徽省安庆市的一个橡皮筋制造企业。它的产品主要销售于欧洲、东南亚以及中东地区。在 2015 年，该企业想要引进 ERP 系统来应对变化的市场并增强其在市场上的竞争力。在引入 ERP 系统之前，它需要选择出一款合理的服务器来支撑系统运行。

与上述技术选择的相关研究相同，在本节中服务器则被当作 DMU，本章所提出的方法则被用来对市场上现有的服务器进行评价，以为公司选择一个最合理的服务器。首先，给每个服务器选择相应的评价指标，包含一个投入指标和五个产出指标，如表 15.4 所示。

公司给出了选择服务器的两个基本要求：第一，所选择的服务器的最大 CPU 数量不小于 2 个；第二，预算不能超过 10 万元。基于上述两个筛选条件，可从市场中找出 15 款候选服务器。这 15 款候选服务器的投入、产出数据和针对这些数据的描述性统计分析如表 15.5 所示。

表 15.4　投入、产出指标

类型	指标	符号	单位
投入	单价	X_1	10000 元
	CPU 频率	Y_1	GHz
	最大 CPU 数量	Y_2	个
产出	最大允许内存量	Y_3	GB
	最大硬盘内存量	Y_4	TB
	售后服务	Y_5	年

表 15.5　服务器数据和描述性统计分析

DMU（服务器）	X_1	Y_1	Y_2	Y_3	Y_4	Y_5
1	5.29	2.00	2	768	21.6	3
2	5.32	2.00	4	512	12.0	3
3	5.60	2.20	4	1500	8.0	3
4	5.94	2.20	4	1500	16.0	3
5	8.01	2.10	4	512	20.0	3
6	9.29	2.30	2	1024	6.4	3
7	7.48	2.40	8	384	18.0	4
8	8.80	2.00	4	3072	16.0	3
9	7.10	1.87	8	1000	16.0	3
10	6.50	2.30	4	1000	32.0	3
11	7.89	2.00	4	512	20.0	4
12	6.50	2.20	4	768	24.0	4
13	5.99	2.00	4	512	16.0	3
14	5.50	2.30	4	1000	32.0	3
15	5.00	1.80	2	512	32.0	3
最大值	9.29	2.40	8	3072	32	4
最小值	5	1.80	2	384	6.4	3
平均值	6.68	2.11	4.13	971.73	19.33	3.20
标准差	1.35	0.18	1.77	679.26	8.04	0.41

15.5.2　评价和选择结果

在本案例中，每个服务器都想要排在第一位而被选择购买。因此，需要给出一组能让所有 DMU 都能满意和接受的评价结果。本节使用 CCR 模型、任意性交叉效率评价方法以及本章的方法对这些服务器进行评价。此外，为了与传统技术选择方法进行对比，本章还列出了 Baker 和 Talluri（1997）以及 Karsak 和 Ahiska（2005）给出的方法的选择结果。所有结果汇总于表 15.6 中。

从表 15.6 的评价和排序结果中可得出如下结论。

第一，CCR 模型不能区分 DEA 有效 DMU，它选择的最好的服务器为服务器 3，7，8，9，12，14 和 15。

第二，尽管任意性方法与 Baker 和 Talluri（1997）的方法得到了两组不同的交叉效率值，但是他们最后的排序结果是一样的。

表 15.6 评价和排序结果

DMU	CCR 效率值	任意性交叉效率值	Baker 和 Talluri（1997）的结果	Karsak 和 Ahiska（2005）的结果	满意交叉效率值
1	0.9850（10）	0.7880（7）	0.7487（7）	0.9009（4）	0.8856（8）
2	0.9975（8）	0.7736（8）	0.7262（8）	0.8852（5）	0.9059（6）
3	1.0000（1）	0.8394（3）	0.7960（3）	0.9586（2）	0.9830（2）
4	0.9898（9）	0.8316（4）	0.7933（4）	0.9046（3）	0.9424（3）
5	0.6710（14）	0.5499（14）	0.5190（14）	0.6175（12）	0.6179（14）
6	0.5934（15）	0.433（15）	0.4053（15）	0.5925（14）	0.5161（15）
7	1.0000（1）	0.7690（9）	0.7243（9）	0.7504（10）	0.8970（7）
8	1.0000（1）	0.6581（12）	0.6419（12）	0.5925（14）	0.7457（12）
9	1.0000（1）	0.7387（10）	0.7049（10）	0.6345（11）	0.8413（10）
10	0.8457（12）	0.7925（6）	0.7577（6）	0.8457（7）	0.8423（9）
11	0.8245（13）	0.6220（13）	0.59024（13）	0.5974（13）	0.7397（13）
12	1.0000（1）	0.8120（5）	0.7728（5）	0.8038（8）	0.9415（4）
13	0.8862（11）	0.7068（11）	0.6661（11）	0.7864（9）	0.8121（11）
14	1.0000（1）	0.9371（1）	0.8960（1）	1.0000（1）	0.9960（1）
15	1.0000（1）	0.8432（2）	0.8082（2）	0.8509（6）	0.9108（5）

第三，对于每个 DMU，其满意交叉效率值比其由任意性方法与 Baker 和 Talluri 的方法计算得到的交叉效率值大。这是由于本章方法使用的是仁慈性策略，该策略在选择最优权重时，旨在最大化其他 DMU 的交叉效率。

第四，CCR 模型的排序结果和其他方法的排序结果有很大的不同。例如，服务器 7 在 CCR 模型下排在第一位，但是在其他四种方法中的排序分别为 9，9，10 和 7。

第五，尽管 Karsak 和 Ahiska（2005）的方法也能有效地找到唯一最优的服务器，但是它不能对所有的服务器进行全排序。具体而言，该方法给服务器 6 和 8 计算的效率都为 0.5925，导致了这两个服务器不能进一步区分。

第六，除了 CCR 模型和 Karsak 和 Ahiska（2005）的方法，其他的交叉效率评价方法都能将所有的服务器有效区分并排在不同的位置。此外，所有的技术选择方法都将服务器 14 选为最优的服务器。所以，最终为该公司选择服务器 14。

15.5.3　不同方法的进一步对比

尽管上述技术选择方法最后都将服务器 14 排在第一位，并选择其为最优服务器，但仍然存在一些服务器（例如，服务器 7），它们在不同的方法下排序不同。为了对不同方法的排序结果作进一步的分析，本节对不同的排序进行了两两之间的 Spearman 排序相关性分析。结果如表 15.7 所示。

表 15.7　相关性分析结果

方法	任意性方法	Baker 和 Talluri（1997）的方法	Karsak 和 Ahiska（2005）的方法	本章所提出的方法
任意性方法	1.0000	1.0000	0.8888	0.9464
Baker 和 Talluri（1997）的方法		1.0000	0.8888	0.9464
Karsak 和 Ahiska（2005）的方法			1.0000	0.8888
本章所提出的方法				1.0000

根据 Anderson 等（2016）的研究，当且仅当两组排序之间的相关系数大于参考值（$r_{s,\alpha}$）时，才能说明这两组排序之间有正相关性。当 $s=12$ 且 $\alpha=0.05$ 时，参考值 $r_{s,\alpha}$ 为 0.497。从表 15.7 所列出的相关系数可以看出，所有的排序之间都存在正相关性。这表明所有方法的排序结果都能用来进行服务器选择。然而，任意性方法在使用时并未考虑 CCR 模型的多重最优解问题，即交叉效率评价的最优权重不唯一性问题。其次，Baker 和 Talluri（1997）使用了仁慈性交叉效率模型进行技术选择，该方法虽然使用次级目标模型来解决最优权重不唯一性问题，但是它却不能从理论上保证所选择的最优权重的唯一性。此外，Karsak 和 Ahiska（2005）虽然在大多数情况下都能确定唯一有效的 DMU 并选择这个 DMU 为最优的，但是他们的算法在一些特殊的情况下找不出来最优的 DMU（Amin et al.，2006），从而不能正常收敛。因此，考虑到上述这些传统方法的不足，它们在一些特殊情况下不适合用来做技术选择应用。而本章提出的模型不仅可以有效地对所有的服务器进行区分并找出最优的一个，还能为每个 DMU 选择唯一一组最优权重并使得

所有的 DMU 满意度最大化。因此，本章所提出方法的评价和排序结果更能让所有的DMU 满意，这也使得该方法的技术选择结果更被所有DMU 所接受。

15.6 本 章 小 结

本章提出了一种新的交叉效率评价方法。首先，本章引入了 DMU 对于其他DMU 所选最优权重的满意度的概念。基于满意度的概念，本章提出了一个基于满意度的交叉效率评价方法。该方法包含一个 max-min 模型和两个算法。所提出的模型能最大化所有 DMU 对所选择最优权重的满意度。算法保证了模型的线性求解和每个 DMU 的最优权重的唯一性。最后，所提的方法被应用于技术选择的案例分析中。

本章提出的方法至少从三个方面贡献于 DEA 交叉效率评价：第一，本章第一次将满意度的概念引入交叉效率评价，提出的模型也最大化了所有 DMU 对于所选最优权重的满意度，这使得评价结果更容易被所有的 DMU 接受；第二，从算例中可以看出，本章所提的方法与传统的一些模型相比，它的排序功能更强；第三，本章所提方法保证了每个DMU 的最优权重的唯一性。

本章还能从如下几个方面做进一步的拓展研究：第一，本章提出的模型是从仁慈性的角度提出的，该模型可被拓展为侵略性的模型，以应用于其他合适的情形；第二，本章提出的方法还能扩展为 DEA 公共权重评价中选择公共权重的研究；第三，在现实的应用中，可能 DMU 会设置自身满意度的下界，在此情况下，可考虑引入一些新的约束，重新建模。

参 考 文 献

Amin G R, Toloo M, Sohrabi B. 2006. An improved MCDM DEA model for technology selection[J]. International Journal of Production Research, 44 (13): 2681-2686.

Anderson D R, Sweeney D J, Williams T A, et al. 2016. Statistics for Business & Economics[M]. Boston: Cengage Learning.

Baker R C, Talluri S. 1997. A closer look at the use of data envelopment analysis for technology selection[J]. Computers & Industrial Engineering, 32 (1): 101-108.

Charnes A, Cooper W W. 1962. Programming with linear fractional functionals[J]. Naval Research Logistics Quarterly, 9 (3/4): 181-186.

Dewett T, Jones G R. 2001. The role of information technology in the organization: A review, model, and assessment[J]. Journal of Management, 27 (3): 313-346.

Doyle J, Green R. 1994. Efficiency and cross-efficiency in DEA: Derivations, meanings and uses[J]. Journal of the Operational Research Society, 45 (5): 567-578.

Karsak E E, Ahiska S S. 2005. Practical common weight multi-criteria decision-making approach with an improved discriminating power for technology selection[J]. International Journal of Production Research, 43 (8):

1537-1554.

Karsak E E，Ahiska S S. 2008. Improved common weight MCDM model for technology selection[J]. International Journal of Production Research，46（24）：6933-6944.

Khouja M. 1995. The use of data envelopment analysis for technology selection[J]. Computers & Industrial Engineering，28（1）：123-132.

Kwak Y H，Park J，Chung B Y，et al. 2011. Understanding end-users' acceptance of enterprise resource planning（ERP）system in project-based sectors[J]. IEEE Transactions on Engineering Management，59（2）：266-277.

Li Y，Yang M，Chen Y，et al. 2013. Allocating a fixed cost based on data envelopment analysis and satisfaction degree[J]. Omega，41（1）：55-60.

Liang L，Wu J，Cook W D，et al. 2008. The DEA game cross-efficiency model and its Nash equilibrium[J]. Operations Research，56（5）：1278-1288.

Wei C C，Chien C F，Wang M J J. 2005. An AHP-based approach to ERP system selection[J]. International Journal of Production Economics，96（1）：47-62.

Yurong Y，Houcun H. 2000. Data warehousing and the Internet's impact on ERP[J]. IT Professional，2（2）：37-41.

第 16 章　区间数据的交叉效率评价

16.1　引　　言

　　无论传统的 CCR 模型，还是交叉效率模型，它们都只针对决策单元的数据为精确值的情况，不能够直接去评价不确定数据的情形。现实中，很多数据以区间的形式存在，关于如何处理区间数据的情况，一些学者提出了区间 DEA 模型（Despotis and Smirlis，2002；Jahanshahloo et al.，2004）。但是这些模型只能对决策单元进行分类，不能给它们一个最终的排序。为解决这个问题，本章提出了一个区间 TOPSIS 交叉效率方法。本章主要分为两个部分：①将交叉效率方法引入 Wang 等（2005）的模型中求出决策单元区间交叉效率值；②然后提出区间 TOPSIS 法对所有决策单元的区间交叉效率进行集结排序。提出的区间 TOPSIS 法可以通过构造优化模型和利用其他优化条件直接计算出权重，可以充分利用数据本身的信息，且更加符合客观实际。

16.2　区间 DEA 模型

　　假设有 n 个决策单元，每个决策单元（DMU）利用 m 个不同的输入来得到 s 个不同的输出。DMU_j 的第 i 种输入和第 r 种输出分别记为 $x_{ij}(i=1,2,\cdots,m)$ 和 $y_{rj}(r=1,2,\cdots,s)$。不失一般性，我们假设所有的输入数据 $x_{ij}(i=1,2,\cdots,m)$ 和输出数据 $y_{rj}(r=1,2,\cdots,s)$ 因存在不确定性而不能够被精确地获得，只能通过区间数的形式存在，如 $[x_{ij}^l,x_{ij}^u]$ 和 $[y_{ij}^l,y_{ij}^u]$，其中，$x_{ij}^l>0$，$y_{ij}^l>0$。为了解决这种不确定的情况，定义区间 DEA 模型为

$$
\begin{cases}
E_{dd} = \max \dfrac{\sum\limits_{r=1}^{s} \mu_{rd}[y_{id}^l, y_{id}^u]}{\sum\limits_{i=1}^{m} \omega_{id}[x_{id}^l, x_{id}^u]} \\[4mm]
\mathrm{s.t.}\quad \dfrac{\sum\limits_{r=1}^{s} \mu_{rd}[y_{id}^l, y_{ij}^u]}{\sum\limits_{i=1}^{m} \omega_{id}[x_{ij}^l, x_{ij}^u]} \leqslant 1, \quad j=1,2,\cdots,n \\[4mm]
\omega_{id}, \mu_{rd} \geqslant \epsilon, \quad \forall i,r
\end{cases}
\tag{16.1}
$$

模型（16.1）是非线性的，求解比较困难，所以 Despotis 和 Smirlis（2002）提出了下面两个线性模型来得到区间效率值 $[E_{dd}^l, E_{dd}^u]$：

$$
\begin{cases}
E_{dd}^l = \max \sum_{r=1}^{s} \mu_{rd} y_{rd}^l \\
\text{s.t.} \ \sum_{i=1}^{m} \omega_{id} x_{ij}^l - \sum_{r=1}^{s} \mu_{rd} y_{rj}^u \geqslant 0, \quad j=1,2,\cdots,n; j \neq d \\
\quad\ \ \sum_{i=1}^{m} \omega_{id} x_{id}^u - \sum_{r=1}^{s} \mu_{rd} y_{rd}^l \geqslant 0 \\
\quad\ \ \sum_{i=1}^{m} \omega_{id} x_{id}^u = 1 \\
\quad\ \ \omega_{id}, \mu_{rd} \geqslant \epsilon, \quad \forall i, r
\end{cases}
\tag{16.2}
$$

和

$$
\begin{cases}
E_{dd}^u = \max \sum_{r=1}^{s} \mu_{rd} y_{rd}^u \\
\text{s.t.} \ \sum_{i=1}^{m} \omega_{id} x_{ij}^u - \sum_{r=1}^{s} \mu_{rd} y_{rj}^l \geqslant 0, \quad j=1,2,\cdots,n; j \neq d \\
\quad\ \ \sum_{i=1}^{m} \omega_{id} x_{id}^l - \sum_{r=1}^{s} \mu_{rd} y_{rd}^u \geqslant 0 \\
\quad\ \ \sum_{i=1}^{m} \omega_{id} x_{id}^l = 1 \\
\quad\ \ \omega_{id}, \mu_{rd} \geqslant \epsilon, \quad \forall i, r
\end{cases}
\tag{16.3}
$$

在上面的两个模型中，DMU_d 是被评价单元；ω_{id} 和 μ_{rd} 分别是输入和输出的权重；E_{dd}^l 是 DMU_d 效率值的下限；E_{dd}^u 是 DMU_d 效率值的上限；ϵ 是阿基米德无穷小量。然而，Wang 等（2005）指出上面两个模型在效率评价过程中采用了两个不同的生产前沿面，因此最终的效率值不具有可比性，他们进一步改进了这两个模型，改进后的模型如下：

$$
\begin{cases}
E_{dd}^l = \max \sum_{r=1}^{s} \mu_{rd} y_{rd}^l \\
\text{s.t.} \ \sum_{i=1}^{m} \omega_{id} x_{ij}^l - \sum_{r=1}^{s} \mu_{rd} y_{rj}^u \geqslant 0, \quad j=1,2,\cdots,n \\
\quad\ \ \sum_{i=1}^{m} \omega_{id} x_{id}^u = 1 \\
\quad\ \ \omega_{id}, \mu_{rd} \geqslant \epsilon, \quad \forall i, r
\end{cases}
\tag{16.4}
$$

和

$$
\begin{cases}
E_{dd}^{u} = \max \sum_{r=1}^{s} \mu_{rd} y_{rd}^{u} \\[2mm]
\text{s.t.} \quad \sum_{i=1}^{m} \omega_{id} x_{ij}^{u} - \sum_{r=1}^{s} \mu_{rd} y_{rj}^{l} \geqslant 0, \quad j = 1, 2, \cdots, n \\[2mm]
\quad\quad \sum_{i=1}^{m} \omega_{id} x_{id}^{l} = 1 \\[2mm]
\quad\quad \omega_{id}, \mu_{rd} \geqslant \epsilon, \quad \forall i, r
\end{cases}
\tag{16.5}
$$

模型（16.4）和模型（16.5）与模型（16.2）和模型（16.3）的区别在于约束条件的不同。两个改进的模型使用了公共的约束，因此保证了区间效率的上下限存在同一个生产前沿面，得到的最终效率值具有可比性。

16.3　区间交叉效率评价方法

实际上，模型（16.4）和模型（16.5）的最优权重解不具有唯一性，计算软件选择的不同可能导致最终的结果也不同。为解决这个问题，本节将决策单元自评和他评效率值定义在一个区间之内，提出一种考虑决策单元所有权重信息的区间交叉效率方法。区间交叉效率模型（16.6）可以计算出 DMU_d 区间交叉效率值的下限 E_{dj}^{l}：

$$
\begin{cases}
E_{dj}^{l} = \max \sum_{r=1}^{s} \mu_{rd} y_{rj}^{l} \\[2mm]
\text{s.t.} \quad \sum_{i=1}^{m} \omega_{id} x_{ij}^{l} - \sum_{r=1}^{s} \mu_{rd} y_{rj}^{u} \geqslant 0, \quad j = 1, 2, \cdots, n \\[2mm]
\quad\quad \sum_{i=1}^{m} \omega_{id} x_{id}^{u} = 1 \\[2mm]
\quad\quad E_{dd}^{l} \times \sum_{i=1}^{m} \omega_{id} x_{id}^{u} - \sum_{r=1}^{s} \mu_{rd} y_{rj}^{l} = 0 \\[2mm]
\quad\quad \omega_{id}, \mu_{rd} \geqslant \epsilon, \quad \forall i, r
\end{cases}
\tag{16.6}
$$

而 DMU_d 区间交叉效率值的上限 E_{dj}^{u} 可以通过模型（16.7）求得：

$$
\begin{cases}
E_{dj}^{u} = \max \sum_{r=1}^{s} \mu_{rd} y_{rj}^{u} \\[2mm]
\text{s.t.} \quad \sum_{i=1}^{m} \omega_{id} x_{ij}^{l} - \sum_{r=1}^{s} \mu_{rd} y_{rj}^{u} \geqslant 0, \quad j = 1, 2, \cdots, n \\[2mm]
\quad\quad \sum_{i=1}^{m} \omega_{id} x_{id}^{l} = 1 \\[2mm]
\quad\quad E_{dd}^{u} \times \sum_{i=1}^{m} \omega_{id} x_{id}^{l} - \sum_{r=1}^{s} \mu_{rd} y_{rj}^{u} = 0 \\[2mm]
\quad\quad \omega_{id}, \mu_{rd} \geqslant \epsilon, \quad \forall i, r
\end{cases}
\tag{16.7}
$$

通过求解模型（16.6）和模型（16.7），可获得所有决策单元的区间交叉效率矩阵，如表 16.1 所示。矩阵中的元素$[E_{dj}^l, E_{dj}^u]$是 DMU_j 利用 DMU_d 的权重所获得的区间效率，对角线上的效率是 $DMU_d(d = 1, 2, \cdots, n)$ 进行自评的效率上下限值。

表 16.1　区间交叉效率矩阵

评价 DMU_d	待评价 DMU_j				
	1	2	3	$\cdots$	n
1	$[E_{11}^l, E_{11}^u]$	$[E_{12}^l, E_{12}^u]$	$[E_{13}^l, E_{13}^u]$	$\cdots$	$[E_{1n}^l, E_{1n}^u]$
2	$[E_{21}^l, E_{21}^u]$	$[E_{22}^l, E_{22}^u]$	$[E_{23}^l, E_{23}^u]$	$\cdots$	$[E_{2n}^l, E_{2n}^u]$
3	$[E_{31}^l, E_{31}^u]$	$[E_{32}^l, E_{32}^u]$	$[E_{33}^l, E_{33}^u]$	$\cdots$	$[E_{3n}^l, E_{3n}^u]$
$\vdots$	$\vdots$	$\vdots$	$\vdots$		$\vdots$
n	$[E_{n1}^l, E_{n1}^u]$	$[E_{n2}^l, E_{n2}^u]$	$[E_{n3}^l, E_{n3}^u]$	$\cdots$	$[E_{nn}^l, E_{nn}^u]$

16.4　区间交叉效率集结方法

由于传统的理想解法需要确定属性的主观权重，因此，人为因素造成的偏见将不可避免，而且该方法不能对区间数据进行有效排序。本节提出的区间 TOPSIS 法可以解决这些问题。改进的 TOPSIS 法通过构造优化模型和利用其他优化条件将主观赋权变为客观赋权，主要包括以下步骤。

（1）用向量规范化的方法求得规范化后的矩阵。

定义 $\boldsymbol{H} = (h_{ij})_{n \times n}$ 是 $\boldsymbol{E} = (E_{ij})_{n \times n}$ 的规范化矩阵，其中

$$h_{ij}^l = \frac{E_{ij}^l}{\sqrt{\sum_{j=1}^n ((E_{ij}^l)^2 + (E_{ij}^u)^2)}}, \quad i = 1, 2, \cdots, n$$

$$h_{ij}^u = \frac{E_{ij}^u}{\sqrt{\sum_{j=1}^n ((E_{ij}^l)^2 + (E_{ij}^u)^2)}}, \quad i = 1, 2, \cdots, n \tag{16.8}$$

（2）求解属性的权重。

从个体理性角度来说，每个被评价对象都会选择符合它们各自偏好的最优权重，然而交叉效率的集结只能存在一组权重，因此本节构建了如下最优化模型求解交叉效率上下限的公共最优化权重。

$$\begin{cases} \max \sum_{i=1}^{n} w_i h_{ij}^l, & j=1,2,\cdots,n \\ \max \sum_{i=1}^{n} w_i h_{ij}^u, & j=1,2,\cdots,n \\ \text{s.t.} \sum_{i=1}^{n} w_i = 1 \\ w_i > 0, & j=1,2,\cdots,n \end{cases} \tag{16.9}$$

模型（16.9）是一个多目标问题，很难被求解，可以转化为如下线性模型：

$$\begin{cases} \min \sum_{j=1}^{n}\sum_{i=1}^{n}(h_{ij}^{l*}-h_{ij}^l)w_i^2 + \sum_{j=1}^{n}\sum_{i=1}^{n}(h_{ij}^{u*}-h_{ij}^u)w_i^2 \\ \quad = \sum_{j=1}^{n}\sum_{i=1}^{n}((h_{ij}^{l*}-h_{ij}^l)+(h_{ij}^{u*}-h_{ij}^u))w_i^2 \\ \text{s.t.} \sum_{i=1}^{n} w_i = 1 \\ w_i > 0, \quad j=1,2,\cdots,n \end{cases} \tag{16.10}$$

定义 h_i^{l*} 和 h_i^{u*} 分别是区间交叉效率的正理想解，可表示为

$$\boldsymbol{H} = \{[h_i^{l*}, h_i^{u*}]\} = \begin{cases} h_i^{l*} = h_i^{u*} = \max_{j=1,2,\cdots,n} h_{ij}^u, & i \in \Omega_b \\ h_i^{l*} = h_i^{u*} = \min_{j=1,2,\cdots,n} h_{ij}^l, & i \in \Omega_c \end{cases} \tag{16.11}$$

$$= \{[h_1^{l*}, h_1^{u*}], \cdots, [h_n^{l*}, h_n^{u*}]\}$$

根据 Lagrangian 充分性定理，可以求得每个属性的权重为

$$w_i = \frac{\left(\sum_{j=1}^{n}((h_{ij}^{l*}-h_{ij}^l)^2+(h_{ij}^{u*}-h_{ij}^u)^2)\right)^{-1}}{\sum_{i=1}^{n}\left(\sum_{j=1}^{n}((h_{ij}^{l*}-h_{ij}^l)^2+(h_{ij}^{u*}-h_{ij}^u)^2)\right)^{-1}} \tag{16.12}$$

根据杨剑波（1996）的证明，权重（16.12）的权重 w_i 的解是多目标模型（16.9）的非劣解。

（3）构造加权规范化矩阵。

定义加权规范化矩阵如下：

$$V_{ij} = w_i[E_{dj}^l, E_{dj}^u], \quad i=1,2,\cdots,n; j=1,2,\cdots,n \tag{16.13}$$

（4）确定矩阵的正理想解：

$$A^* = \{[v_i^{l*}, v_i^{u*}]\} = \begin{cases} v_i^{l*} = v_i^{u*} = \max_{j=1,2,\cdots,n} v_{ij}^u, & i \in \Omega_b \\ v_i^{l*} = v_i^{u*} = \min_{j=1,2,\cdots,n} v_{ij}^u, & i \in \Omega_c \end{cases} \tag{16.14}$$

$$= \{[v_1^{l*}, v_1^{u*}], \cdots, [v_n^{l*}, v_n^{u*}]\}$$

式中，Ω_b 是效益性指标；Ω_c 是成本性指标。

（5）计算各方案到正理想解的欧氏距离：

$$\begin{cases} d_j^{u*} = \sum_{j=1}^{v}(v_{ij}^{u} - v_i^{u*})^2, \quad d_j^{l*} = \sum_{j=1}^{n}(v_{ij}^{l} - v_i^{l*})^2 \\ d_j^* = d_j^{u*} + d_j^{l*} \end{cases} \tag{16.15}$$

（6）根据各个待评价方案相对理想解的欧氏距离对方案进行排序。

欧氏距离 d_j^* 越小，被评价单元 A_i 就越好，即欧氏距离最小的那个单元是所有单元中最好的。

16.5　实例分析

16.5.1　算例 1

表 16.2 中有 6 个 DMU，每个 DMU 有两个输入（X_1、X_2）和两个输出（Y_1、Y_2），投入、产出数据均以区间形式给出。

表 16.2　6 个 DMU 的投入、产出区间数据

DMU	X_1	X_2	Y_1	Y_2
1	[1, 2]	[2, 3]	[23, 24]	[22, 24]
2	[2, 3]	[3, 4]	[20, 22]	[20, 21]
3	[3, 4]	[5, 6]	[18, 21]	[19, 19]
4	[3, 4]	[5, 7]	[16, 17]	[15, 18]
5	[3, 5]	[5, 7]	[14, 17]	[13, 15]
6	[4, 5]	[6, 7]	[10, 15]	[10, 14]

对任意一个决策单元，如果使用的投入越少，产出越多，表明其资源利用率越好，其效率越高。根据表 16.2 的数据，我们可以直接观察到这 6 个决策单元的排序情况：$\text{DMU}_1 \succ \text{DMU}_2 \succ \text{DMU}_3 \succ \text{DMU}_4 \succ \text{DMU}_5 \succ \text{DMU}_6$。

在计算完模型（16.4）和模型（16.5）之后，再根据模型（16.6）和模型（16.7），我们可以得到表 16.3 中的区间交叉效率矩阵。然后对其进行规范化（见表 16.4），通过区间 TOPSIS 法求出交叉效率的权重，所有决策单元的权重为 $w_1 = 0.1685$，$w_2 = 0.1689$，$w_3 = 0.1635$，$w_4 = 0.1630$，$w_5 = 0.1673$，$w_6 = 0.1689$。

表 16.3　6 个决策单元区间交叉效率矩阵

评价单元	待评价单元					
	1	2	3	4	5	6
1	[0.64, 1.00]	[0.42, 0.61]	[0.25, 0.35]	[0.19, 0.30]	[0.17, 0.28]	[0.12, 0.21]
2	[0.64, 1.00]	[0.42, 0.61]	[0.26, 0.35]	[0.19, 0.28]	[0.17, 0.28]	[0.12, 0.21]
3	[0.61, 1.00]	[0.42, 0.61]	[0.26, 0.35]	[0.18, 0.28]	[0.17, 0.28]	[0.12, 0.21]
4	[0.64, 1.00]	[0.42, 0.58]	[0.25, 0.32]	[0.19, 0.30]	[0.17, 0.25]	[0.12, 0.19]
5	[0.64, 1.00]	[0.42, 0.61]	[0.25, 0.35]	[0.19, 0.28]	[0.17, 0.28]	[0.12, 0.21]
6	[0.64, 1.00]	[0.42, 0.61]	[0.26, 0.35]	[0.19, 0.28]	[0.17, 0.28]	[0.12, 0.21]

表 16.4　6 个决策单元的区间交叉效率规范化矩阵

评价单元	待评价单元					
	1	2	3	4	5	6
1	[0.41, 0.641]	[0.27, 0.39]	[0.16, 0.22]	[0.12, 0.19]	[0.11, 0.18]	[0.08, 0.13]
2	[0.41, 0.642]	[0.27, 0.39]	[0.17, 0.23]	[0.12, 0.18]	[0.11, 0.18]	[0.08, 0.13]
3	[0.40, 0.647]	[0.27, 0.40]	[0.17, 0.23]	[0.12, 0.18]	[0.10, 0.18]	[0.08, 0.14]
4	[0.42, 0.652]	[0.27, 0.38]	[0.16, 0.21]	[0.12, 0.20]	[0.11, 0.16]	[0.08, 0.13]
5	[0.41, 0.643]	[0.27, 0.39]	[0.16, 0.22]	[0.12, 0.18]	[0.11, 0.18]	[0.08, 0.13]
6	[0.41, 0.642]	[0.27, 0.39]	[0.17, 0.23]	[0.12, 0.18]	[0.11, 0.18]	[0.08, 0.13]

根据式（16.15），到理想解的相对欧氏距离为

$$d_1 = 0.0223, \quad d_2 = 0.0826, \quad d_3 = 0.1638, \quad d_4 = 0.1942, \quad d_5 = 0.2033, \quad d_6 = 0.2345$$

所有决策单元最终的排序为

$$DMU_1 \succ DMU_2 \succ DMU_3 \succ DMU_4 \succ DMU_5 \succ DMU_6$$

计算出来的排序结果和实际观测的排序一样，表明本节所提出的方法可以客观真实地反映出实际情况。

16.5.2　算例 2

表 16.5 列出 7 个制造企业（Manufacturing Industries，MI）的投入、产出数据，每个企业投入、产出数据均不精确，以区间形式给出（Wang et al., 2005）。每个企业的投入分别为投入资金和劳动力，产出为总产值。

表 16.5　制造企业投入、产出区间数据

MI	投入 1	投入 2	产出 1
1	[56.4, 62.2]	[67.4, 74.3]	[80.7, 86.6]
2	[61.4, 67.0]	[68.6, 74.2]	[91.8, 98.5]

MI	投入 1	投入 2	产出 1
3	[76.2, 79.8]	[76.2, 80.6]	[111.7, 119.6]
4	[86.2, 93.7]	[78.0, 84.6]	[120.6, 126.1]
5	[101.7, 108.3]	[80.0, 87.7]	[138.1, 146.3]
6	[116.4, 126.8]	[80.7, 88.9]	[149.8, 165.3]
7	[173.2, 181.6]	[81.8, 89.6]	[170.2, 181.3]

在表 16.5 中，我们不能直观判断出所有决策单元或者部分决策单元的排序结果。为了更好地说明本节所提出的方法的有效性，几个虚拟决策单元被引入进来，如表 16.6 所示。虚拟单元分别是 DMU_1、DMU_4 和 DMU_7，其他决策单元保持不变。从表 16.6 中可以直接看出部分决策单元之间的优劣关系，例如，$DMU_1 \succ DMU_2$，$DMU_1 \succ DMU_3$，$DMU_4 \succ DMU_5$，$DMU_4 \succ DMU_6$，$DMU_7 \succ DMU_8$，$DMU_7 \succ DMU_9$ 和 $DMU_7 \succ DMU_{10}$。

表 16.6　加入虚拟数据之后所有制造企业数据

DMU	投入 1	投入 2	产出 1
1	[56.4, 62.2]	[67.4, 74.3]	[91.8, 98.5]
2	[56.4, 62.2]	[67.4, 74.3]	[80.7, 86.6]
3	[61.4, 67.0]	[68.6, 74.2]	[91.8, 98.5]
4	[76.2, 79.8]	[76.2, 80.6]	[120.6, 126.1]
5	[76.2, 79.8]	[76.2, 80.6]	[111.7, 119.6]
6	[86.2, 93.7]	[78.0, 84.6]	[120.6, 126.1]
7	[101.7, 108.3]	[80.0, 87.7]	[170.2, 181.3]
8	[101.7, 108.3]	[80.0, 87.7]	[138.1, 146.3]
9	[116.4, 126.8]	[80.7, 88.9]	[149.8, 165.3]
10	[173.2, 181.6]	[81.8, 89.6]	[170.2, 181.3]

应用区间交叉效率集结方法求得交叉效率的最终集结权重为

$w_1 = 0.1111$,　$w_2 = 0.1111$,　$w_3 = 0.1112$,　$w_4 = 0.1111$,　$w_5 = 0.1111$

$w_6 = 0.1112$,　$w_7 = 0.1163$,　$w_8 = 0.1163$,　$w_9 = 0.0503$,　$w_{10} = 0.0503$

则所有决策单元到理想解的欧氏距离为

$d_1 = 0.0047$,　$d_2 = 0.0118$,　$d_3 = 0.0082$,　$d_4 = 0.0038$,　$d_5 = 0.0073$

$d_6 = 0.0122$,　$d_7 = 0.0015$,　$d_8 = 0.0126$,　$d_9 = 0.0152$,　$d_{10} = 0.0354$

基于欧氏距离，最终排序为

$$DMU_7 \succ DMU_4 \succ DMU_1 \succ DMU_5 \succ DMU_3$$
$$\succ DMU_2 \succ DMU_6 \succ DMU_8 \succ DMU_9 \succ DMU_{10}$$

最终的排序结果和前面直接观察到的部分决策单元的排序结果相一致，间接反映了本节所提出的方法的有效性，因此这 7 个企业最终的排序结果为

$$MI_3 \succ MI_2 \succ MI_1 \succ MI_4 \succ MI_5 \succ MI_6 \succ MI_7$$

针对决策单元数据为区间形式，本节提出的方法可以给决策单元确定最终排序结果，并且能给交叉效率值赋予客观的集结权重，得到的结果符合客观实际，从而使所有的 DMU 更能接受这样的评价结果。

16.6　本 章 小 结

在许多实际问题中，决策单元的输入和输出数据都不精确，有可能是以区间的形式存在。然而，现有的经典区间 DEA 的方法只能够对这类决策单元进行分类，不能确定最终的排序结果。针对这个问题，本章在拓展 Wang 等（2005）的方法的基础上提出了区间 TOPSIS 的交叉效率集结方法。最后以实际算例说明了该方法的有效性，结果表明本章提出来的方法可以客观实际地反映出各个方案的优劣程度。

参 考 文 献

杨剑波. 1996. 多目标决策方法与应用[M]. 长沙：湖南出版社.

Despotis D K，Smirlis Y G. 2002. Data envelopment analysis with imprecise data[J]. European Journal of Operational Research，140（1）：24-36.

Despotis D K. 2002. Improving the discriminating power of DEA：Focus on globally efficient units[J]. Journal of the Operational Research Society，53（3）：314-323.

Jahanshahloo G R，Lofti F H，Moradi M. 2004. Sensitivity and stability analysis in DEA with interval data[J]. Applied Mathematics and Computation，156（2）：463-477.

Wang Y M，Greatbanks R，Yang J B. 2005. Interval efficiency assessment using data envelopment analysis[J]. Fuzzy Sets and Systems，153（3）：347-370.

第17章　基于博弈交叉评价的多属性排序方法

17.1　引　　言

数据包络分析在多属性决策领域的应用引起了广泛的关注。Doyle（1995）提出了一种基于 DEA 应用的多属性选择方法。在该方法的第一步中，经典DEA 模型被认为是一种理想化的决策单元（DMU）自评过程，其中每个备选方案都会权衡属性，以最大化其相对于其他备选方案的分数。在第二步中，每个备选方案将自己的 DEA 得出的最佳权重应用于每个其他备选方案（即交叉评估），然后将置于备选方案上的交叉评估的平均值作为该备选方案的最终得分。在某些多标准决策情况下，备选方案之间存在直接或间接的竞争关系，而在大多数多属性决策设置中，竞争因素通常被忽略。本章基于 Liang 等（2008）提出的 DEA 博弈交叉效率评价模型，提出了一种多余多属性决策的替代方案进行评估和排序的方法。每个备选方案都被视为寻求最大化自己的分数的玩家，条件是每个其他备选方案的交叉评估分数不恶化。每个博弈交叉评价分数是对备选方案自身的最大化分数进行平均时获得的。得到的博弈交叉评价分数是唯一的，构成一个纳什均衡解。因此，基于博弈交叉效率的评价结果更为可靠。

17.2　模　　型

假设每个备选方案 $i(i=1,2,\cdots,n)$ 有 M 个属性 $a_{im}(m=1,2,\cdots,M)$ ，每个属性值都为正，且对于每个备选方案属性值 a_{im} 越大越好。为了确保可加性，本章引入一个特定于决策者的价值函数，即 $F_m(\cdot)$ ，将属性映射到价值上，同时为了简化表达，我们还可假设价值函数与属性的级别呈线性关系，因此，可以假设对于所有属性 m ，有 $F_m(a_m)=a_m$ 。

事实上，对于每个备选方案属性的任何预定权重集，备选方案 i 的自我评估分数 z_{ii} 可以定义为

$$z_{ii} = \sum_{m=1}^{M} \omega_{im} a_{im} \tag{17.1}$$

一般而言，DEA 方法允许所有备选方案选择自己的权重，以在对所有备选方

案的分数进行某些合理约束的情况下最大化自己的自我评价分数。对于备选方案 i，用于推导其自我评价分数的 DEA 模型可以写为

$$\begin{cases} \max z_{ii} = \sum_{m=1}^{M} \omega_{im} a_{im} \\ \text{s.t.} \quad \sum_{m=1}^{M} \omega_{im} a_{jm} \leqslant 1, \quad j=1,2,\cdots,n \\ \omega_{im} \geqslant 0, \quad m=1,2,\cdots,M \end{cases} \tag{17.2}$$

DEA 方法的本质在于每个备选方案可以选择自身最偏好的权重，以使得自身的自评得分越大越好。当备选方案 i 是自评结果最为满意时，在 DEA 的意义上，它的自评得分为 1，即 $z_{ii}^* = 1$。

针对每个备选方案 $i(i=1,2,\cdots,n)$，求解上述模型（17.2），得到每个方案的自评得分 z_{ii}^*。针对每个备选方案 $i(i=1,2,\cdots,n)$，还可得到其自身最偏好的权重 $(\omega_{i1}^*,\cdots,\omega_{im}^*)$。如果使用备选方案 i 选择的最优权重来评价备选方案 j，可以得到备选方案 j 相对于备选方案 i 的交叉评价得分，计算方式如下：

$$z_{ij} = \sum_{m=1}^{M} \omega_{im}^* a_{jm} \tag{17.3}$$

对于备选方案 $j(j=1,2,\cdots,n)$，它的最终交叉评价得分可看作所有备选方案（包含它自身）对于它的评价得分的均值，计算公式如下：

$$Z_j = \frac{1}{n} \sum_{i=1}^{n} z_{ij} \tag{17.4}$$

剩余部分，本章将提出新的备选方案的评价和排序模型。该模型的主要思想是基于 Liang 等（2008）提出的 DEA 博弈交叉效率评价模型。首先，本章考虑如下的模型：

$$\begin{cases} \max z_{ii}^d = \max \sum_{m=1}^{M} \omega_{im}^d a_{im} \\ \text{s.t.} \quad z_{ij} = \sum_{m=1}^{M} \omega_{im}^d a_{jm} \leqslant 1, \quad j=1,2,\cdots,n \\ z_{id} = \sum_{m=1}^{M} \omega_{im}^d a_{dm} \geqslant \alpha_d \\ \omega_{im}^d \geqslant 0, \quad m=1,2,\cdots,M \end{cases} \tag{17.5}$$

在模型（17.5）中，$\alpha_d \leqslant 1$ 是一个参数。在本章将要提出的算法中，α_d 的初始值设置为备选方案 d 的交叉评价值。模型（17.5）被称为 d-博弈交叉评价模型。模型（17.5）在给定备选方案的得分不小于 α_d，即在 $\sum_{m=1}^{M} \omega_{im}^d a_{dm} \geqslant \alpha_d$ 的约束下，最

大化备选方案 i 的评价得分。因此，备选方案 i 的得分进一步受到备选方案 d 的得分下限的限制。

模型（17.5）对每个备选方案 i 求解 n 次，即对于每个备选方案 $d=1,2,\cdots,n$，求解一次。基于模型（17.5）的评价结果，我们给出如下的定义。

定义 17.1　假设 $\omega_{im}^{d*}(\alpha_d)$ 为模型（17.5）的最优解。对于每个备选方案 i，将 $\alpha_j = \frac{1}{n}\sum_{d=1}^{n}\sum_{m=1}^{M}\omega_{im}^{d*}(\alpha_d)a_{im}$ 定义为它的博弈交叉评价得分。

需要注意的是，定义 17.1 中所指的备选方案 i 的博弈交叉效率评分不再是式（17.4）中所定义的评分。基于定义 17.1 以及 Liang 等（2008）的研究，本章提出如下的算法，以计算每个备选方案的最终博弈交叉评价得分。

算法 17.1

开始

步骤 1：对于每个备选方案求解模型（17.2）并使用等式（17.4）为所有备选方案求解一组交叉评价得分。令 $t=1,\alpha_d=\alpha_d^1=Z_d$。

步骤 2：求解模型（17.5）并令 $\alpha_i^2=\frac{1}{n}\sum_{d=1}^{n}\sum_{m=1}^{M}\omega_{im}^{d*}(\alpha_d^1)a_{im}$，或一般而言，可计算式（17.6）的值：

$$\alpha_i^{t+1}=\frac{1}{n}\sum_{d=1}^{n}\sum_{m=1}^{M}\omega_{im}^{d*}(\alpha_d^t)a_{im} \tag{17.6}$$

在式（17.6）中，$\omega_{im}^{d*}(\alpha_d^t)$ 定义了模型（17.5）在 $\alpha_d=\alpha_d^t$ 的情形下的最优解。

步骤 3：如果存在 i，使得 $|\alpha_i^{t+1}-\alpha_i^t|\geqslant\epsilon$（其中 ϵ 是一个足够小的正数），令 $\alpha_d=\alpha_i^{t+1}$ 并重复步骤 2。如果对于任意 i，都有 $|\alpha_i^{t+1}-\alpha_i^t|<\epsilon$，算法终止。此时，$\alpha_i^{t+1}$ 定义为备选方案 i 的博弈交叉评价得分。

结束

在算法 17.1 的步骤 1，Z_d 表示使用传统方法（式（17.4））计算得到的备选方案 d 的交叉评价得分。此外，在步骤 2 中，α_i^{t+1} 是通过使用模型（17.5）的最优解计算得到的结果。步骤 3 给出了算法收敛的条件。

在 Liang 等（2008）的研究中，该算法被证明一定收敛。且算法最终得到的所有备选方案的博弈交叉评价得分唯一且构成一组纳什均衡解。因为最终的博弈交叉评价得分具有纳什均衡的性质，所以解是稳定的。这些性质也进一步说明本章提出方法的可靠性。

17.3　算　　例

本节将提出的新的研究方法应用于算例中进行说明，测试该方法在多属性决策问题中对备选方案的评价与排序能力。所选算例包含 6 个备选方案，每个备选方案有 4 个属性，算例的数据如表 17.1 所示。

表 17.1　算例数据

备选方案	属性 1	属性 2	属性 3	属性 4
A	3	1	2	3
B	4	5	5	2
C	6	9	6	2
D	3	2	2	1
E	2	2	3	2
F	1	4	3	3

在使用算法 17.1 时，我们设定 $\epsilon = 0.0001$。在算法的进程中，求解模型（17.5）可能会得到多重最优解，此时计算得到的博弈交叉评价得分不唯一。为解决这一问题，可以借鉴 DEA 交叉效率评价中常用的次级目标模型。例如，可以采用 Sexton 等（1986）与 Doyle（1995）提出的侵略性与任意性交叉评价模型等。

基于上述模型对这些备选方案进行评价，最终得到的结果列于表 17.2 中。从评价结果中可以看出，采用自评方式不能对这些备选方案进行全排序。使用不同的策略（任意性策略和侵略性策略）结合模型（17.4）对 DMU 进行排序的结果相同。博弈交叉评价得分的排序结果与传统的任意性和侵略性策略得到的结果不同。从评价结果中可以看出，采用自评方式不能对这些备选方案进行全排序，任意性策略模型和侵略性策略模型对 DMU 排序的结果相同。然而，博弈交叉评价的排序结果和传统的任意性与侵略性策略模型得到的结果不同。图 17.1 中详细展示了算法 17.1 的求解过程。

表 17.2　算例的评价与排序结果

备选方案	基于模型（17.2）的计算结果		基于模型（17.4）的计算结果				基于模型（17.5）的计算结果	
	得分	排序	任意性策略得分	排序	侵略性策略得分	排序	得分	排序
A	1	1	0.7778	3	0.7144	3	0.9951	2
B	0.9167	4	0.8037	2	0.7287	2	0.9054	4
C	1	1	0.9814	1	0.8889	1	1	1
D	0.5	6	0.4166	6	0.3704	6	0.4744	6
E	0.75	5	0.6017	5	0.559	5	0.7432	5
F	1	1	0.7768	4	0.6944	4	0.9864	3

　　本章所使用的算例仅仅是为了对所提方法进行说明，加深读者对于算法的理解。本章的主要贡献是所提方法最终保证评价结果的纳什均衡性，而且算法最终得到的博弈交叉评价结果不受初始设定的交叉评价值影响。

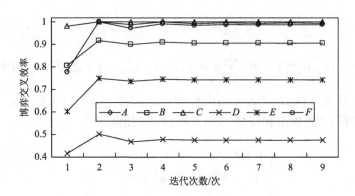

图 17.1　博弈交叉评价得分的计算过程

17.4　本　章　小　结

　　本章提出了一种新的基于 DEA 博弈交叉效率模型的多准则决策排序方法，其中每个备选方案都被视为寻求最大化自己的分数的参与者。条件是每个备选方案给出的其他的备选方案的交叉评价得分不会被恶化。本章所提方法最终得到的交叉博弈评价结果唯一，且不受算法中设定的初始交叉评价得分的影响。此外，评价结果具有纳什均衡的性质。因此，本章所提出的方法提供了一种多准则决策排序的有效方法。

　　本章研究的情境是决策者对备选方案的属性没有偏好性。在将来的研究中，还可以将决策者的这一偏好囊括到建模中，相信会得到更多的适合多情境的评价与排序方法。

参　考　文　献

Doyle J R. 1995. Multiattribute choice for the lazy decision maker: Let the alternatives decide![J]. Organizational Behavior and Human Decision Processes，62（1）：87-100.

Doyle J，Green R. 1993. Data envelopment analysis and multiple criteria decision making[J]. Omega，21（6）：713-715.

Liang L，Wu J，Cook W D，et al. 2008. The DEA game cross-efficiency model and its Nash equilibrium[J]. Operations Research，56（5）：1278-1288.

Sexton T R，Silkman R H，Hogan A J. 1986. Data envelopment analysis: Critique and extensions[J]. New Directions for Program Evaluation，（32）：73-105.

附　　录

如果 $\alpha_d \in [\overline{E_d}, \alpha_d^{\text{CCR}}]$，则 $\left\{ \sum_{r=1}^{s} \mu(\alpha_d)_{rj}^d y_{rj}, d = 1, 2, \cdots, n \right\}$ 是关于 α_d 的连续函数。

证明　令 $\boldsymbol{X}_l = [x_{il}, i = 1, 2, \cdots, m]^{\text{T}}, \boldsymbol{Y}_l = [y_{rl}, r = 1, 2, \cdots, s]^{\text{T}}, l = 1, 2, \cdots, n$。为了便于证明，我们将 CCR 模型和模型（6.5）写为以下矩阵形式：

$$
\begin{cases}
\max \boldsymbol{Y}_j^{\text{T}} \boldsymbol{\mu}_j^d \\
\text{s.t.} \ -\boldsymbol{X}_l^{\text{T}} \boldsymbol{\omega}_j^d + \boldsymbol{Y}_l^{\text{T}} \boldsymbol{\mu}_j^d \leqslant \mathbf{0} \\
\quad \boldsymbol{X}_l^{\text{T}} \boldsymbol{\omega}_j^d \leqslant 1 \\
\quad -\boldsymbol{X}_l^{\text{T}} \boldsymbol{\omega}_j^d \leqslant -1 \\
\quad \boldsymbol{\omega}_j^d = [\omega_{ij}^d, i = 1, 2, \cdots, m]^{\text{T}} \geqslant 0 \\
\quad \boldsymbol{\mu}_j^d = [\mu_{rj}^d, r = 1, 2, \cdots, s]^{\text{T}} \geqslant 0
\end{cases} \tag{A.1}
$$

和

$$
\begin{cases}
\max \boldsymbol{Y}_j^{\text{T}} \boldsymbol{\mu}_j^d \\
\text{s.t.} \ -\boldsymbol{X}_l^{\text{T}} \boldsymbol{\omega}_j^d + \boldsymbol{Y}_l^{\text{T}} \boldsymbol{\mu}_j^d \leqslant \mathbf{0} \\
\quad \boldsymbol{X}_l^{\text{T}} \boldsymbol{\omega}_j^d \leqslant 1 \\
\quad -\boldsymbol{X}_l^{\text{T}} \boldsymbol{\omega}_j^d \leqslant -1 \\
\quad \alpha_d \times \boldsymbol{X}_d^{\text{T}} \boldsymbol{\omega}_j^d - \boldsymbol{Y}_d^{\text{T}} \boldsymbol{\mu}_j^d \leqslant \mathbf{0} \\
\quad \boldsymbol{\omega}_j^d = [\omega_{ij}^d, i = 1, 2, \cdots, m]^{\text{T}} \geqslant 0 \\
\quad \boldsymbol{\mu}_j^d = [\mu_{rj}^d, r = 1, 2, \cdots, s]^{\text{T}} \geqslant 0
\end{cases} \tag{A.2}
$$

进一步令 $\boldsymbol{C} = (0, \boldsymbol{Y}_j^{\text{T}}), \boldsymbol{X} = [\boldsymbol{\omega}_j^d, \boldsymbol{\mu}_j^d]^{\text{T}}$，$\boldsymbol{A} = \begin{bmatrix} -X_1^{\text{T}}, Y_1^{\text{T}} \\ \vdots \\ -X_n^{\text{T}}, Y_n^{\text{T}} \\ X_j^{\text{T}}, 0 \\ -X_j^{\text{T}}, 0 \end{bmatrix}$，$\boldsymbol{b} = \begin{bmatrix} 0 \\ \vdots \\ 0 \\ 1 \\ -1 \end{bmatrix}$，并且 $\boldsymbol{A}' = (\alpha_d \times \boldsymbol{X}_d^{\text{T}}, -\boldsymbol{Y}_d^{\text{T}})$。

则式（A.1）和式（A.2）分别转化为

$$
\begin{cases}
\max \boldsymbol{CX} \\
\text{s.t.} \quad \boldsymbol{AX} \leqslant \boldsymbol{b} \\
\quad\quad \boldsymbol{X} \geqslant 0
\end{cases}
\tag{A.3}
$$

$$
\begin{cases}
\max \boldsymbol{CX} \\
\text{s.t.} \quad \boldsymbol{AX} \leqslant \boldsymbol{b} \\
\quad\quad \boldsymbol{A'X} \leqslant 0 \\
\quad\quad \boldsymbol{X} \geqslant 0
\end{cases}
\tag{A.4}
$$

注意到在式（A.3）中增加约束 $\boldsymbol{A'X} \leqslant 0$，则式（A.3）就成为式（A.4）。

设 $\boldsymbol{B}$ 为规划（A.3）的基，$\boldsymbol{X}_B$ 为其对应的基本可行解，则式（A.4）的一个初始基可以写成 $\boldsymbol{B'} = \begin{bmatrix} \boldsymbol{B}, & \boldsymbol{0}_q \\ \boldsymbol{A}_B', & 1 \end{bmatrix}$，其中，$\boldsymbol{A}_B'$ 是由约束 $\boldsymbol{A'X} \leqslant \boldsymbol{b'}$ 引起的，即在式（A.3）的基（$\boldsymbol{B}$）的基础上增加的部分；$q = n + 2$ 是式（A.3）中除了非负条件之外的约束条件数，$\boldsymbol{0}_q$ 是所有元素均为 0 的 q 维向量。

注意到 $(\boldsymbol{B'})^{-1} = \begin{bmatrix} \boldsymbol{B}^{-1}, & \boldsymbol{0}_q \\ -\boldsymbol{A}_B'\boldsymbol{B}^{-1}, & 1 \end{bmatrix}$，令 $\boldsymbol{C}_B' = (\boldsymbol{C}_B, 0)$，其中，$\boldsymbol{C}_B$ 表示目标函数中和基 $\boldsymbol{B}$ 相对应的系数，所以式（A.3）的目标函数值为 $z' = [\boldsymbol{C}_B\boldsymbol{B}^{-1}, 0] \begin{bmatrix} \boldsymbol{b} \\ 0 \end{bmatrix}$。

记 $\sigma_j' = \boldsymbol{C}_B'(\boldsymbol{B'})^{-1}\boldsymbol{P}_j', j \in \boldsymbol{I}_N$，其中，$\boldsymbol{I}_N$ 为非基变量集，$\boldsymbol{P}_j'$ 为 $\begin{bmatrix} \boldsymbol{A} \\ \boldsymbol{A'} \end{bmatrix}$ 中非基变量系数向量。此时式（A.4）以 $\boldsymbol{B'}$ 为基的单纯形表如下：

$\boldsymbol{C}_B\boldsymbol{B}^{-1}\boldsymbol{A} - \boldsymbol{C}$	$\boldsymbol{C}_B\boldsymbol{B}^{-1}$	0	$\boldsymbol{C}_B\boldsymbol{B}^{-1}\boldsymbol{b}$
$\boldsymbol{B}^{-1}\boldsymbol{A}$	$\boldsymbol{B}^{-1}$	$\boldsymbol{0}_q$	$\boldsymbol{B}^{-1}$
$-\boldsymbol{A}_B'\boldsymbol{B}^{-1}\boldsymbol{A} + \boldsymbol{A'}$	$-\boldsymbol{A}_B'\boldsymbol{B}^{-1}$	1	$-\tau$

其中，$\tau = \boldsymbol{A}_B'\boldsymbol{X}_B$ 是约束 $\boldsymbol{A'X} \leqslant 0$ 的松弛量。

接下来我们证明 $\tau > 0$。如果 $\tau \leqslant 0$（即 $-\tau \geqslant 0$），则式（A.4）的最优解可以由式（A.3）的最优解和约束条件 $\boldsymbol{A'X} \leqslant 0$ 中的松弛量得到。注意到式（A.3）是 CCR 模型，并且式（A.4）的目标函数和 $-\tau$ 无关，因此式（A.4）的最优值是 CCR 效率值。这就意味着约束条件 $\boldsymbol{A'X} \leqslant 0$（或者 $\alpha_d \times \boldsymbol{X}_d^{\mathrm{T}}\omega_j^d - \boldsymbol{Y}_d^{\mathrm{T}}\mu_j^d \leqslant 0$）是多余的，产生矛盾，所以 $\tau > 0$。这就意味着 $[\boldsymbol{B}^{-1}, -\tau]^{\mathrm{T}}$ 不是式（A.4）的基本可行解。

　　根据对偶单纯形法，式（A.4）的单纯形表相对于规划（A.3）的单纯形表增加了一行，并记新增行为 d_{q+1}，$\boldsymbol{B}'$ 变为 $\bar{\boldsymbol{B}}$。对于式（A.4），取其中小于零的一个元素 $d_{q+1,k} < 0$，易知 $d_{q+1,k}$ 为参数 α_d 的线性函数，新增基变量的解为 $\bar{x}_{q+1,0} = -\dfrac{\tau}{d_{q+1,k}} > 0$，其他最优基解为

$$\bar{x}_{p0} = x_{p0} - \bar{x}_{q+1,0} d_{p,k} = x_{p0} + \frac{\tau \times d_{p,k}}{d_{q+1,k}}, \quad p = 1,2,\cdots,q$$

式中，$x_{p0}, p = 1,2,\cdots,q$ 是对应 $\boldsymbol{B}$ 的基解。

　　如果 $\bar{x}_{p0} \geqslant 0, p = 1,2,\cdots,q+1$，则 $\bar{\boldsymbol{B}}$ 是式（A.4）的最优基；如果存在 $\bar{x}_{p'0} < 0$，$1 \leqslant p' \leqslant q$，则需要再迭代。下面我们分两种情况进行讨论。

　　（1）$\bar{x}_{p0} \geqslant 0, p = 1,2,\cdots,q+1$。

　　则所有 $\bar{x}_{p0} \geqslant 0, p = 1,2,\cdots,q+1$ 是最优基解，式（A.4）的目标函数值改为

$$\bar{z} = z' - \bar{x}_{q+1,0} \sigma_k' = z' + \tau \times \frac{\sigma_k'}{d_{q+1,k}} = z' + \boldsymbol{A}' \boldsymbol{X}_B \times \frac{\sigma_k'}{d_{q+1,k}}$$

式中，σ_k' 为在单纯形表中与元素 $d_{q+1,k} < 0$ 相关的 "z_j"。

　　由于目标函数 $\boldsymbol{CX}$ 中不包含 α_d，所以 σ_k' 也不包含 α_d。但是规划中存在约束条件 $\boldsymbol{X}_j^{\mathrm{T}} \boldsymbol{\omega}_j^d = \boldsymbol{1}$，所以最优基中一定含有向量 $\boldsymbol{\omega}_j^d$ 的元素，否则，条件 $\boldsymbol{X}_j^{\mathrm{T}} \boldsymbol{\omega}_j^d = \boldsymbol{1}$ 得不到满足，因此 $\boldsymbol{A}_B' \boldsymbol{X}_B$ 一定含有参数 α_d，且为 α_d 的线性函数。

　　注意到 $d_{q+1,k}$ 为 α_d 的线性函数，因此目标函数 $\bar{z}$ 中包含了两个关于 α_d 的线性函数的比值，该函数在分母 $d_{q+1,k} \neq 0$ 时是连续的，由于 $d_{q+1,k} < 0$，因此当 $\alpha_d \in [\overline{E_d}, \theta_d^*]$ 时，$\bar{z}$ 是 α_d 的连续函数。

　　（2）$\tau < -x_{p'0} \dfrac{d_{q+1,k}}{d_{p',k}}, 1 \leqslant p' \leqslant q$。

　　根据对偶单纯形法，在以 $\bar{\boldsymbol{B}}$ 为基的单纯形表的行 $h_{p'}$ 中，取 $h_{p'k'} < 0$，则有 $\bar{x}_{p'0}' = \bar{x}_{p'0} / h_{p'k'} > 0$，新的目标函数值为 $\bar{z}' = \bar{z} - \bar{\sigma}_{k'} \bar{x}_{p'0}'$，其中，$\bar{\sigma}_{k'}$ 为元素 $h_{p'k'} < 0$ 在单纯形表中所对应的 "z_j"。

　　类似于情况（1）中的论述，$\bar{\sigma}_{k'}$ 也不包含 α_d，并且 $\bar{z}$ 是 α_d 的连续函数，因此 $\bar{z}'$ 是否为 α_d 的连续函数只取决于 $\bar{x}_{p'0}'$ 对于 α_d 的连续性。

　　注意到 $\bar{x}_{p'0}' = \bar{x}_{p'0} / h_{p'k'} = \left(x_{p'0} + \dfrac{\tau \times d_{p',k}}{d_{q+1,k}} \right) / h_{p'k'} = \left(x_{p'0} + \dfrac{\boldsymbol{A}_B' \boldsymbol{X}_B \times d_{p',k}}{d_{q+1,k}} \right) / h_{p'k'}$。

　　由于 $d_{q+1,k} < 0$ 和 $h_{p'k'} < 0$，因此当 $\alpha_d \in [\overline{E_d}, \theta_d^*]$ 时，目标函数 $\bar{z}'$ 是 α_d 的连续

函数。另外，注意到情况（1）说明了如果 $\alpha_d \in [\overline{E_d}, \theta_d^*]$，$A_B'X_B$ 是 α_d 的连续函数，并且 $\overline{x}_{p'0}$ 也是 α_d 的连续函数，所以 $\overline{z}'$ 是 α_d 的连续函数。

如果仍然存在负的基解，我们可以经过有限次换基迭代，直到所有 $\overline{x}_{p0} \geq 0$，$p = 1, 2, \cdots, q+1$ 成立。在情况（1）中已经证明了这种情况下式（A.4）的目标函数是 α_d 的连续函数。

因此结合情况（1）和（2）可以得到以下结论：如果 $\alpha_d \in [\overline{E_d}, \theta_d^*]$，$\sum_{r=1}^{s} \mu(\alpha_d)_{rj}^d y_{rj}$，$d = 1, 2, \cdots, n$ 是关于 α_d 的连续函数。